LOGISTIC REGRESSION ANALYSIS

로지스틱 회귀모형의 이해

김순귀 지음

[학습자료제공:
http://kyowoo.co.kr/data/logisticregressionanalysis.zip

LOGISTIC REGRESSION ANALYSIS

KYOWOOSA 교우사

종속변수가 연속형인 경우는 회귀모형에서 다루었지만, 명목형인 경우는 기존 통계학 서적의 일부분에서만 취급하였다. 그러나 종속변수가 연속형이 아닌 경우는 주변에 많이 있다. 종속변수가 명목형 또는 순서형인 경우를 다루는 로지스틱 회귀모형은 통계학 분야 뿐 아니라 자연과학분야, 경영학 등을 포함한 사회과학분야, 의학 분야 등에서 널리 사용하는 표준적인 통계기법이라 할 수 있다.

이 책은 10 년 전 경 발간한 'SPSS를 활용한 로지스틱 회귀모형의 이해와 응용'과 Applied Logistic Regression(2/e Hosmer & Lemeshow, 2000)를 근간으로 하고, 분석도구로는 Stata 패키지를 사용하여 저술한 로지스틱 회귀모형에 관한 입문서이다. SAS 또는 SPSS 사용을 위하여, 간혹 SAS 또는 SPSS 명령문을 소개하였다. 왜냐하면 통계패키지 마다 저마다의 장단점이 있기 때문에, 하나의 패키지에 의존하지 말고 적어도 두 개 정도의 패키지를 함께 사용하기를 원하는 마음에서이다.

이 책은 분할표가 아니라, 회귀모형의 견지에서 바라본 접근방법을 채택하였다. 따라서 회귀모형에 익숙한 독자들은 회귀모형의 여러 통계적 기법들을 그대로 사용할 수 있을 것이다. 그 외에도 통계학개론 수준의 지식과 회귀모형에 관한 기본 개념이 있다면, 누구라도 쉽게 접근할 수 있을 것이다.

이 책이 로지스틱 회귀모형의 사용과 그 역할에 조금이나마 도움이 된다면, 더 이상의 기쁨은 없을 듯 하다. 이 책에서 인용하고 사용한 데이터 세트가 필요하다면, 교우사 웹사이트를 방문하기 바란다.

워드 작업을 도와준 강릉원주대학교 정보통계학과 조교 정영석 군에게 고마움을 표하며, 책을 발간한 교우사 담당자에게 깊은 감사의 뜻을 전한다. 필자로서는 열심히 작업하였지만, 미비한 점과 부족한 면이 많을 것이므로, 독자들 뿐 아니라 연구자들의 질책과 고언을 기다립니다.

2014. 1. 저자 씀

차 례

제 3 장 이분형 로지스틱 모형의 추론 / 53

제 4 장 다항 로지스틱 회귀모형 / 105

제 5 장 순서 로지스틱 회귀모형 / 161

제 6 장 대응된 사례-대조 연구 / 185

제1장

이분형 로지스틱 회귀모형

회귀분석이란 종속변수(dependent variable)(또는 반응변수(response variable))와 하나 이상의 독립변수(independent variable)(또는 설명변수(explanatory variable)) 사이의 함수관계를 설명하려는 통계적인 기법을 말한다. 독립변수는 종종 공변량(covariate)이라 부른다. 그렇지만 종속변수가 범주형(둘 또는 그 이상의 값을 가지는)인 경우, 로지스틱 회귀모형은 지난 수십 년 동안 많은 부분에서 표준적인 통계분석의 기법으로 자리 잡아가고 있음을 부인할 수 없다.

회귀모형과 같이, 종속변수와 하나 이상의 독립변수사이의 관계를 표현하기 위해 가장 잘 적합되고 모수의 수를 절약한 모형을 찾는 것이 로지스틱 회귀모형의 목표라고 할 수 있다. 단지 회귀모형과의 차이점은 종속변수의 형태가 범주형이라는 것이다.

주위에는 종속변수와 독립변수사이의 함수관계를 로지스틱 회귀모형으로 설명할 수 있는 다양한 문제들이 있으며, 이런 관계를 자료를 통하여 알아낼 수 있다면 많은 값진 정보를 얻을 수 있을 것이다.

어떤 사건이 일어날 지의 여부를 분석하거나 예측하는 것은 종속변수를 설명하는 유용한 공변량 들을 식별한다는 것이며, 이런 사례는 여러 학문분야 뿐만 아니라 실생활에서도 많이 볼 수 있다. 다음 예를 보자.

(예) • 어떤 시민들은 선거에 참여하고 다른 사람들은 그렇지 않은가?
• 어떤 사람에게는 관상심장병이 생기고 다른 사람에게는 그렇지 아니한가?
• 어떤 사업은 성공하고 또 다른 사업은 실패하는가?
• 추석 때 고향 방문 시 고속도로와 국도 중 어느 곳을 선택하여야 하나?
• 바둑에서 패를 써야할 것인가 또는 말아야 할 것인가?

종속변수의 수준이 단지 둘인 경우, 회귀모형에서 사용한 가정들이 필연적으로 위반됨을 알 수 있다. 다시 말하면 오차(또는 종속변수)의 분포가 정규분포임을 가정할 수 없다. 회귀모형을 가정한 경우 또 다른 문제점은 예측된 값들을 확률로 해석할 수 없다는 점이다. 왜냐하면 추정된 예측값이, '0'과 '1' 사이에 놓이도록 제한하지 않았기 때문이다.

판별분석(discriminant analysis)도 한 개체(subject)가 어느 그룹에 속할 지를 판별하지만, 두 그룹의 분산-공분산행렬의 동일성 뿐 아니라 독립변수들의 다변량 정규분포 가정을 요구하고 있다.

이 단원에서는 어떤 사건이 발생할 확률을 추정하기 위한 이분형(binary, dichotomous) 로지스틱 회귀모형을 다룬다. 이 모형은 판별분석보다 훨씬 적은 가정들을 필요로 하며, 심지어 판별분석에 필요한 가정이 만족하는 경우에도 로지스틱 회귀모형이 보다 나은 결과를 보여줄 때도 있다(Hosmer-Lemeshow(2000), Kleinbaum(1994)).

1.1 이분형 로지스틱 회귀모형의 설정

[표 1-1]은 100명 환자들의 연령(AGE)에 대한 관상동맥의 심장병(Coronary Heart Disease; CHD) 존재여부(0:없음, 1:있음)를 조사한 CHD 자료이다. 이 자료는 Hosmer-Lemeshow (2000, Applied Logistic Regression, 3쪽)에서 발췌하였다.

변수 코드

변수	변수 의미	변수값 의미
CHD	관상동맥의 심장병 유무	0 = No, 1 = Yes
AGE	환자의 연령	
AGRP	환자의 연령 그룹	1 ~ 8

[표 1-1] 관상동맥의 심장병 자료(CHD 자료)

ID	AGE	AGRP	CHD	ID	AGE	AGRP	CHD
1	20	1	0	51	44	4	1
2	23	1	0	52	44	4	1
3	24	1	0	53	45	5	0
4	25	1	0	54	45	5	1
5	25	1	1	55	46	5	0
6	26	1	0	56	46	5	1
7	26	1	0	57	47	5	0
8	28	1	0	58	47	5	0
9	28	1	0	59	47	5	1
10	29	1	0	60	48	5	0
11	30	2	0	61	48	5	1
12	30	2	0	62	48	5	1
13	30	2	0	63	49	5	0
14	30	2	0	64	49	5	0
15	30	2	0	65	49	5	1
16	30	2	1	66	50	6	0
17	32	2	0	67	50	6	1
18	32	2	0	68	51	6	0
19	33	2	0	69	52	6	0
20	33	2	0	70	52	6	1
21	34	2	0	71	53	6	1
22	34	2	0	72	53	6	1
23	34	2	1	73	54	6	1
24	34	2	0	74	55	7	0
25	34	2	0	75	55	7	1
26	35	3	0	76	55	7	1
27	35	3	0	77	56	7	1
28	36	3	0	78	56	7	1
29	36	3	1	79	56	7	1
30	36	3	0	80	57	7	0
31	37	3	0	81	57	7	0
32	37	3	1	82	57	7	1
33	37	3	0	83	57	7	1
34	38	3	0	84	57	7	1
35	38	3	0	85	57	7	1
36	39	3	0	86	58	7	0
37	39	3	1	87	58	7	1
38	40	4	0	88	58	7	1
39	40	4	1	89	59	7	1
40	41	4	0	90	59	7	1
41	41	4	0	91	60	8	0
42	42	4	0	92	60	8	1
43	42	4	0	93	61	8	1
44	42	4	0	94	62	8	1
45	42	4	1	95	62	8	1
46	43	4	0	96	63	8	1
47	43	4	0	97	64	8	0
48	43	4	1	98	64	8	1
49	44	4	0	99	65	8	1
50	44	4	0	100	69	8	1

이때 연령(AGE)과 관상동맥의 심장병(CHD)사이의 관계를 알아보고 싶다. 만일 종속변수 CHD가 이분형 변수가 아닌 연속형 변수라면, 독립변수(AGE)와 종속변수(CHD)의 관계를 알아보기 위해 산점도부터 그릴 것이다. 왜냐하면 두 변수들간의 산점도를 살펴봄으로써 종속변수와 독립변수사이의 관계와 성질 그리고 관련성 정도를 파악할 수 있기 때문이다. [그림 1-2]는 CHD 자료의 산점도이다.

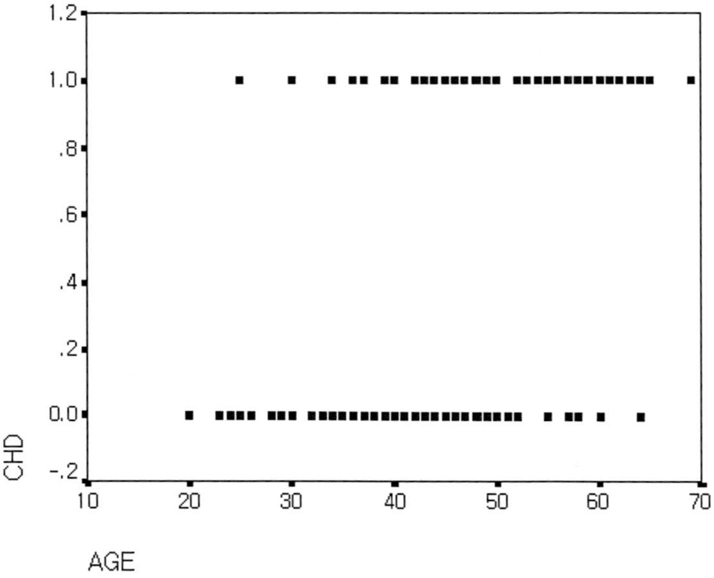

[그림 1-2] CHD 대 AGE의 산점도

모든 점들이 y축의 '0'과 '1'에 뚜렷한 평행선 모양으로 나열되어 있으며, 연령이 높을수록 CHD가 존재하는 'CHD=1'인 선에 무리지어 있음을 알 수 있다. 이 산점도를 통해 종속변수가 이분형 변수임은 명백하지만, 종속변수(CHD)와 독립변수(AGE)사이의 관계를 뚜렷하게 파악하기는 쉽지 않다. [그림 1-2]의 문제점은 각 연령층에 대한 CHD의 변동이 크다는 것이다. 이 때문에 변수 CHD와 AGE의 함수관계를 표현하기 어렵다.

두 변수 간의 관계는 유지하면서 변동을 줄이는 방법으로 독립변수의 구간을 세분하여 세분된 구간 내에서 종속변수의 평균을 계산하는 것이다. 이 방법을 적용하기 위해 [표 1-3]에서는 연령 그룹변수(AGRP)를 사용하여 [표 1-1]의 변수 AGE를 범주화하였고, 각 연령구간에 대해 개체수와 CHD의 발생비율을 계산하였다.

[표 1-3]을 통해 연령이 높을수록 CHD 발생비율이 증가함을 알 수 있다. [그림 1-4]는 가로

축을 각 연령구간의 중간 점들(24.5, 32.0, ⋯, 64.5)로, y축을 CHD 발생비율(0.10, 0.13, ⋯, 0.80)로 하여 플롯한 것이다. [그림 1-4]에 의해, CHD와 AGE의 관계를 어느 정도 감지할 수 있고 구체적인 함수관계를 구할 필요가 있다. 만일 이와 똑같은 그룹화 및 평균화를 회귀모형에서 행한다 하여도, 이 그림과 비슷한 형태를 보일 것이다.

[표 1-3] 연령 그룹과 CHD의 빈도표

AGE	AGRP(연령 그룹)	개체수	CHD		평균(발생비율)
			무	유	
(20-29)	1	10	9	1	0.10
(30-34)	2	15	13	2	0.13
(35-39)	3	12	9	3	0.25
(40-44)	4	15	10	5	0.33
(45-49)	5	13	7	6	0.46
(50-54)	6	8	3	5	0.63
(55-59)	7	17	4	13	0.76
(60-69)	8	10	2	8	0.80
	계	100	57	43	0.43

그렇지만 회귀모형과 로지스틱 회귀모형 간에는 두 가지 중요한 차이가 있다.

(1) 종속변수와 독립변수(들)사이의 관계이다.

회귀모형에서는 종속변수 y와 독립변수 x와의 관계를 독립변수의 값이 주어진 조건에서 종속변수의 기대값으로 표현한다. 이를 조건평균 $E(y|x)$로 표기하며, 이때 y는 종속변수, x는 독립변수의 어떤 값이다. 회귀모형에서는 이 기댓값을 x의 선형식인

$$E(y|x) = \beta_0 + \beta_1 x$$

로 가정하며, 이때 독립변수 x가 $-\infty$ 와 ∞ 사이의 값을 취하므로 $E(y|x)$는 모든 실수값을 가질 수 있다.

[표 1-3]의 '평균'란은 조건평균 $E(y|x)$의 추정값이다. 변수 CHD와 AGE 간의 관계를 정확히 표현하기 위하여, [그림 1-4]에 플롯된 추정값들이 실제 값들이라 가정하자. 이분형 자료에서의 조건평균은 $0 \le E(y|x) \le 1$ 이며, 이는 [그림 1-4]에서 확인할 수 있다. 또한 평균이 '0'에서 '1'로 서서히 증가한다. 이런 곡선을 S-형태의 곡선이라 부르며 확률변수의 누적분포함수의 형태와 흡사하다. 이런 형태의 곡선을 로지스틱 분포(logistic distribution)라고도 한다.

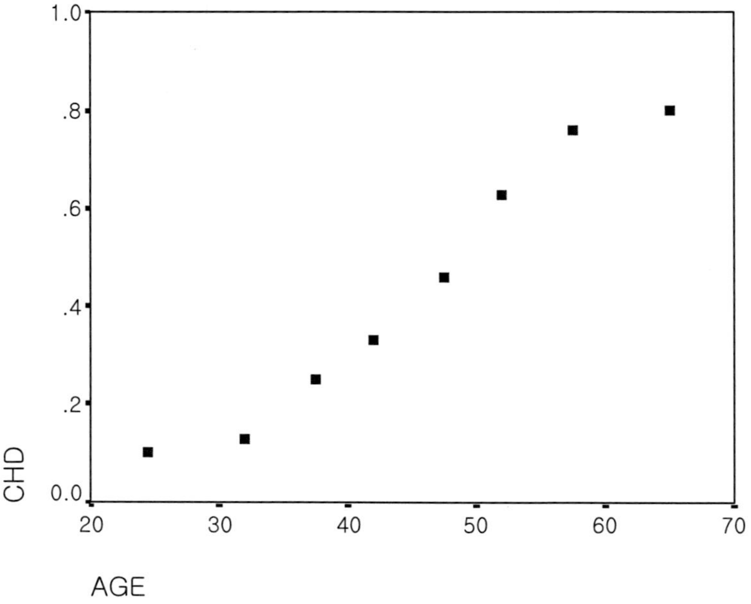

[그림 1-4] 연령 그룹 대 CHD 존재비율의 산점도

표기법을 단순화하기 위해 $\pi(x) = E(Y|x)$로 놓으면, 로지스틱 회귀모형은

$$\pi(x) = \frac{\exp(\beta_0 + \beta_1 x)}{1 + \exp(\beta_0 + \beta_1 x)}$$

또는

$$\pi(x) = \frac{1}{1 + \exp\{-(\beta_0 + \beta_1 x)\}} \tag{1.1}$$

로 표현되며, 여기에서 β_0와 β_1은 추정할 모수이고, x는 독립변수 X의 어떤 값이다.

이와 더불어 로짓변환(logit transformation) g를

$$g(\pi(x)) = \ln\left[\frac{\pi(x)}{1 - \pi(x)}\right] = \beta_0 + \beta_1 x \tag{1.2}$$

라고 정의하며, 여기에서 $\ln$은 자연대수를 나타낸다. 로짓변환을 하면 회귀모형의 몇 가지 성질을 그대로 유지할 수 있다. 즉, 로짓변환 $g(\pi(x))$는 독립변수 x에 관하여 선형이며 연속이므로, x의 범위에 따라 $-\infty$와 ∞ 사이의 임의의 값을 가질 수 있게 된다.

(2) 두 모형에서 종속변수의 분포가 서로 다르다.

회귀모형을 $y = E(Y|x) + \epsilon$ 으로 표현하였다. 여기에서 오차 (ϵ)는 평균이 '0'이며 분산이 일정하면서 서로 독립인 정규분포를 따른다고 가정하였다. 그러나 이 가정은 종속변수가 이항(이분형)변수인 경우 충족되지 않는다. 이 경우 주어진 x 에 대한 종속변수 y 의 관계식을

$$y = \pi(x) + \epsilon$$

으로 표현할 수 있으며, 이때 ϵ 은 다음 두 값을 가질 수 있다. 즉 종속변수 $y = 1$ 이면, ϵ 은 확률 $\pi(x)$을 가진 상황에서 $1 - \pi(x)$가 된다. 반면에 만약 $y = 0$ 이면, ϵ 은 확률 $1 - \pi(x)$ 을 가진 상황에서 $-\pi(x)$ 가 된다. 따라서 ϵ 은 평균 0, 분산 $\pi(x)[1 - \pi(x)]$ 인 이항분포를 따른다. 다시 말하면, 종속변수 Y의 조건 분포는 모수가 $\pi(x)$ 인 이항분포이다.

1.2 로지스틱 회귀모형의 최대가능도 추정

단순회귀모형에서는 두 모수(β_0, β_1)를 추정하기 위해 최소제곱법(Method of Least Squares; MLS)을 사용한다. 즉, $\sum(y_i - \hat{y}_i)^2$ 을 최소로 하는 두 모수의 추정값$(\widehat{\beta_0}, \widehat{\beta_1})$을 구한다. 이때 구한 최소제곱추정량은 회귀모형의 기본가정 하에서는 몇 가지 좋은 성질을 갖지만, 종속변수가 이항반응인 로지스틱 회귀모형의 경우는 그렇지 않다(Hosmer & Lemeshow, 2000). 오차항이 이항분포를 할 때 로지스틱 회귀모수의 추정법 중 하나는 최대가능도(Maximum Likelihood; ML) 추정법이다. 즉, 관측된 자료가 발생할 확률을 알려지지 않은 모수들의 함수로 표현한 후, 이 함수를 최대화하여 구한 모수들의 추정값이 바로 최대가능도 추정량이 된다.

이를 구체적으로 살펴보자. 만일 y가 '0' 또는 '1'일 때, 주어진 값 x에서 $y = 1$ 또는 0일 확률은

$$\pi(x) = \frac{\exp(\beta_0 + \beta_1 x)}{1 + \exp(\beta_0 + \beta_1 x)} = \mathrm{P}(y = 1|x)$$

$$1 - \pi(x) = \frac{1}{1 + \exp(\beta_0 + \beta_1 x)} = \mathrm{P}(y = 0|x)$$

이 된다. 다시 말하면, $y_i = 1$ 인 자료$(x_i,\ y_i)$ 의 가능도함수(likelihood function)에 대한 기여도는 $\pi(x_i)$ 이며, $y_i = 0$ 인 자료$(x_i,\ y_i)$ 의 기여도는 $1-\pi(x_i)$ 가 된다. 따라서 $i-$번째 개체$(x_i,\ y_i)$ 의 가능도함수에 대한 기여도는

$$\xi(x_i) = \pi(x_i)^{y_i}\,[1-\pi(x_i)]^{1-y_i} \tag{1.3}$$

이며, 관측값들이 서로 독립이라고 가정하였으므로 모든 관측값에 대한 가능도함수는 식 (1.3)을 곱한 형태가 된다. 즉,

$$L(\beta_0,\ \beta_1) = \prod_{i=1}^{n} \xi(x_i)$$

이다. 가능도함수 $L(\beta_0, \beta_1)$ 를 최대화하는 모수 β_0, β_1 의 추정법은 $L(\beta_0, \beta_1)$ 에 자연로그를 취한 '로그 가능도함수(log−likelihood function); $l(\beta_0,\beta_1)$'를 최대화하는 방법과 동일하므로, 로그 가능도함수

$$l(\beta_0,\beta_1) = \ln L(\beta_0,\beta_1) = \sum_{i=1}^{n}\left[y_i \ln\{\pi(x_i)\} + (1-y_i)\ln\{1-\pi(x_i)\}\right] \tag{1.4}$$

를 두 모수에 대해 각각 편미분하여 0으로 놓아, 다음 가능도 방정식을 얻는다.

$$\sum_{i=1}^{n}\{y_i - \pi(x_i)\} = 0 \tag{1.5}$$

$$\sum_{i=1}^{n} x_i\,\{y_i - \pi(x_i)\} = 0$$

이 경우 가능도 방정식은 두 모수에 대해 비선형이므로, Newton−Raphson 유형의 알고리즘을 사용하여 최대가능도추정량을 구한다. 이렇게 구한 $\beta = (\beta_0,\ \beta_1)'$ 의 추정값을 최대가능도추정값이라 부르고, $b = \hat{\beta}$ 라고 표기한다. 일반적으로 기호 '$\hat{\ }$'는 최대가능도추정량을 나타낸다. 예를 들어 $\hat{\pi}(x_i)$ 는 $\pi(x_i)$ 의 최대가능도추정값으로 로지스틱 모형의 적합된 값(fitted value) 또는 예측값(predicted value)을 나타낸다. 식 (1.5)의 첫 번째 식은

$$\sum_{i=1}^{n} y_i = \sum_{i=1}^{n} \hat{\pi}(x_i)$$

이며, 이는 종속변수 y의 관측값들의 합이 예측값들의 합과 동일하다는 의미이다. CHD 자료의 연속형 독립변수 AGE를 사용하여 로지스틱 모형을 적합한 결과는 [표 1−5]와 같다.

[표 1-5] 로지스틱 모형 적합결과

변수	계수	표준오차	z	$P>\|z\|$
AGE	0.111	0.0241	4.61	0.001
상수	−5.309	1.1337	−4.68	0.001

Log likelihood = −53.67655

1.3 독립변수의 유의성 검정

독립변수의 유의성을 검정하기 위하여 회귀모형에서 사용하는 방법을 로지스틱 모형에 적용하여 보자. 회귀모형에서 독립변수의 유의성 검정은 분산분석표를 이용한다. 즉, 전체제곱합(SST)을 잔차제곱합(SSE)과 회귀제곱합(SSR)의 합으로 분해한 식은

$$\underset{SST}{\sum(y_i-\bar{y})^2} = \underset{SSE}{\sum(y_i-\hat{y}_i)^2} + \underset{SSR}{\sum(\hat{y}_i-\bar{y})^2}$$

이며, 여기에서 y_i는 관찰값, $\hat{y}_i$는 주어진 모형에서 i 번째 개체의 예측값, $\bar{y}$는 반응변수의 산술평균을 각각 나타낸다.

(1) 가능도비 검정

회귀모형에서의 관찰값과 적합값(예측값)의 비교는 이들의 거리 제곱에 근거하지만, 로지스틱 모형에서는 로그 가능도함수를 통하여 관찰값과 적합값을 비교한다. 가능도함수를 이용한 관찰값과 예측값의 비교는 다음 식 D(편차, deviance)

$$D = -2\ln\left[\frac{\text{적합된 모형에 대한 가능도}}{\text{포화모형에 대한 가능도}}\right] \tag{1.6}$$

에 근거하며, 이때 대괄호 안의 값을 가능도비(likelihood ratio)라 정의한다. 회귀모형에서의 잔차제곱합 SSE의 역할은 로지스틱 모형에서의 편차 D와 동일하다. 가능도비에 로그를 취한 후 -2배를 하면 어떤 알려진 분포를 하게 되며, 이를 이용해 가설검정을 할 수 있다. 여기에서 포화모형(saturated model)이란 데이터 개수만큼 모수들이 있는 것을 뜻한다.

어떤 독립변수 x의 유의성을 검정하기 위해 그 독립변수 x가 포함된 경우와 제거된 경우의 D값의 차이를 비교한다. 즉, 독립변수 x의 삽입으로 인한 D값의 변화 G는

$$G = D(\text{변수를 포함하지 않은모형}) - D(\text{변수를 포함한 모형}) \tag{1.7}$$

이며, 만약 독립변수가 하나인 경우, 통계량 G는 모수 β_1 이 '0'이라는 귀무가설 하에서 자유도가 1인 근사적인 카이제곱 $\chi^2(1)$ 의 분포를 한다.

다른 두 검정법으로 월드 검정법(Wald test)과 스코어 검정법(Score test)이 있다.

(2) 월드 검정법

모수 β_1 의 추정값 $\widehat{\beta_1}$ 을 그 표준오차로 나눈 통계량이 귀무가설 $\beta_1 = 0$ 하에서 근사적으로 표준정규분포를 한다는 사실을 이용하는 검정법이다. 물론 아직 추정된 모수들의 표준오차에 대하여 언급하지 않았지만, 여러 통계패키지에서 산출함을 알 수 있다. 예를 들어 [표 1-5]의 로지스틱 모형에 대한 월드 검정은 z 라는 표제어 밑의 값

$$z = \frac{\widehat{\beta_1}}{\widehat{\text{SE}}(\widehat{\beta_1})} = \frac{0.111}{0.024} = 4.610 \tag{1.8}$$

이며, 이때 표제어 유의확률 밑의 값은 $p-$값인 $P(|w| > 4.610) = 0.001$을 의미한다. 통계패키지 SAS와 STATA에서는 월드 통계량이 위의 식 (1.8)로 표현되지만, SPSS에서는 식 (1.8)의 제곱으로 표현됨에 유의하라.

(3) 스코어 검정

스코어 검정은 이러한 일련의 계산을 필요로 하지 않는다. 이 검정법은 로그 가능도의 미분값의 분포에 근거를 두고 있다. 스코어 검정법의 검정통계량은

$$ST = \frac{\sum x_i(y_i - \bar{y})}{\sqrt{\bar{y}(1-\bar{y})\sum(x_i - \bar{x})^2}} \tag{1.9}$$

로 표현되며, 독립변수의 유의성 검정을 위해 월드 검정통계량과 같이 표준정규분포를 이용한다.

1.4 회귀계수의 신뢰구간

절편항(β_0)과 기울기(β_1)의 신뢰구간은 모두 월드 검정법에 근거를 둔다. 절편항과 기울

기의 $100(1-\alpha)\%$ 신뢰구간은 각각

$$\widehat{\beta_0} \pm z_{1-\alpha/2}\widehat{\mathrm{SE}}(\widehat{\beta_0}) \tag{1.10}$$

$$\widehat{\beta_1} \pm z_{1-\alpha/2}\widehat{\mathrm{SE}}(\widehat{\beta_1}) \tag{1.11}$$

이며, 여기에서 $z_{1-\alpha/2}$는 표준정규분포의 상위 $100(1-\alpha/2)\%$, $\widehat{\mathrm{SE}}(\cdot)$는 표준오차의 추정값을 각각 나타낸다.

> (예) 식 (1.10)과 식 (1.11)을 이용하여 기울기와 절편항에 대한 95% 신뢰구간을 각각 구하면
>
> $$0.111 \pm 1.96 \times 0.024 = (0.064, 0.158)$$
>
> $$-5.309 \pm 1.96 \times 1.134 = (-7.531, -3.087)$$
>
> 가 된다.

로지스틱 회귀모형의 선형부분인 로짓의 추정량은

$$\hat{g}(x) = \widehat{\beta_0} + \widehat{\beta_1}x = b_0 + b_1 x$$

이며, 로짓 추정량의 분산의 추정값은

$$\widehat{\mathrm{Var}}(\hat{g}(x)) = \widehat{\mathrm{Var}}(b_0) + x^2\widehat{\mathrm{Var}}(b_1) + 2x\,\widehat{\mathrm{Cov}}(b_0, b_1) \tag{1.12}$$

이므로, 로짓의 $100(1-\alpha)\%$ 신뢰구간은

$$\hat{g}(x) \pm z_{1-\alpha/2}\widehat{\mathrm{SE}}[\hat{g}(x)]$$

이다. 단, $g(\pi(x))$는 편의상 $g(x)$로 표기하고, $\widehat{\mathrm{SE}}(\hat{g}(x))$는 식 (1.12)에 주어진 분산 추정값의 양의 근호값을 나타낸다.

어떤 연령에 대한 로짓의 추정량과 그 신뢰구간을 구하기 위하여 모수 추정값의 분산–공분산행렬을 추정하여야 한다. 로지스틱 모형의 Stata 또는 SPSS 패키지에서 산출한 추정된 계수의 분산–공분산행렬이 [표 1–6]에 주어졌다.

(예) 연령이 50세인 사람의 로짓을 추정하면

$$\hat{g}(50) = -5.31 + 0.111 \times 50$$
$$= 0.240$$

이며, 또한 식 (1.12)와 [표 1-6]을 이용한 분산의 추정값은

$$\widehat{\mathrm{Var}}\,(\hat{\mathrm{g}}(50)) = 1.28517 + 50^2 \times 0.000579 + 2 \times 50 \times (-0.026677)$$
$$= 0.0650$$

이다. 따라서 추정된 표준오차는$\widehat{\mathrm{SE}}\,[\hat{\mathrm{g}}(50)] = 0.2550$ 이므로, 연령이 50세인 사람의 추정된 로짓의 95% 신뢰구간은

$$0.240 \pm 1.96 \times 0.2550 = (-0.260,\ 0.740)$$

이 된다. 연령이 50세인 사람의 로지스틱 확률의 추정값은

$$\hat{\pi}(50) = \frac{\exp(b_0 + b_1 x)}{1 + \exp(b_0 + b_1 x)}$$
$$= 0.560$$

이고, 추정된 값의 95% 신뢰구간은

$$\left(\frac{e^{-0.260}}{1 + e^{-0.260}},\ \frac{e^{0.740}}{1 + e^{0.740}}\right) = (0.435,\ 0.677)$$

임을 알 수 있다.

[표 1-6] 추정된 계수의 분산-공분산행렬의 추정값

	AGE	Constant
AGE	0.000579	
Constant	−0.026677	1.28517

1.5 승산과 승산비의 추정

독립변수가 명목척도이고 이분형인 경우, 로지스틱 회귀계수를 어떻게 해석할 것인가? 독립변수(x)가 '0' 또는 '1'로 표기된다고 할 때, $x=1$ 과 $x=0$ 에 대한 로짓의 차이는

$$g(1)-g(0)=(\beta_0+\beta_1)-\beta_0=\beta_1$$

이다. 즉, 이 경우 로짓의 차이는 β_1 과 같다. 이 결과를 해석하기 위하여 연관성 측도의 하나인 승산비(Odds Ratio; OR)를 살펴보자. [표 1-7]은 2×2 교차표로 4개의 로지스틱 확률값을 나타낸다.

[표 1-7] 독립변수가 이분형인 경우 로지스틱 회귀모형의 값

종속변수(y)	독립변수(x) $x=1$	$x=0$
$y=1$	$\pi(1)=\dfrac{\exp(\beta_0+\beta_1)}{1+\exp(\beta_0+\beta_1)}$	$\pi(0)=\dfrac{\exp(\beta_0)}{1+\exp(\beta_0)}$
$y=0$	$1-\pi(1)=\dfrac{1}{1+\exp(\beta_0+\beta_1)}$	$1-\pi(0)=\dfrac{1}{1+\exp(\beta_0)}$
계	1	1

먼저 $x=1$ 인 경우 종속변수 y 가 '1'이 될 승산(odds)을 $\dfrac{\pi(1)}{1-\pi(1)}$ 로 정의한다. 마찬가지로 $x=0$ 인 경우 종속변수 y 가 '1'이 될 승산을 $\dfrac{\pi(0)}{1-\pi(0)}$ 으로 정의한다. 이때 $x=0$ 에 대한 $x=1$ 의 승산의 비를 승산비 OR 이라고 표기하며, 다음과 같이 정의한다.

$$\text{OR}=\frac{\pi(1)/\{1-\pi(1)\}}{\pi(0)/\{1-\pi(0)\}} \tag{1.13}$$

[표 1-7]의 4개 식을 식 (1.13)에 대입하면, 승산비 OR은

$$\mathrm{OR} = \frac{\left(\dfrac{\exp(\beta_0+\beta_1)}{1+\exp(\beta_0+\beta_1)}\right) \Big/ \left(\dfrac{1}{1+\exp(\beta_0+\beta_1)}\right)}{\left(\dfrac{\exp(\beta_0)}{1+\exp(\beta_0)}\right) \Big/ \left(\dfrac{1}{1+\exp(\beta_0)}\right)} \tag{1.14}$$

$$= \frac{\exp(\beta_0+\beta_1)}{\exp(\beta_0)}$$

$$= \exp(\beta_1)$$

이 된다. 따라서 독립변수가 '0'과 '1'로 표기된 이분형 로지스틱 모형에서 승산비와 회귀계수간의 관계는 다음과 같다.

$$\mathrm{OR} = \exp(\beta_1)$$

승산비는 특히 역학(epidemiology)에서 많이 사용하는 연관성의 측도이며, $x=0$ 에 해당하는 대상보다 $x=1$ 에 해당하는 대상에서 반응변수 y가 얼마나 더 일어날 것인 가를 의미한다. 예를 들어, y는 폐암의 존재여부 x는 흡연여부일 때, 만약 $\widehat{\mathrm{OR}}=2$ 라면, "자료를 수집한 모집단에서 폐암은 비흡연가 보다 흡연가들 사이에 2 배정도 발생할 가능성(승산)이 있음"을 의미한다. 또 다른 예로, y는 심장병 존재여부 x는 꾸준한 육체적 운동 여부라 할 때, 만일 추정된 승산비가 $\widehat{\mathrm{OR}}=0.5$ 라면, "운동을 규칙적으로 한 사람이 그렇지 않은 사람에 비해 심장병이 발생할 가능성(승산)이 절반 정도이다"라고 해석할 수 있다.

예제 1

CHD 자료의 변수 AGE에서 환자의 연령이 55세 이상을 '1', 나머지 '0'인 변수를 AGED라고 하자. 연령을 이분화한 AGED와 CHD를 다음과 같이 교차 분류하였을 때, 다음 질문에 답하라.

[표 1-8] 변수 AGED와 CHD의 교차분류표

CHOD(y)	AGED(x) ≥55(1)	AGED(x) ‹55(0)	계
발생함(1)	21	22	43
발생 않음(0)	6	51	57
계	27	73	100

(1) 식 (1.13)에 근거한 승산비의 추정값을 구하라.

(2) $\widehat{\beta_1}$을 구하라.

풀이 (1) 식 (1.13)에 근거한 승산비의 추정값은 다음과 같다.

$$\widehat{\text{OR}} = \frac{21/6}{22/51} = 8.11$$

(2) $\widehat{\beta_1} = \ln(8.11) = 2.094$

■ 승산비에 대한 신뢰구간의 추정

모수를 추정하는 것 뿐 아니라, 모수에 대한 추가정보를 얻기 위해 신뢰구간을 구하는 것은 유용하다. 승산비는 해석이 용이하기 때문에 로지스틱 회귀모형에서 관심있는 모수이기도 하다. 그러나 승산비 추정값($\widehat{\text{OR}}$)은 통상 한쪽으로 치우친 분포를 가진다. 그 이유는 귀무가설 하에서는 승산비의 값이 '1'이 되지만 승산비의 추정값은 0과 ∞ 사이의 값을 갖기 때문이다.

이론상 크기가 충분히 큰 표본에서 $\widehat{\text{OR}}$은 정규분포를 따르지만, 실제로 이 표본크기를 만족하는 상황은 드물다. 또한 훨씬 작은 표본크기에 대해서도 $\ln(\widehat{\text{OR}})$은 정규분포를 따르는 경향이 있으므로, $\ln(\widehat{\text{OR}}) = \widehat{\beta_1}$의 표본분포에 근거하여 추론함이 훨씬 합리적이다. 승산비에 대한 $100(1-\alpha)\%$ 신뢰구간은 다음과 같다.

$$\exp[\widehat{\beta_1} \pm z_{1-\alpha/2} \cdot \widehat{\text{SE}}(\widehat{\beta_1})] \tag{1.15}$$

예제 2

[예제 1]에서 추정한 승산비의 95% 신뢰구간을 구하라.

풀이 식 (1.15)에 의해 승산비에 대한 95% 신뢰구간은

$$\exp(2.094 \pm 1.96 \times 0.529) = (2.9,\ 22.9)$$

이다. 승산비의 추정값이 '1'보다 큰 경우에서 흔히 볼 수 있듯이, 이 신뢰구간 역시 오른쪽으로 치우쳐 있다. 95% 신뢰수준에서 이 표본에 해당하는 모집단의 55세 이상의 환자들이 54세 이하의 환자들에 비해 작게는 2.9배, 크게는 22.9배나 관상동맥 심장병이 발생할 가능성이 있음을 의미한다.

지금까지 언급한 사실들은 독립변수가 이분형인 ‘0’ 또는 ‘1’로 표기되었을 때만 성립한다. 만일 독립변수의 두 수준이 각각 $x=a$ 대 $x=b$로 표기되었다면, 두 값에서 추정한 로짓의 차이는

$$\begin{aligned}\ln[\widehat{\mathrm{OR}}(a,b)] &= \hat{g}(x=a) - \hat{g}(x=b)\\ &= (\widehat{\beta_0} + \widehat{\beta_1}\times a) - (\widehat{\beta_0} + \widehat{\beta_1}\times b)\\ &= \widehat{\beta_1}(a-b)\end{aligned}$$

이며, 승산비의 추정값은

$$\widehat{\mathrm{OR}}(\mathrm{a,\ b}) = \exp[\widehat{\beta_1}(a-b)] \tag{1.16}$$

또는

$$\widehat{\mathrm{OR}}(a,b) = \frac{\hat{\pi}(x=a)/\{1-\hat{\pi}(x=a)\}}{\hat{\pi}(x=b)/\{1-\hat{\pi}(x=b)\}} \tag{1.17}$$

가 된다. 식 (1.17)에 주어진 승산비의 신뢰구간은 다음과 같다.

$$\exp\left[\widehat{\beta_1}(a-b) \pm z_{1-\alpha/2}|a-b|\times\widehat{\mathrm{SE}}(\widehat{\beta_1})\right] \tag{1.18}$$

1.6 패키지를 이용한 이분형 로지스틱 모형의 예

100명 환자들의 연령(AGE)에 대한 관상동맥 심장병(CHD)의 존재여부를 조사한 CHD 자료를 사용한다.

■ 로지스틱 회귀분석 수행 방법

단계 1

Stata를 사용하여 로지스틱 회귀분석을 하기 위하여, [그림 1-9]의 데이터 편집기(data editor)에 자료를 입력한다(또는 기존의 자료를 연다).

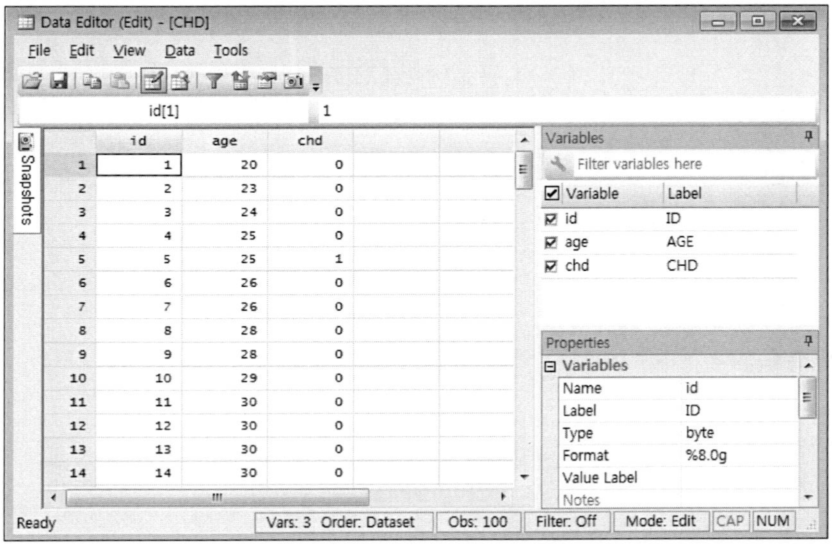

[그림 1-9] Stata 데이터 편집기

단계 2

[그림 1-10]의 메뉴상자에서 다음을 선택한다.

Statistics > Binary outcomes > Logistic regression...

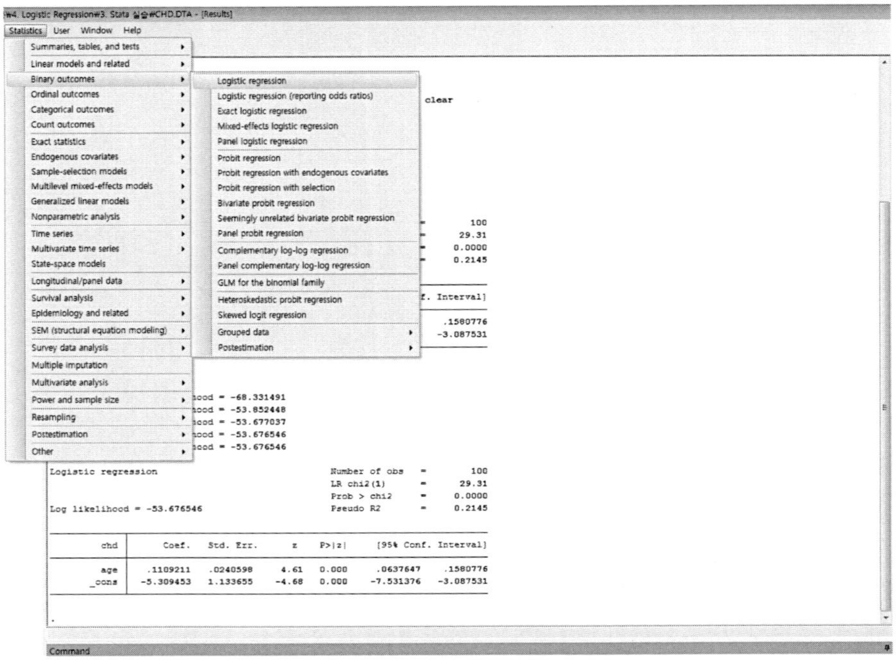

[그림 1-10] Stata 메뉴상자

단계 3

[그림 1-11]의 대화상자에서 이분형 종속변수(CHD)와 공변량(AGE)을 선택한 후, OK 를 누른다.

위와 동일한 결과를 산출하기 위한 또 다른 방법은 Stata 명령문 창(command window)에 직접 다음과 같은 명령문을 적은 후, 엔터키를 누르는 것이다.

<Stata 명령문>

- logit chd age

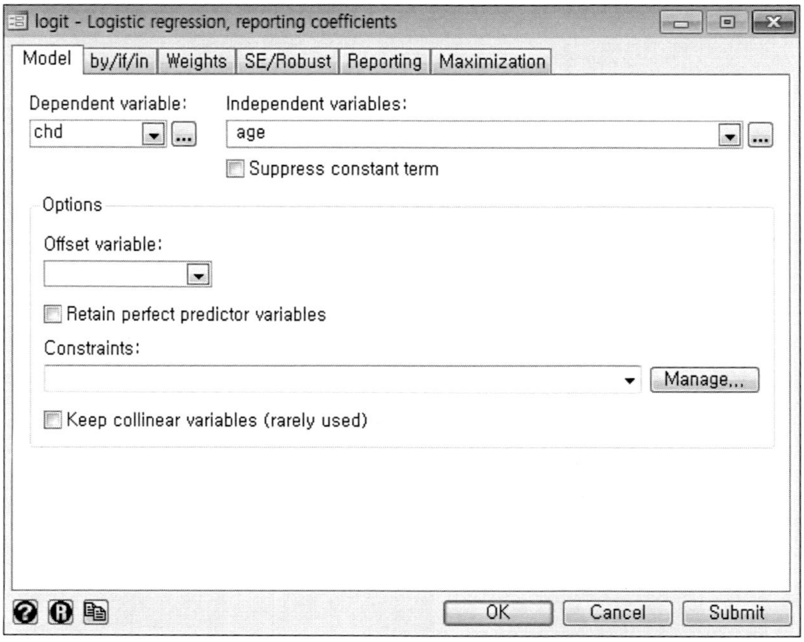

[그림 1-11] 이분형 로지스틱 대화상자

참고로 [표 1-6]의 분산-공분산행렬의 추정값을 구하려면 명령문 창에

- logit chd age
- vce

라고 적은 후 엔터키를 누르면 되고, 상수항(절편항)이 없는 모형을 사용하려면 [그림 1-11]의 (Suppress constant term) 탭에 체크하여 명령을 수행하면 된다.

[표 1−12]는 출력결과 중 모수를 추정한 결과를 요약한 것이다.

(1) Coef = 모수의 추정값

(2) Std. Err = 추정된 모수에 대한 표준오차

(3) 추정방정식

$$\hat{\pi}(x) = \frac{\exp(-5.309 + 0.111x)}{1 + \exp(-5.309 + 0.111x)}$$

(4) $H_0 : \beta_1 = 0$ 에 대한 가능도비 검정통계량의 값 G=29.31이고 p −값이 0.000이므로, 가능도비 검정 결과 $H_0 : \beta_1 = 0$ 를 기각한다. 또한 두 모수의 추정값에 대한 월드통계량의 p −값이 각각 0.000이므로 통계적으로 매우 유의함을 알 수 있다.

[표 1−12] 출력 결과

. logit chd age

Logit estimates	Number of obs	=	100
	LR chi2(1)	=	29.31
	Prob > chi2	=	0.0000
Log likelihood = −53.676546	Pseudo R2	=	0.2145

chd	Coef.	Std. Err.	z	P>|z|	[95% Conf.	Interval]
age	.1109211	.0240598	4.61	0.000	.0637647	.1580776
_cons	−5.309453	1.133655	−4.68	0.000	−7.531376	−3.087531

또한 [그림 1−11]의 Reporting 탭에서 구한, [표 1−13]의 승산비(Odds Ratio)는 독립변수 x 가 ‘1’인 경우의 ‘0’에 대한 승산비의 값을 나타낸다.

[표 1−13] 승산비의 출력 결과

chd	Odds Ratio	Std. Err.	z	P>|z|	[95% Conf.	Interval]
age	1.117307	.0268822	4.61	0.000	1.065842	1.171257
_cons	.0049446	.0056055	−4.68	0.000	.000536	.0456144

[표 1−12]를 산출하기 위한 SAS와 SPSS 명령문은 다음과 같으니, 참고하기 바란다.

[SAS 명령]

```
Data chd100;
   Input  ID  AGE  CHD;
   Cards;
1     20     0
2     23     0
3     24     0
4     25     0
5     25     1
------------------------------------
96    63     1
97    64     0
98    64     1
99    65     1
100   69     1
Run;

Proc Logistic;
  Model chd=age;
Run;
```

[SPSS 명령]

(1) 로지스틱 회귀분석을 하기 위하여, [그림 1-14]의 데이터 편집기(data editor)에 자료를 입력한다.

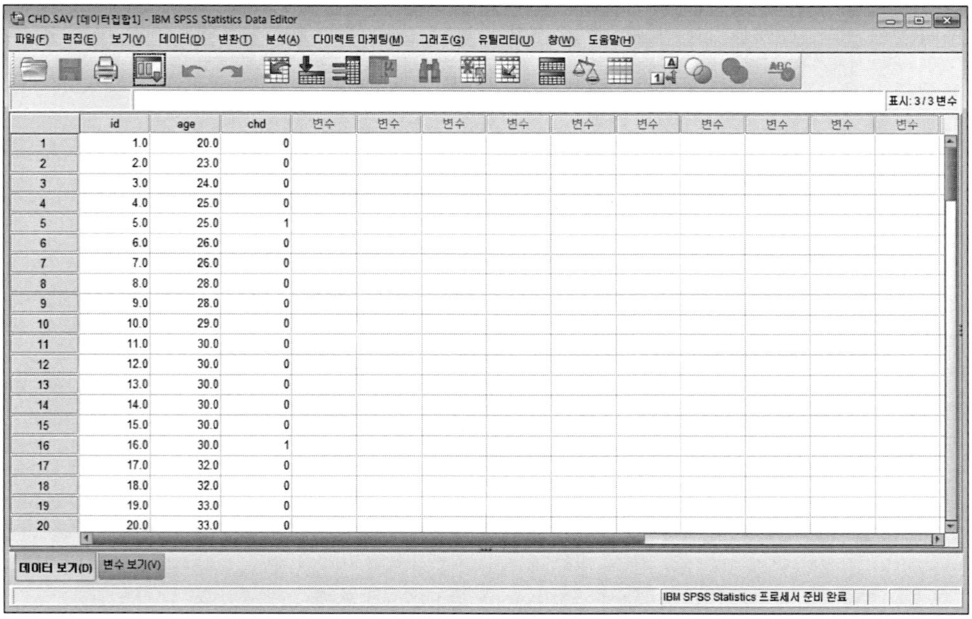

[그림 1-14] CHD 자료의 일부분

(2) [그림 1−15]의 SPSS 메뉴상자에서 다음을 선택한다.

분석(A) > 회귀분석(R) > 이분형 로지스틱(G)...

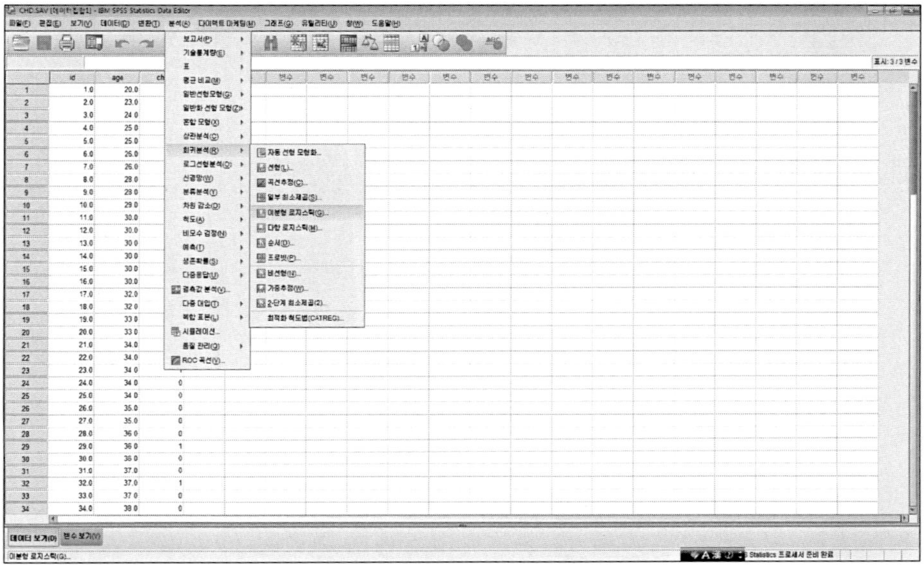

[그림 1−15] SPSS 메뉴상자

(3) [그림 1−16]의 대화상자에서 이분형 종속변수 CHD 와 공변량 AGE 를 선택한 후, 확인을 누른다.

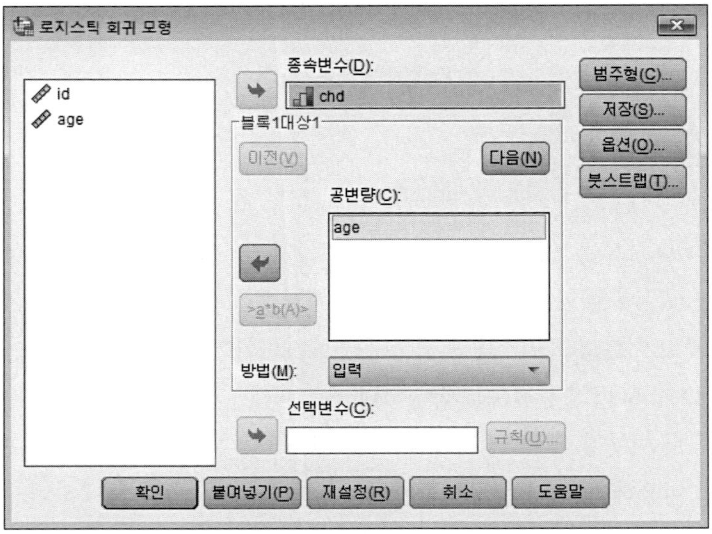

[그림 1−16] 이분형 로지스틱 대화상자

확인을 누르면, 다음과 같은 SPSS 명령문과 그 결과가 출력된다(결과 생략).

```
LOGISTIC REGRESSION VARIABLES chd
  /METHOD=ENTER age
  /CRITERIA=PIN(.05) POUT(.10) ITERATE(20) CUT(.5).
```

연습문제 1장

1. 식 (1.1)의 독립변수의 수가 하나인 로지스틱 모형에서 로그 가능도 함수가

$$l(\beta_0,\beta_1) = \ln L(\beta_0,\beta_1) = \sum_{i=1}^{n} \left[y_i \ln\{\pi(x_i)\} + (1-y_i)\ln\{1-\pi(x_i)\} \right]$$

일 때, 가능도 방정식을 얻기 위한 다음 질문에 답하라.

(1) 로그 가능도 함수 $l(\beta_0,\ \beta_1)$ 을 모수 β_0에 대하여 편미분하면,

$$\sum_{i=1}^{n} \{y_i - \pi(x_i)\} = 0$$

임을 보여라.

(2) 로그 가능도 함수 $l(\beta_0,\ \beta_1)$ 을 모수 β_1에 대하여 편미분하면,

$$\sum_{i=1}^{n} x_i \{y_i - \pi(x_i)\} = 0$$

임을 보여라.

2. [표 1-1]의 CHD 자료를 이용하여 다음에 답하라.

(1) 독립변수 AGE에 대한 종속변수 CHD의 이분형 로지스틱 회귀모형의 식을 적어라.

(2) (1)에서 구한 이분형 로지스틱 회귀모형을 로짓변환한 식을 적어라

(3) 변수 CHD 대 AGE의 산점도를 작성하라.

(4) (1)에서 구한 이분형 로지스틱 회귀모형의 가능도 함수와 로그가능도 함수를 각각 구하라.

(5) 패키지를 이용하여, 로지스틱 회귀계수의 최대가능도 추정량을 구하라.

(6) 로지스틱 회귀모형을 적합한 방정식을 구하라.

(7) 추정된 기울기 b_1의 유의성을 검정하기 위한 가능도비 검정과 월드검정을 각각 하라.

(8) 적합된 모형의 편차 D를 구하라.

(9) 기울기와 절편항의 95% 신뢰구간을 각각 구하라.

(10) 추정된 회귀계수의 분산-공분산 행렬의 추정값을 구하라.

3. 본문 [예제 1]을 참고하여 다음 질문에 답하라.

(1) 변수 AGED와 CHD의 교차분류표인 [표 1-8]을 유도하라.

(2) 교차분류표를 이용하여 AGED = '0'에 대하여 AGED = '1'일 때 종속변수 CHD의 승산비를 추정하라.

(3) (2)에서 구한 승산비의 95% 신뢰구간을 구하라.

(4) [예제 1]에서는 승산비와 기울기 간의 관계를 이용하여 기울기의 추정값 b_1을 유도하였다. 로지스틱 회귀모형을 적합시켜 직접 기울기의 추정값 b_1을 산출하라.

(5) 기울기 추정값 b_1의 표준오차가 0.529임을 보여라([예제 2] 참조).

제2장

이분형 로지스틱 다중회귀모형

1장에서는 독립변수가 하나인 로지스틱 회귀모형을 다루었다. 이 단원에서는 선형회귀모형과 마찬가지로 모형 (1.1)을 확장하여 독립변수의 수가 $p(p \ge 2)$인 로지스틱 다중회귀모형(multiple logistic regression model)을 다룬다. 로지스틱 다중회귀모형은

$$\begin{aligned} \mathrm{P}(y=1|x_1,\cdots,x_p) &= \pi(x_1,\cdots,x_p) \\ &= \frac{\exp(\beta_0+\beta_1 x+\cdots+\beta_p x_p)}{1+\exp(\beta_0+\beta_1 x+\cdots+\beta_p x_p)} \qquad (2.1) \\ &= \frac{\exp(z)}{1+\exp(z)} \end{aligned}$$

또는

$$\pi(x_1,\cdots,x_p) = \frac{1}{1+\exp(-z)}$$

로 표현할 수 있다. 여기에서 β_0, β_1, $\cdots$, β_p는 추정할 모수이고, z는 선형결합으로

$$z = \beta_0+\beta_1 x_1+\cdots+\beta_p x_p$$

이다. 1장에서 정의한 것처럼, 로지스틱 다중회귀모형의 로짓변환 g는

$$g(\pi(x_1,\cdots,x_p)) = \beta_0+\beta_1 x_1+\cdots+\beta_p x_p$$

가 된다. 만일 독립변수들 중에 명목척도인 변수(예: 인종, 성별 등)가 포함되어 있으면, 회귀모형에서 다룬 것처럼 가변수(dummy variable)를 이용한다. 이 단원에서는 공변량(독립변수를 의미함)이 둘 이상인 이분형 자료를 예로 들어 설명하기로 한다.

2.1 로지스틱 회귀모형의 최대가능도 추정

회귀모형에서는 최소제곱법으로 모형의 모수를 추정하였다. 즉, 종속변수의 관찰값과 예측값 사이의 거리 제곱을 최소로 하는 회귀계수를 선택하였다. 독립변수의 수가 $p(p \geq 2)$ 인 경우, n 개의 관측값

$$(\boldsymbol{x_i}, y_i) \quad \text{for } i = 1, 2, \cdots, n$$

가 주어졌다고 하자. 여기에서 공변량 벡터는 $\boldsymbol{x_i} = (1, x_{i1}, x_{i2}, \cdots, x_{ip})'$이다. 1장에서처럼, 로지스틱 다중회귀모형의 모수 $\boldsymbol{\beta} = (\beta_0, \beta_1, \cdots, \beta_p)'$를 추정하기 위하여 최대가능도법을 사용하는 바, 이는 관측된 결과를 가장 잘 설명하는 계수를 추정하는 방법이다. 로지스틱 회귀모형은 모수에 대해 비선형이므로, 모수 추정을 위하여 반복적인 알고리즘이 필요하다. 모형의 가능도함수는 식 (1.4)와 동일한 형태이며, 로그 가능도함수를 $(p+1)$개의 모수에 대하여 편미분함으로써, $(p+1)$개의 식으로 구성된 가능도방정식을 얻는다.

$$\sum_{i=1}^{n} \{y_i - \pi(\boldsymbol{x_i})\} = 0$$
$$\sum_{i=1}^{n} x_{ij}\{y_i - \pi(\boldsymbol{x_i})\} = 0, \quad j = 1, 2, \cdots, p.$$

위 가능도방정식의 해를 $b = \hat{\boldsymbol{\beta}}$ 라고 표기하면, 로지스틱 모형을 적합한 값 $\hat{\pi}(\boldsymbol{x_i})$는 식 (2.1)의 β 대신 $\hat{\boldsymbol{\beta}}$를 대입하면 된다.

추정된 계수들의 분산-공분산행렬을 유도하는 방법을 생각해 보자. 최대가능도 추정법의 이론에 의해, 분산-공분산행렬은 로그 가능도함수의 이차 편미분 행렬에서 얻을 수 있다. 이차 편미분값들은 다음과 같은 형태이며,

$$\frac{\partial^2 l(\beta)}{\partial \beta_j^2} = -\sum_{i=1}^{n} x_{ij}^2 \pi_i (1 - \pi_i)$$
$$\frac{\partial^2 l(\beta)}{\partial \beta_j \partial \beta_l} = -\sum_{i=1}^{n} x_{ij} x_{il} \pi_i (1 - \pi_i) \tag{2.2}$$

이때 여기에서 $j, l = 0, 1, 2, \cdots, p$이고, π_i는 $\pi(\boldsymbol{x}_i)$를 나타낸다.

식 (2.2)의 항들에 −를 곱한 값들을 요소로 하는 $(p+1)\times(p+1)$ 행렬을 $I(\boldsymbol{\beta})$라 표기하고, 관측된 정보행렬(information matrix)이라 정의한다. 추정된 계수들의 분산-공분산값들은 이 정보행렬의 역행렬

$$\mathrm{Var}(\hat{\boldsymbol{\beta}}) = \mathrm{I}^{-1}(\boldsymbol{\beta})$$

에서 구할 수 있으며, 분산 $\mathrm{Var}(\widehat{\beta_j})$는 이 행렬의 $(j+1)$번째 대각선원소이고 공분산 $\mathrm{Cov}(\widehat{\beta_i}, \widehat{\beta_j})$는 이 행렬의 $(i+1, j+1)$번째 원소가 된다. 분산-공분산행렬의 추정값 $\widehat{\mathrm{Var}}(\hat{\boldsymbol{\beta}})$은 위 식에서 β 대신 $\hat{\boldsymbol{\beta}}$를 넣은 값이므로, 추정된 계수의 표준오차를 추정하면

$$\widehat{\mathrm{SE}}(\widehat{\beta_j}) = \left[\widehat{\mathrm{Var}}(\widehat{\beta_j})\right]^{\frac{1}{2}}, \; j = 0, 1, 2, \cdots, p \tag{2.3}$$

가 된다.

$n\times(p+1)$ 행렬 $\boldsymbol{X}$와 $n\times n$ 대각행렬 $\boldsymbol{V}$를 각각

$$\boldsymbol{X} = \begin{bmatrix} 1 & x_{11} & x_{12} & \cdots & x_{1p} \\ 1 & x_{21} & x_{22} & \cdots & x_{2p} \\ \vdots & \vdots & \vdots & \cdots & \vdots \\ 1 & x_{n1} & x_{n2} & \cdots & x_{np} \end{bmatrix},$$

$$\boldsymbol{V} = \begin{bmatrix} \widehat{\pi_1}(1-\widehat{\pi_1}) & 0 & \cdots & 0 \\ 0 & \widehat{\pi_2}(1-\widehat{\pi_2}) & \cdots & 0 \\ \vdots & 0 & \ddots & \cdots \\ 0 & \cdots & 0 & \widehat{\pi_n}(1-\widehat{\pi_n}) \end{bmatrix}$$

라고 하면, 이를 이용하여 정보행렬의 추정값 $\hat{I}(\hat{\boldsymbol{\beta}})$가

$$\hat{I}(\hat{\boldsymbol{\beta}}) = \boldsymbol{X}'\boldsymbol{V}\boldsymbol{X}$$

임을 보일 수 있다.

2.2 독립변수의 유의성 검정과 회귀계수의 신뢰구간

로지스틱 모형을 적합한 후에는, 1장에서와 같이 모형에 있는 변수들의 유의성 여부를 따진다. p개의 독립변수 모두에 대한 유의성을 검정하기 위해 단변량인 경우와 동일하게 가능도비 검정을 실시한다. 이 검정법은 식 (1.7)의 통계량 G에 근거하며, p 개의 기울기 모수

들이 모두 '0'이라는 귀무가설 하에서 G의 분포가 $\chi^2(p)$임을 이용한다.

단변량 월드(Wald) 통계량 $W_j = \hat{\beta}_j / \widehat{\mathrm{SE}}(\hat{\beta}_j)$는 모수 β_j가 '0'이라는 귀무가설 하에서 근사적인 표준정규분포를 하며, 이를 확장한 다변량 월드 통계량 W

$$W = \hat{\boldsymbol{\beta}}' \left[\widehat{\mathrm{Var}}(\hat{\boldsymbol{\beta}}) \right]^{-1} \hat{\boldsymbol{\beta}}$$
$$= \hat{\boldsymbol{\beta}}' (\boldsymbol{X}' \boldsymbol{V} \boldsymbol{X}) \hat{\boldsymbol{\beta}}$$

는 $(p+1)$개의 모수가 모두 '0'이라는 귀무가설 하에서 근사적인 $\chi^2(p+1)$를 따른다. 따라서 단지 p개의 기울기 모수들에 관한 검정은 모수벡터 $\hat{\beta}$에서 절편항인 $\hat{\beta}_0$를 제외하고 행렬 $X' VX$에서 $\hat{\beta}_0$와 관련된 행과 열을 제외함으로써 시행할 수 있다. 그렇지만 이 검정법은 행렬의 연산을 요구하기 때문에, 모형의 유의성을 검정하기 위해 가능도비 검정법을 많이 사용한다.

모수들의 $100(1-\alpha)\%$ 신뢰구간은 1장의 식 (1.10)과 (1.11)에서 구할 수 있다. 이제 로짓에 관한 신뢰구간을 구하여 보자. p개의 공변량을 가진 로짓의 추정량은

$$\hat{g}(\boldsymbol{x}) = b_0 + b_1 x_1 + b_2 x_2 + \cdots + b_p x_p = \boldsymbol{x}' \boldsymbol{b} \tag{2.4}$$

이며, 여기에서 $\boldsymbol{x} = (1, x_1, x_2, \cdots, x_p)'$는 상수와 p개의 공변량을, 모수벡터 β의 추정값

$$\hat{\boldsymbol{\beta}} = \boldsymbol{b} = (b_0, b_1, b_2, \cdots, b_p)'$$

는 $(p+1)$개의 추정값을 각각 나타낸다. 식 (2.4)의 로짓 추정량의 분산을 추정하면

$$\widehat{\mathrm{Var}}[\hat{g}(\boldsymbol{x})] = \widehat{\mathrm{Var}}(\boldsymbol{x}'\boldsymbol{b}) = \boldsymbol{x}' \widehat{\mathrm{Var}}(\boldsymbol{b}) \boldsymbol{x} = \boldsymbol{x}' (X' V X)^{-1} \boldsymbol{x}$$

임을 알 수 있다.

2.3 승산과 승산비의 추정

2.3.1 명목형 독립변수인 경우

3개 이상$(k \geq 3)$의 수준 또는 범주를 가지는 다분형(polychotomous) 독립변수를 고려해 보자. 예를 들어, 어느 지역에서 선택한 인종(RACE)이라는 변수는 고정된 이산형 값을 가지며 명목척도로 측정되었고 하자. 명목척도인 변수를 구간척도로 측정된 변수로 모형화하는 것은 적절치 않으므로, 변수의 범주들을 대표하는 지시변수(indicator variable)를 만들

어야 한다. 지시변수를 계획변수(design variables) 또는 가변수(dummy variable)라고도 부른다. 이 절에서는 독립변수가 다분형인 경우 계획변수를 만드는 방법을 소개하려 하며, 이 방법은 변수의 어느 수준을 기준으로 정할 지에 따라 분석의 목표가 달라진다.

(예) CHD 자료에서 변수 RACE의 수준 수가 k=4 일 때, [표 2-1]과 같이 변수 RACE와 CHD를 교차 분류하여 보자.

[표 2-1] RACE와 CHD의 교차분류표

CHD	White	Black	Hispanic	기타	계
유	5	20	15	10	50
무	20	10	10	10	50
계	25	30	25	20	
승산비	1	8	6	4	
95% C.I.		(2.3, 27.6)	(1.7, 21.3)	(1.1, 14.9)	
$\ln(\widehat{OR})$	0.0	2.079	1.792	1.386	

[표 2-1]의 밑 부분은 White를 기준그룹(reference group) 또는 기준범주(reference category)로 택하여 각 그룹에 대한 승산비를 계산한 것이다.

(예) White를 기준범주로 하여 Hispanic에 대하여 승산비를 추정하면, (15×20)/(5×10) = 6이다.

승산비에서 '1'의 값은 기준그룹을 의미하며, 마지막 줄은 각 승산비에 자연로그를 취한 값이다.

계획변수를 지정하는 방법으로 기준그룹의 값은 모두 '0'으로 놓고 다른 그룹에 대해서는 한 개만의 계획변수를 '1'로 놓는다. [표 2-2]는 이를 나타내는 예이며, 이 방법을 지시변수 코딩방법(indicator variable coding scheme) 또는 기준셀 코딩방법(reference cell coding)이라 부른다.

[표 2-2] 기준셀 코딩방법을 이용하여 RACE에 대한 계획변수 지정

(단, White가 기준그룹)

RACE(코드)	계획변수		
	RACE_2	RACE_3	RACE_4
White (1)	0	0	0
Black (2)	1	0	0
Hispanic (3)	0	1	0
기타 (4)	0	0	1

[표 2-2]의 계획변수들을 이용하여 Stata 로지스틱 회귀절차를 실행하면, [표 2-3]의 로지스틱 회귀계수들의 추정값을 얻을 수 있다.

[표 2-3] 기준셀 코딩방법에 의한 로지스틱 회귀모형의 적합 결과

변수	계수	표준오차	z	$P>\|z\|$
RACE_2	2.079	0.6325	3.29	0.001
RACE_3	1.792	0.6466	2.78	0.006
RACE_4	1.386	0.6708	2.07	0.039
상수	−1.386	0.5000	−2.77	0.006

Log likelihood = −62.2937

[표 2-3]의 추정된 계수들과 [표 2-1]의 로그 승산비들을 비교하면, 다음 관계를 유도할 수 있다.

$$\ln[\widehat{\text{OR}}(\text{Black}, \text{White})] = \ln(8) = 2.079 = \hat{\beta}_1$$

$$\ln[\widehat{\text{OR}}(\text{Hispanic}, \text{White})] = \ln(6) = 1.792 = \hat{\beta}_2$$

$$\ln[\widehat{\text{OR}}(\text{기타}, \text{White})] = \ln(4) = 1.386 = \hat{\beta}_3$$

이 사실이 우연히 일어났는가? 가정한 모형에서 로짓 차이를 계산하면 그렇지 않음을 알 수 있다. Black과 White를 비교하면

$$\ln[\widehat{\text{OR}}(\text{Black}, \text{White})] = \hat{g}(\text{Black}) - \hat{g}(\text{White})$$
$$= [\hat{\beta}_0 + \hat{\beta}_1(\text{RACE\_2}=1) + \hat{\beta}_2(\text{RACE\_3}=0) + \hat{\beta}_3(\text{RACE\_4}=0)]$$

$$- [\widehat{\beta_0} + \widehat{\beta_1}(\text{RACE\_2}=0) + \widehat{\beta_2}(\text{RACE\_3}=0) + \widehat{\beta_3}(\text{RACE\_4}=0)]$$
$$= \widehat{\beta_1}$$

이고, 나머지 계수들 역시 [표 2-1]의 로그 승산비와 같게 된다.

이항 로지스틱 모형에서 구한 표준오차의 추정값은 식 (2.3)에 주어지지만, 분류표에 나타난 셀 빈도를 이용하여 구할 수도 있다.

(예) 계획변수 RACE_2에 대한 추정된 표준오차는

$$\widehat{\text{SE}}\left(\widehat{\beta_1}\right) = \sqrt{\frac{1}{a} + \frac{1}{b} + \frac{1}{c} + \frac{1}{d}} = \sqrt{\frac{1}{5} + \frac{1}{20} + \frac{1}{20} + \frac{1}{10}} = 0.6325 \qquad (2.5)$$

이며, 여기에서 a, b, c, d는 2×2 교차표의 각 방의 빈도수를 각각 나타낸다. 이 결과를 유도하는 방법은 Bishop 외 2인(1975)을 참고하기 바란다.

승산비에 대한 신뢰구간은 1장에서 언급한 방법을 사용한다. 즉, 로지스틱 회귀계수 또는 로그 승산비에 대한 신뢰구간을 계산한 뒤, 승산비에 대한 양 끝점을 구하기 위해 이 양 끝점에 지수함수를 취한다. 일반적으로 회귀계수에 대한 $100(1-\alpha)\%$ 신뢰구간은

$$\widehat{\beta_j} \pm z_{1-\alpha/2} \cdot \widehat{\text{SE}}\left(\widehat{\beta_j}\right)$$

이므로, 승산비에 대한 신뢰구간은 다음과 같다.

$$\exp\left[\widehat{\beta_j} \pm z_{1-\alpha/2} \cdot \widehat{\text{SE}}\left(\widehat{\beta_j}\right)\right] \qquad (2.6)$$

[표 2-1] 하단에 있는 승산비의 신뢰구간은, [표 2-3]의 추정된 계수들과 그 표준오차를 이용하여 구할 수 있으며, 여기에서 $\alpha = 0.05$ 이다.

기준셀 코딩방법은 대조군(control group) 또는 비노출군(unexposed group)의 위험을 기준으로 하여, 노출된(exposed) 그룹의 위험을 추정하는데 흔히 사용한다. 계획변수들을 코딩하는 또 다른 방법은 평균에서의 편차(deviation from means) 코딩방법이다. 이 코딩방법에서는 효과를 "전체평균(overall mean)"과 "그룹평균(group mean)"과의 편차로 표현한다. 로지스틱 회귀분석에서 "전체평균"은 모든 그룹에 대한 평균로짓이며, "그룹평균"은 그룹에 대한 로짓이다. 이 코딩방법에서 한 범주에 대한 모든 계획변수들의 값을 '−1'로 놓고, 나머지 범주에 대한 계획변수들을 '0' 또는 '1'로 고정시킨다. [표 2-4]는 이 방법을 예로

들어 설명한 것이며, [표 2-5]는 이 방법을 근거로 하여 로지스틱 회귀계수를 추정한 결과이다. 평균에서의 편차 코딩방법에 관한 자세한 설명은 Hosmer & Lemeshow(2000)을 참조하라.

[표 2-4] 평균에서의 편차 코딩방법을 이용한, RACE에 대한 계획변수 지정

RACE(코드)	계획변수		
	RACE_2	RACE_3	RACE_4
White (1)	−1	−1	−1
Black (2)	1	0	0
Hispanic (3)	0	1	0
기타 (4)	0	0	1

[표 2-5] 평균에서의 편차 코딩방법에 의한 로지스틱 회귀모형의 적합 결과

변수	계수	표준오차	z	$P > \|z\|$
RACE_2	0.765	0.3506	2.18	0.029
RACE_3	0.477	0.3623	1.32	0.188
RACE_4	0.072	0.3846	0.19	0.852
상수	−0.072	0.2189	−0.33	0.742

Log likelihood = −62.2937

2.3.2 연속형 독립변수인 경우

로지스틱 회귀모형에 연속형 독립변수 x가 포함되었을 때, 이 변수 x에 대한 추정된 계수는 변수 x가 모형에 어떤 방법 및 어떤 단위로 입력하느냐에 따라 달라진다. 연속형 독립변수에 대한 계수를 해석하기 위해 로짓이 선형이라고 가정한다. 로짓이 연속형 공변량(x)에서 선형이라는 가정 하에서, 로짓의 식은

$$g(x) = \beta_0 + \beta_1 x$$

이며, 이때 기울기를 나타내는 계수(β_1)는 x의 값이 '1'단위 증가함에 따른 로그 승산의 변화량을 의미한다. 즉, 모든 x값에 대해

$$\beta_1 = g(x+1) - g(x)$$

이지만, 이때 x의 값 '1'은 임상적으로 의미가 없다. 예를 들어, 수축기 혈압에서 1mmHg량

을 증가시키거나 연령 1세의 증가는 고려하기에는 너무 작은 양이다. 10년 또는 10mmHg 증가라면 임상적으로 중요시 될 수 있을 것이다. 반면에 x의 범위가 '0'에서 '1'까지라면, '1'의 변화는 너무 크고 '0.01'이 더 현실적일 수 있다. 따라서, 연속형 공변량을 적절히 해석하기 위하여 공변량에서 임의의 'c'단위만큼 변화한 값에 대해 점추정 및 구간추정할 방법을 모색할 필요가 있다.

x의 'c' 단위만큼 변화한 값에 대한 로그 승산비는 로짓값의 차이인

$$g(x+c)-g(x)=c\beta_1$$

에서 구할 수 있으며, 이에 관련된 승산비는 이 로짓값의 차이에 지수함수를 취하여

$$OR(c)=\mathrm{OR}(\mathrm{x+c,x})=\exp(c\beta_1)$$

에서 구한다. 이때 승산비의 추정값은 β_1 대신 최대가능도 추정값 $\widehat{\beta_1}$을 넣어 구하며, 신뢰구간을 구할 때 필요한 표준오차 추정값은 $\widehat{\beta_1}$의 표준오차 추정값에 c를 곱하면 된다. 그러므로 승산비 $OR(c)$에 대한 $100(1-\alpha)\%$ 신뢰구간을 추정하면

$$\exp\left[c\widehat{\beta_1} \pm z_{1-\alpha/2}\cdot c\cdot \widehat{\mathrm{SE}}(\widehat{\beta_1})\right]$$

이 된다.

점추정값과 신뢰구간의 두 끝점은 어느 'c'를 택하느냐에 따라 달라지고, 'c'를 택하는데 논란이 있을 수 있다. 예를 들어 5년 또는 심지어 20년에 해당하는 값이 동일하다면, 10년의 변화는 무슨 의미가 있는가? 물론 어느 적절한 값을 사용할 수 있지만 분석하고자 하는 목적을 염두에 두어야 한다. 즉, 결과가 일어날 위험이 얼마나 변수를 변화시키느냐에 중점을 둔다. 5의 배수 또는 10의 배수의 변화가 가장 의미가 있을 수 있으며 쉽게 이해된다.

한 예로 [표 1-5]의 모형 적합결과를 보자. 이 결과는 CHD 자료를 사용하여, 연령 AGE에 대한 CHD 상태를 로지스틱 모형으로 적합한 것이다. 추정된 로짓 $\hat{g}$는

$$\hat{g}(\mathrm{AGE})=-5.309+0.111\mathrm{AGE}$$

이므로, 만약 연령 AGE를 10년 증가시켜 승산비를 추정하면, 승산비는

$$\widehat{\mathrm{OR}}(10)=\exp(10\times 0.1110)=3.03$$

이다. 사실 연령 AGE가 10세 증가함에 따른 CHD 추가 위험은 연령이 20세에 비해 60세에서 훨씬 높을 것으로 사료되므로, 로짓이 연속형 공변량에서 선형이라는 가정은 논란의 여지가 있을 수 있다. 다시 말해 이는 연속형 공변량이 로짓함수에서 선형으로 모형화되었기

때문에 기인한다. 만일 로짓함수가 공변량에 대해 비선형이라면,

(1) 그룹화와 가변수를 사용하여, 연속형 공변량의 선형성을 다시 고려하거나
(2) 연속형 공변량에 대해 고차항($x^2, x^3, \cdots$) 또는 다른 비선형 형태를 고려한다.

따라서 연속형 공변량을 모형에 포함시킬 때 중요하게 고려할 점은 로짓함수에 취해지는 척도화(scaling)이다.

> (예) 연령 AGE를 10년 증가시킨 승산비에 대한 95% 신뢰구간은
>
> $$\exp(10 \times 0.111 \pm 1.96 \times 10 \times 0.024) = (1.90,\ 4.86)$$
>
> 이다.

요약하면, 연속형 변수에 대한 계수 추정값의 해석은 명목형 변수의 계수 추정값(즉, 추정된 로그 승산비)의 해석과 유사하지만, 다만 주요한 차이점은, 연속형 변수를 해석하기 위하여 연속형 변수의 의미있는 변화 단위를 정하여야 한다는 것이다.

2.4 교락인자와 교호작용의 효과

역학자들이 주로 사용하는 용어인 교락인자(confounder)란, 종속변수와 중요한 독립변수(또는 위험요인(risk factor)이라고 함) 모두에 영향을 주는 공변량을 지칭한다. 어떤 공변량 c가 종속변수와 위험요인 양쪽 모두 관련된 경우, 위험요인과 종속변수 사이의 관련성이 그 공변량 c에 의해 교락되었다고 정의한다.

이 절에서는 교호작용의 개념을 소개하고, 로지스틱 회귀모형에서 그 효과를 어떻게 설명할 지를 보여줄 것이다. 우선 교락과 교호작용에 관하여 예를 통해 살펴보자.

> (예) 흡연여부 SMOKE = 위험요인으로 이분형변수
> 연령 AGE = 연속형 공변량
> 폐암에 걸렸는지 여부 y = 반응변수

만일 흡연자 군에서의 AGE와 y의 관련성이 비흡연자 군에서의 AGE와 y의 관련성과 동일하다면, 이때 공변량 AGE와 위험요인 SMOKE간에는 아무런 교호작용도 없다고 정의한다. 만약 교호작용이 없다면, 흡연자 군에서의 AGE와 y의 그래프는 비흡연자 군에서의 AGE와 y의 그래프와 서로 평행하게 된다. 만일 교호작용이 존재한다면, 공변량 AGE의 수준에 따라 위험요인 SMOKE와 반응변수 y간의 연관성이 다르게 된다. 즉 공변량 AGE는, 반응변수 y에 대한 위험요인 SMOKE의 효과를 수정하게 된다. 역학자들은 위험요인과 서로 교호작용을 하는 변수를 표현하기 위해 효과 수정항(effect modifier)이라는 용어를 사용한다.

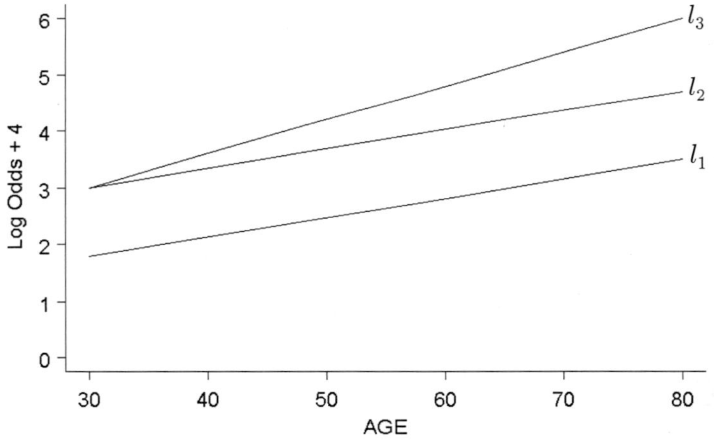

[그림 2-6] 교호작용의 존재 여부를 보여주는 3가지 다른 모형하의 로짓그림

[그림 2-6]은 3가지의 서로 다른 로짓의 그래프이며, 이때 교호작용을 설명하기 위해 이 로짓의 그래프를 사용하자. 반응변수는 CHD의 존재여부, 위험요인으로는 성별 SEX, 그리고 공변량으로 연령 AGE가 있다고 하자. 직선 l_1 은 여성들에 관한 로짓을 연령의 함수로 표현했고, 직선 l_2 는 남성들의 로짓이다. 만약 두 직선이 서로 평행하다면, 공변량 AGE와 반응변수 CHD간의 관계가 성별에 관계없이 동일하다는 것을 말해준다. 이런 상황을 교호작용이 존재하지 않는다고 말하고, AGE의 효과를 수정한 성별에 대한 로그 승산비는 두 직선 사이의 차이로 주어짐을 알 수 있다. 여기에서 차이란 물론 두 직선사이의 수직거리를 의미한다. 반면에 남성들의 로짓을 직선 l_3 라고 하면, 이 직선은 직선 l_1 보다 더 가파름을

보여준다. 다시 말해, 남성들에 있어서 AGE와 CHD 사이의 관련성이 여성들의 관련성과는 서로 다르다는 것이며, 이런 경우 연령 AGE와 성별 SEX 사이에 교호작용이 있다고 말한다. 이때 연령 AGE의 효과를 수정한 성별 SEX에 관한 승산비는 두 직선 사이의 수직거리로 주어지지만, 비교가 이루어지는 AGE의 값에 따라 그 차이가 다름을 알 수 있다. 이때 AGE를 효과 수정항이라고 부른다.

실제적으로 어떤 공변량의 교락 상태를 검사하는 방법은, 이 공변량을 모형에 포함한 경우와 그렇지 않은 경우 각각에서 위험요인의 계수 추정값을 비교하는 것이다. 어떤 특정한 공변량 c의 유의성 여부에 관계없이, 특정한 공변량 c를 제거하였을 때 위험요인의 계수 추정값이 많이 변하거나 또는 임상적으로 중요한 변화가 있다면, 공변량 c를 교락인자라고 하며 모형에 포함하여야 한다.

반면에 모형에 추가된 교호작용항이 임상적으로 의미 있을 뿐 아니라 통계적으로도 유의하다면, 그 공변량을 오로지 효과 수정항이라고 한다. 만약 공변량이 효과 수정항일 경우, 위험요인의 추정값은 공변량의 값에 따라 달라지므로 그 공변량이 교락인자 인지의 여부는 따질 필요가 없다.

2.5 교호작용이 있을 때의 승산비와 신뢰구간

오로지 두 변수와 그들의 교호작용 만이 있는 모형에서, 위험요인은 X, 공변량은 C, 그들의 교호작용을 $X\times C$로 나타내자. 이때 이 모형의 로짓은

$$g(x,c)=\beta_0+\beta_1 x+\beta_2 c+\beta_{12}x\times c$$

이며, 공변량 $C=c$에서 변수 X의 두 수준 x_1, x_0을 비교하는 승산비를 구하여 보자. 두 로짓은 각각

$$g(x_1,c)=\beta_0+\beta_1 x_1+\beta_2 c+\beta_{12}x_1\times c$$

$$g(x_0,c)=\beta_0+\beta_1 x_0+\beta_2 c+\beta_{12}x_0\times c$$

이므로, 이때 로그 승산비를 구하면 다음과 같다.

$$\begin{aligned}\ln[\mathrm{OR}(\mathrm{X}=\mathrm{x}_1,\mathrm{X}=\mathrm{x}_0,\mathrm{C}=\mathrm{c})] &= \mathrm{g}(\mathrm{x}_1,\mathrm{c})-\mathrm{g}(\mathrm{x}_0,\mathrm{c}) \\ &= \beta_1(x_1-x_0)+\beta_{12}c(x_1-x_0) \qquad (2.9)\end{aligned}$$

따라서, 식 (2.9)의 로그 승산비에 지수함수를 취하여 승산비

$$OR = \exp[\beta_1(x_1 - x_0) + \beta_{12}\, c(x_1 - x_0)]$$

를 구하며, 계속하여 승산비의 신뢰구간을 유도하여 보자. 승산비의 신뢰구간을 구하기 위하여, 교호작용이 없는 경우와 같은 방법을 사용한다. 즉, 로그 승산비에 대한 신뢰구간의 경계점을 구한 후, 지수를 취하여 줌으로써 로그 승산비의 $100(1-\alpha)\%$ 신뢰구간

$$\left[\widehat{\beta_1}(x_1 - x_0) + \widehat{\beta_{12}}\, c(x_1 - x_0)\right] \pm z_{1-\alpha/2}\, \widehat{\mathrm{SE}}\left\{\ln[\widehat{\mathrm{OR}}(X = x_1, X = x_0, C = c)]\right\} \tag{2.10}$$

을 얻는다.

(예) 저체중아 자료(low birth weight data)를 사용하여 로지스틱 회귀모형을 적합시킨다(저체중아 자료는 부록 참조). 저체중아 자료는 연속형 공변량인 AGE, 이분형 변수 LWD가 있으며, 변수 LWD는 어머니의 체중 LWT가 110파운드 미만이면 '1', 110파운드 이상이면 '0'이다. 일련의 로지스틱 회귀모형을 적합한 결과가 [표 2-7]에 있다.

[표 2-7]에 의하면, 변수 AGE는 강한 교락요인은 아니다. 그렇지만 변수 AGE와 변수 LWD와의 교호작용의 p값이 '0.076'이므로, 저체중아를 출산할 위험을 예측하기 위하여 교호작용항을 모형에 포함시켜야 한다.

[표 2-7] 추정된 로지스틱 모형의 결과

Model	Constant	LWD	AGE	LWD×AGE	G	p
0	−0.790					
1	−1.054	1.054			8.44	0.004
2	−0.027	1.010	−0.044		1.96	0.160
3	0.774	−1.944	−0.080	0.132	3.14	0.076

[표 2-7]에서 G는 가능도비 검정통계량, p는 유의확률을 각각 나타낸다.

식 (2.9)와 [표 2-7]을 이용하여, 연령이 AGE = a인 정상체중 여성에 대한 저체중 여성의 로그 승산비는 다음과 같다.

$$\ln\left[\widehat{\mathrm{OR}}(\mathrm{LWD}=1, \mathrm{LWD}=0, \mathrm{AGE}=\mathrm{a})\right] = -1.944 + 0.132a$$

추정된 계수의 분산을 위하여, Stata 패키지를 이용하여 [표 2-8]의 분산-공분산행렬을 얻고, 이를 이용하여 식 (2.9)에 주어진 로그 승산비의 분산을 추정하면 다음과 같다.

$$\begin{aligned}&\widehat{\mathrm{Var}}\left\{\ln[\widehat{\mathrm{OR}}(\mathrm{LWD}=1, \mathrm{LWD}=0, \mathrm{AGE}=\mathrm{a})]\right\}\\ &= \widehat{\mathrm{Var}}(\widehat{\beta_1}) + a^2\widehat{\mathrm{Var}}(\widehat{\beta_{12}}) + 2a\,\widehat{\mathrm{Cov}}(\widehat{\beta_1}, \widehat{\beta_{12}})\\ &= 2.975 + a^2 \times 0.0057 + 2 \times a \times (-0.128)\end{aligned} \tag{2.11}$$

[표 2-8] 추정된 분산-공분산행렬

	Constant	LWD	AGE	LWD×AGE
Constant	0.828			
LWD	−0.828	2.975		
AGE	−0.353−02	−0.353−01	0.157−02	
LWD×AGE	−0.353−01	−0.128	−0.157−02	0.573−02

식 (2.9)−식 (2.11)을 이용하여 연령이 30세인 저체중 여성인 경우, 같은 연령의 정상체중 여성에 대한 승산비 추정값과 그 95% 신뢰구간은 각각

$$\widehat{\mathrm{OR}} = 7.55$$

$$\widehat{\mathrm{CI}} = (1.95,\ 29.19)$$

이므로, 따라서 연령이 30세인 저체중 여성은 같은 연령의 정상체중 여성보다 7.5배나 저체중아를 출산할 위험률이 높은 것으로 추정되며, 95%의 신뢰로 그 위험률은 2배에서 29배까지나 높게 추정됨을 보여준다.

2.6 층화분석과 로지스틱 회귀모형의 분석

교호작용과 교락요인의 효과를 검출하기 위하여 2×2 교차표의 층화분석(stratified analysis)을 시행하여 보자. 만약 각 층에서의 승산비가 일정하면, Mantel–Haenszel 추정량이나 가중 로짓 추정량 같은 층화승산비 추정량을 구할 수 있다.

이 두 방법을 설명하기 위해 저체중아 자료(low birth weight data)를 다시 사용한다. 종속변수인 LOW는 신생아의 체중이 2500g 미만이면 '1', 그렇지 않으면 '0'의 값을 가지며, 위험요인인 SMOKE는 담배를 피는 경우 '1', 그렇지 않으면 '0'이다.

변수 LOW와 SMOKE의 2×2 교차표([표 2–9])에서 구한 수정되지 않은 승산비는

$$\widehat{\mathrm{OR}} = \frac{30 \times 86}{29 \times 44} = 2.02$$

이며, [표 2–10]은 어머니의 인종 RACE에 따른 2×2 교차표이다.

[표 2–9] Low 대 Smoke의 교차표

		SMOKE		Total
		1	0	
LOW	1	30	29	59
	0	44	86	130
Total		74	115	189

각 층 승산비의 가중평균으로 표현되는 Mantel–Haenszel 추정량 $\widehat{\mathrm{OR}}_{MH}$ 은

$$\widehat{\mathrm{OR}}_{MH} = \frac{\sum a_i d_i / N_i}{\sum b_i c_i / N_i}$$

로 정의되며, 여기에서 a_i, b_i, c_i, d_i는 i번째 층의 2×2 교차표에서 각 셀의 빈도수이고, N_i는 전체 빈도수를 나타낸다. [표 2–10]을 이용하여 Mantel–Haenszel 추정량을 계산하면

$$\widehat{\mathrm{OR}}_{MH} = \frac{a_1 d_1/N_1 + a_2 d_2/N_2 + a_3 d_3/N_3}{b_1 c_1/N_1 + b_2 c_2/N_2 + b_3 c_3/N_3} = \frac{13.067}{4.234} = 3.09$$

이다.

[표 2-10] 인종 RACE에 따른 Low와 Smoke의 교차표

White				
		SMOKE		Total
		1	0	
LOW	1	19	4	23
	0	33	40	73
Total		52	44	96

Black				
		SMOKE		Total
		1	0	
LOW	1	6	5	11
	0	4	11	15
Total		10	16	26

Other				
		SMOKE		Total
		1	0	
LOW	1	5	20	25
	0	7	35	42
Total		12	55	67

승산비의 가중 로짓 추정량 $\widehat{\text{OR}}_L$을 각 층의 로그 승산비의 가중평균인

$$\widehat{\text{OR}}_L = \exp\left(\frac{\sum w_i \ln(\widehat{\text{OR}}_i)}{\sum w_i}\right)$$

로 정의하며, 여기에서 가중값 w_i는 i 번째 층의 로그 승산비의 분산의 역수를 나타낸다. [표 2-11]은 승산비의 추정값, 로그 승산비, 로그 승산비의 분산 추정값과 가중값 w_i를 제공한다.

[표 2-11]

	White	Black	Other
$\widehat{OR}$	5.758	3.300	1.250
$\ln(\widehat{OR})$	1.751	1.194	0.223
$\widehat{V}[\ln(\widehat{OR})]$	0.358	0.708	0.421
w	2.794	1.413	2.375

[표 2-11]을 이용하여 구한, 가중 로짓 추정량은

$$\widehat{\mathrm{OR}}_L = \exp\left(\frac{7.109}{6.582}\right) = 2.95$$

이며, Mantel-Haenszel 추정값보다 조금 작다. 만약 각 인종 층에서의 승산비의 값이 서로 비슷하지 않고 다르다면, 변수 RACE가 교락요인이 되거나 또는 변수 SMOKE의 효과를 수정하는 효과수정함임을 시사해 준다. 일반적으로 각 층 내의 자료들이 성기지 않다면, 위에서 정의한 두 통계량의 값이 거의 비슷함을 알 수 있다. 가중 로짓 추정량에 비해, Mantel-Haenszel 추정량의 장점은 어떤 셀의 빈도수가 '0'일 때에도 구할 수 있다는 점이다.

층화분석과의 비교를 위해, 3개의 로지스틱 모형을 가정하여, 분석하여 보자.

모형 1 : 오로지 변수 SMOKE 만 있다.
모형 2 : 변수 SMOKE와 변수 RACE가 있다.
모형 3 : 모형 2에 교호작용 RACE×SMOKE를 추가함.

이 모형들을 적합한 결과가 [표 2-12]에 있다. 변수 SMOKE의 계수 추정값에 많은 관심이 있기 때문에, 변수 RACE와 교호작용 RACE×SMOKE의 계수 추정값은 [표 2-12]에 넣지 않았다.

[표 2-12] 계수의 추정값, 로그 가능도, 가능도비 검정통계량 G

Model	SMOKE	Loglikelihood	G	df	p
1	0.704	−114.90			
2	1.116	−109.99	9.83	2	0.007
3	1.751	−108.41	3.16	2	0.206

(1) 승산비의 추정값 : $\widehat{OR} = \exp(0.704) = 2.02$

(2) RACE의 효과를 조정한, 승산비의 층화 추정값 : $\widehat{OR} = \exp(1.116) = 3.05$

이 값은 Mantel−Haenszel 추정량 $\widehat{OR_{MH}} = 3.09$와 가중로짓 추정량 $\widehat{OR_L}$=2.95의 값과 매우 유사하다. 승산비의 값이 2.02에서 3.05로 변화함은 변수 RACE가 교락요인임을 나타낸다.

(3) 변수 RACE에 따른 승산비의 동일성 검정은 모형 2와 모형 3의 가능도비 검정을 근거로 한다. [표 2−12]의 검정통계량은 $G = 3.156$이므로, $\chi^2(2)$에 비교하면 층에 따른 승산비의 동일성을 기각하지 못하게 된다.

따라서 층화 승산비의 추정값을 구하고 층에 따른 승산비의 동일성을 검정하기 위하여, 로지스틱 모형을 사용해도 아무런 손색이 없음을 알 수 있다.

지금까지 승산을 추정하기 위해 모수들의 추정값을 이용하였지만, 모형을 설정한 후 그 적합된 값을 이용하는 경우도 드물지 않다. 저체중아 자료를 예로 들어, 우선 자료에 있는 개체들의 반응값의 예측에 관하여 살펴보자. 체중 LWT가 150파운드이고 인종 RACE가 백인인 개체는 자료내의 189명 중에 속하므로, 따라서 적합된 값의 추정, 로짓 그리고 로짓의 표준오차들을 쉽게 사용할 수 있다.

반면에 데이터 세트 내에 있지 않은 여성의 저체중아 출산 확률을 추정하기 위하여 적합된 모형을 사용하여 보자. 예를 들어, 체중이 150파운드인 흑인 여성의 로짓은

$$\begin{aligned}\hat{g}(\text{LWT} = 150, \text{RACE} = \text{Black}) \\ &= 0.806 - 0.015 \times 150 + 1.081 \times 1 + 0.481 \times 0 \\ &= -0.363\end{aligned}$$

이며, 따라서 로지스틱 확률의 추정값은

$$\begin{aligned}\hat{\pi}(\text{LWT} = 150, \text{RACE} = \text{Black}) &= \frac{\exp(-0.363)}{1 + \exp(-0.363)} \\ &= 0.410\end{aligned}$$

이 된다. 즉, 이 모형은 체중이 150파운드의 흑인 여성 중 41%정도가 저체중아를 출산할 가능성이 있음을 말해준다.

또한 신뢰구간을 구하기 위하여 식 (1.12)를 이용하면, 표준오차는

$$\widehat{\text{SE}}[\hat{g}(\text{LWT} = 150, \text{RACE} = \text{Black})] = 0.1725$$

이므로, 확률의 95% 신뢰구간은 (0.331, 0.494)가 된다. 따라서, 150파운드의 흑인 여성이 저체중아를 출산할 확률은 95%의 신뢰로 '0.331'에서 '0.494'임을 보여준다. 이때 150파운드의 값이 이 자료 내의 26명의 흑인 여성들의 체중 범위인 98파운드부터 241파운드 내에 위치하여야 한다.

2.7 독립변수의 선택

다른 다변량 통계 기법들과 마찬가지로, 로지스틱 모형에서도 종속변수를 잘 설명하여 주는 독립변수(공변량)들을 선택하여야 하는 상황이 발생한다. 회귀분석이나 판별분석에서의 변수선택에 관련된 문제들을 로지스틱 모형에서도 동일하게 생각할 수 있다. 물론 어떤 모형도 통계적인 관점에서 최적의 모형이라고 단정 지을 수는 없다. 왜냐하면, 서로 다른 변수선택법은 서로 다른 모형을 산출하기 때문이다. 여러 가능한 모형들을 면밀히 조사하여 그들 중에서 해석적인 면, 변수의 수, 변수의 접근성 등에 근거하여 최적의 모형을 고를 수 있다. 늘 그렇듯이 모형은 모집단에서 추출한 임의의 표본을 적합시키므로, 다른 표본이 추출되면 다른 모형이 선택될 것이다. 왜냐하면, 가정한 모형은 모집단보다는 표본을 거의 잘 적합시키기 때문이다.

이 절에서는 Stata의 변수선택법에 대해 다룬다. 여러 변수선택법 중 몇 가지는 다음과 같지만, 여기에서는 전진단계선택법과 후진단계제거법 만을 다룬다.

(1) 전진선택법(Forward selection)
(2) 후진선택법(Backward selection)
(3) 전진단계선택법(Forward stepwise selection)
(4) 후진단계제거법(Backward stepwise elimination)

Stata에서는 변수의 입력 시 월드 통계량(Wald statistic)을, 변수를 제거할 때에도 월드 통계량을 사용한다. SPSS에서는 변수의 입력 시 스코어 통계량(score statistic)을, 변수를 제거할 때는 월드 통계량, 가능도비값의 변화 G, 조건통계량(conditional statistic) 등을 사용할 수 있다. 이때 유의할 점은 하나의 범주형변수를 나타내는 모든 지시변수들은 한꺼번에 모형에 들어가거나, 제거되어야 한다.

■ 전진단계선택법

로지스틱 모형에서 전진단계선택법은 중회귀모형에서의 방법과 유사하다. 모형의 절편항을 생략하라는 옵션을 사용하지 않는 한, 항상 절편항만 있는 모형(constant only model)에서 시작한다.

각 단계마다 월드 통계량에 대한 제일 적은 $p-$값(유의확률의 값)을 가진 변수를 고른 후, 이 변수가 주어진 기준절단값(cutoff value ; 디폴트로 0.05)보다 작으면 채택하여 모형에 넣는다. 이때 모형에 이미 들어온 전진단계 블락 내의 모든 변수에 대해 제거기준을 만족하는지 검사한다. 즉, 모형내의 모든 변수에 대한 월드 통계량을 조사하여 가장 큰 $p-$값을 가진 변수를 찾은 후, 만약 이 변수의 $p-$값이 선택한 기준절단값(디폴트 0.1)을 초과하면 모형에서 제거한다. 제거기준을 만족하는 변수가 없을 때, 다음의 자격 있는 변수를 모형에 삽입한다. 어떤 변수를 모형에서 제거하기 위해 선택했을 때, 이미 고려한 모형이 다시 된다면 그때 변수선택을 멈춘다.

그렇지 않으면 제거된 변수 없이 모형이 추정되고, 변수들을 제거하기 위해 다시 검사한다. 더 이상 제거할 변수가 없을 때까지 계속한다. 그리고 나서 변수들을 모형에 입력하기 위한 검사를 다시 한다. 전에 고려한 모형을 다시 만나거나(알고리즘이 반복됨을 의미함) 또는 더 이상 선택 또는 제거 기준을 만족하는 변수가 없을 때까지, 이 과정을 계속한다.

(예) 전진단계선택법을 실행하기 위하여 저체중아 자료를 사용한다.

[Stata 명령]

```
. sw logit low age lwt race smoke ptl ht ui ftv, pr(.14) pe(.1) forward
```

: 종속변수는 low이고 독립변수의 수는 모두 8개이며, 독립변수를 모형 내에 채택하기 위한 기준절단값으로 0.1, 모형 내에 있는 변수를 제거하기 위한 기준절단값으로 0.14를 설정하였다

[Stata 결과]

```
                    begin with empty model

p = 0.0115 <  0.1000  adding    ptl
p = 0.0388 <  0.1000  adding    ht
```

```
p = 0.0105 <  0.1000  adding    lwt
p = 0.0828 <  0.1000  adding    ui
p = 0.0995 <  0.1000  adding    smoke
p = 0.0268 <  0.1000  adding    race
p = 0.1500 >= 0.1400  removing  ptl
```

Logit estimates	Number of obs	=	189
	LR chi2(5)	=	27.33
	Prob > chi2	=	0.0000
Log likelihood = −103.67021	Pseudo R2	=	0.1165

low	Coef.	Std. Err.	z	P>|z|	[95% Conf.	Interval]
race	.4821189	.2102047	2.29	0.022	.0701254	.8941125
ht	1.846193	.6852205	2.69	0.007	.5031859	3.189201
lwt	−.0138176	.0064961	−2.13	0.033	−.0265497	−.0010856
ui	.8713067	.4499238	1.94	0.053	−.0105277	1.753141
smoke	1.044209	.3887368	2.69	0.007	.2822994	1.80612
_cons	−.6733727	1.024744	−0.66	0.511	−2.681834	1.335089

[Stata 결과]에 의하면, 독립변수를 모형에 입력하기 위해 선택된 $p-$값이 제일 적은 변수는 ptl이고 그 유의확률은 0.0115으로 기준절단값 0.1 이하이므로 모형에 선택되는 가장 최초의 변수가 된다. 그 다음으로 p−값이 제일 적은 변수는 ht이고 유의확률은 0.0388이므로 두 번째로 선택된다.

동일한 방법으로 변수 lwt, ui, smoke, race가 연속해서 선택되었고, 변수 race 선택 시 모형 내에 이미 들어온 변수인 ptl의 $p-$값이 0.15으로 기준절단값 0.14를 넘어 변수 ptl을 제거하였다. 따라서, 전진단계선택법을 실행하였을 경우 최종 선택된 독립변수들은 모두 5개로 race, ht, lwt, ui, smoke 이다.

■ 가능도비 검정

변수들을 모형에 입력하거나 또는 제거하기 위해 사용한 월드 통계량 보다 더 나은 방법으로 가능도비 검정법이 있다. 이 방법은 각 변수가 모형에 입력된 경우와 그렇지 않은 경우의 로그 가능도비의 차이에 −2배를 곱한 값에 근거한다. 즉, 독립변수 x를 모형에 삽입 또는 제거하기 위한 가능도비 검정법은, 독립변수 x의 삽입으로 인한 편차 D의 변화인 통계량 G를 구하여 그 $p-$값을 기준절단값과 비교하는 것이다. 만약 귀무가설이 사실이고 표본

크기가 충분히 크면, 이 변화량은 카이제곱 $\chi^2(r)$ 의 분포(McCullagh & Nelder, on p157, 1989)를 하며, 이때 r 은 완전모형(full model)과 축소모형(reduced model)에서의 항의 수의 차이를 나타낸다.

전진단계선택법의 알고리즘에서, 변수를 선택 또는 제거하기 위해 월드 통계량 대신 가능도비 검정통계량 G를 사용할 수 있다. 그러나 귀무가설이 옳은 경우 월드 통계량, 가능도비 검정통계량 그리고 Rao의 스코어 통계량 모두 대표본에서는 서로 동등함을 알 수 있다 (Rao, 1973).

■ 후진단계제거법

전진단계선택법은 모형에 아무런 변수가 없을 때부터 시작하지만, 후진단계제거법은 모든 변수를 포함한 모형에서 시작한다. 각 단계마다 변수의 입력과 제거에 관하여 검사한다. 전진단계선택법에서와 마찬가지로 변수를 모형에 포함하여야 할 지를 결정할 뿐 아니라, 제거할 변수를 고르기 위해서도 역시 월드 통계량을 사용한다.

모든 독립변수를 포함한 모형을 적합시켜, $p-$값이 제일 큰 변수를 고른다. 만약 이 변수가 유의하지 않으면, 모형에서 제거한 후 다시 모형을 적합시키고. 만약 유의하면, 더 이상 제거할 변수는 없다. 이 절차를 반복한다. 반복하는 도중 만약 모형에서 제거된 변수들 중 가장 $p-$값이 적은 변수가 유의하면, 이 변수를 모형에 추가하여 다시 모형을 적합시킨다.

(예) 저체중아 자료를 사용하여, 후진단계제거법을 실행하여 보자.

[Stata 명령]

```
. sw logit low age lwt race smoke ptl ht ui ftv, pr(.14) pe(.1)
```

: 종속변수는 low이고 독립변수의 수는 모두 8개이며, 기준절단값은 전진단계선택법과 동일하다.

[Stata 결과]

```
                         begin with full model
p = 0.7085 >= 0.1400   removing ftv
p = 0.3533 >= 0.1400   removing age
p = 0.1500 >= 0.1400   removing ptl
```

```
. logit  chd age
 Logit estimates                                  Number of obs     =      189
                                                  LR chi2(5)        =    27.33
                                                  Prob > chi2       =   0.0000
   Log likelihood  = −103.67021                   Pseudo R2         =   0.1165
```

low	Coef.	Std. Err.	z	P>|z|	[95% Conf.	Interval]
ui	.8713067	.4499238	1.94	0.053	−.0105277	1.753141
lwt	−.0138176	.0064961	−2.13	0.033	−.0265497	−.0010856
race	.4821189	.2102047	2.29	0.022	.0701254	.8941125
smoke	1.044209	.3887368	2.69	0.007	.2822994	1.80612
ht	1.846193	.6852205	2.69	0.007	.5031859	3.189201
_cons	−.6733727	1.024744	−0.66	0.511	−2.681834	1.335089

8개의 독립변수 중 $p-$값이 제일 큰 변수는 ptl이고 그 유의확률이 0.7085로 기준절단값 0.14보다 크므로, 모형에서 제거되는 가장 최초의 변수가 된다. 다음으로 p−값이 제일 큰 변수는 age이고 그 유의확률이 0.3533이므로, 기준절단값 0.14를 넘어 모형에서 두 번째로 제거된다.

동일한 방법으로 변수 ptl을 제거하였고, 제거된 변수들 중 모형에 추가하기 위한 유의한 변수가 없어 최종적으로 선택된 독립변수들은 모두 5개로 전진단계선택법과 동일한 결과를 산출하였다.

2.8 연결함수

종속변수와 독립변수 사이의 관계가 회귀모형인 경우, 종속변수의 기대값을 독립변수 x의 선형식인

$$E(y|x) = \beta_0 + \beta_1 x$$

로 표현하였고, 로지스틱 모형인 경우 로짓변환 g 를 사용하여 마찬가지로 독립변수 x의 선형식인

$$g(\pi(x)) = \ln\left[\frac{\pi(x)}{1-\pi(x)}\right] = \beta_0 + \beta_1 x$$

를 사용하였다. 위의 두 식을

$$g(\mu) = \beta_0 + \beta_1 x$$

로 놓을 수 있는데, 이때 함수 g를 연결함수(link function)라고 정의한다. 즉, 종속변수 y에 어떤 임의의 함수 g를 선택하여 독립변수의 선형함수를 만든다. 일반화 선형모형(McCullagh & Nelder(1983) 참고)에서는 다양한 연결함수 g를 사용하고 있는데, 이 중 몇 가지를 소개하면 다음과 같다.

(1) 로짓 모형
(2) 보완 log-log
(3) probit 모형
(4) 역 코쉬 모형

이 외에도, 종속변수 y가 양의 개수를 나타내는 변수일 때 사용하는 poisson regression 기법도 있지만, 여기에서는 위의 모형을 분석하는 Stata와 SPSS 명령문을 소개하기로만 한다.

[Stata 명령](종속변수를 y, 독립변수를 x라 함)
(1) logit y x
(2) clogit y x
(3) probit y x
poisson y x

[SPSS 명령]
(i) [그림 1-15]의 SPSS 메뉴상자에서

분석(A) > 회귀분석(R) > 순서(D)

를 선택한다.
(ii) 다음 그림의 [순서 회귀분석] 상자에서 종속변수 y와 공변량 x를 각각 넣은 후, [순서 회귀분석] 상자의 옵션을 눌러 [순서 회귀분석:옵션] 상자에서

(1) Cauchit
(2) 보완 Log-log
(3) 로짓 로그선형분석

(4) 음의 Log−log

(5) 프로빗

중 하나를 선택한 후 계속, 확인을 눌러 실행하면 된다.

[순서 회귀분석] 상자

[순서 회귀분석:옵션] 상자

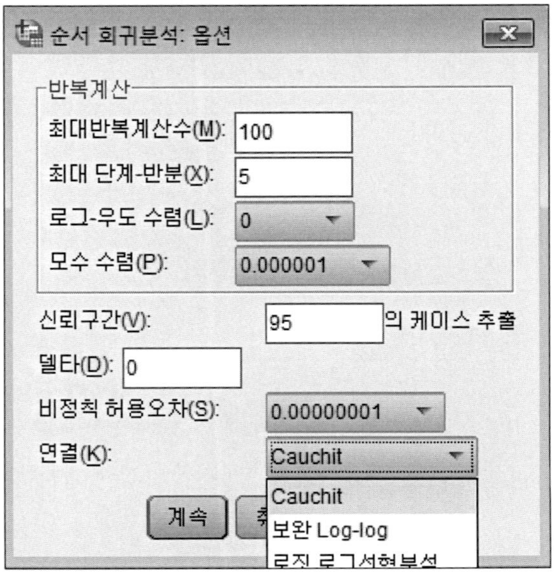

연습문제 2장

1. 식 (2.1)의 독립변수의 수가 $p(p \geq 2)$인 로지스틱 다중회귀모형에서 로그 가능도 함수가

$$l(\beta) = \ln L(\beta) = \sum_{i=1}^{n} \left[y_i \ln\{\pi(x_i)\} + (1-y_i)\ln\{1-\pi(x_i)\} \right]$$

$$\text{where } \boldsymbol{\beta} = (\beta_0, \beta_1, \cdots, \beta_p)' \ \& \ \boldsymbol{x_i} = (1, x_{i1}, x_{i2}, \cdots, x_{ip})'$$

일 때, 로그 가능도 함수 $l(\beta)$ 을 모수 β_j에 대하여 두 번 편미분하면,

$$\frac{\partial^2 l(\beta)}{\partial \beta_j^2} = -\sum_{i=1}^{n} x_{ij}^2 \pi(x_i)(1-\pi(x_i))$$

임을 보여라.

2. $n \times (p+1)$ 행렬 $\boldsymbol{X}$와 $n \times n$ 대각행렬 $\boldsymbol{V}$가 각각

$$\boldsymbol{X} = \begin{bmatrix} 1 & x_{11} & x_{12} & \cdots & x_{1p} \\ 1 & x_{21} & x_{22} & \cdots & x_{2p} \\ \vdots & \vdots & \vdots & \cdots & \vdots \\ 1 & x_{n1} & x_{n2} & \cdots & x_{np} \end{bmatrix},$$

$$\boldsymbol{V} = \begin{bmatrix} \hat{\pi}_1(1-\hat{\pi}_1) & 0 & \cdots & 0 \\ 0 & \hat{\pi}_2(1-\hat{\pi}_2) & \cdots & 0 \\ \vdots & 0 & \ddots & \cdots \\ 0 & \cdots & 0 & \hat{\pi}_n(1-\hat{\pi}_n) \end{bmatrix}$$

일 때, 정보행렬의 추정값 $\hat{I}(\hat{\beta})$는

$$\hat{I}(\hat{\beta}) = \boldsymbol{X'VX}$$

임을 보여라.

3. p개의 공변량을 가진 로짓의 추정량

$$\hat{g}(\boldsymbol{x}) = b_0 + b_1 x_1 + b_2 x_2 + \cdots + b_p x_p = \boldsymbol{x'b}$$

의 분산을 추정하면, 다음과 같음을 보여라.

$$\widehat{Var}[\hat{g}(\boldsymbol{x})] = \boldsymbol{x}'(X'VX)^{-1}\boldsymbol{x}$$

(단, $\boldsymbol{x} = (1, x_1, x_2, \cdots, x_p)'$는 상수와 p개의 공변량을, 모수벡터 β의 추정값 $\hat{\boldsymbol{\beta}} = \boldsymbol{b} =$

$(b_0, b_1, b_2, \cdots, b_p)'$ 는 $(p+1)$ 개의 추정값을 각각 나타낸다.)

4. 변수 RACE 와 CHD의 교차분류표의 계획변수 RACE_2에 대한 추정된 표준오차는 식 (2.5)의 $\widehat{\mathrm{SE}}\left(\widehat{\beta_1}\right) = 0.6325$ 임을 로지스틱 모형을 사용하여 보이려 한다. 다음 질문에 답하라.

(1) 독립변수 RACE는 4개의 수준을 가진다. 로지스틱 회귀모형에 이 변수 RACE를 사용하기 위한 3개의 가변수를 만들어라.

(2) (1)에서 구한 3개의 가변수를 독립변수로 변수 CHD를 종속변수로 하여, 이분형 로지스틱 회귀모형을 적합시켜 RACE=black에 대한 표준오차를 추정하라.

5. 본문의 식 (2.9)와 [표 2-7]을 이용하여, 연령이 $\mathrm{AGE} = \mathrm{a}$ 인 정상체중 여성에 대한 저체중 여성의 로그 승산비는 다음과 같음을 보여라.

$$\ln\left[\widehat{\mathrm{OR}}(\mathrm{LWD} = 1, \mathrm{LWD} = 0, \mathrm{AGE} = \mathrm{a})\right] = -1.944 + 0.132\mathrm{a}$$

6. 본문의 식 (2.9)−식 (2.11)을 이용하여 연령이 30세인 저체중 여성인 경우, 같은 연령의 정상체중 여성에 대한 승산비 추정값과 그 95% 신뢰구간은 각각 다음과 같음을 보여라.

$$\widehat{\mathrm{OR}} = 7.55$$

$$\widehat{\mathrm{CI}} = (1.95,\ 29.19)$$

7. 독립변수를 선택하기 위한 기준 절단값으로 0.05, 제거하기 위한 기준 절단값으로 0.10를 사용하여, 전진단계선택법과 후진단계제거법을 각각 시행하라.

(저체중아 자료를 사용하며, 이때 종속변수는 low이고, 독립변수의 수는 모두 8개인 age, lwt, race, smoke, ptl, ht, ui, ftv 이다.)

제3장

이분형 로지스틱 모형의 추론

이 단원에서는 로지스틱 회귀모형이 잘 적합되었는 지를 측정하고 평가하는 방법을 살펴본다. 모형을 설정한 후, 관련 있는 변수들을 모두 잘 선택하였고 또한 변수들의 올바른 함수형태도 잘 채택하였다고 가정하였을 때, 설정한 모형이 반응변수 y를 얼마나 잘 설명하고 있는 지 알아보자. 이는 로지스틱 모형을 적합시킨 적합된 값(fitted values) $\hat{\boldsymbol{y}}$와 반응변수 y의 값을 비교함으로써 점검할 수 있다. 이를 모형의 적합도(goodness of fit)라고 부른다.

모형이 적합된다는 의미는 무엇인가?

반응변수를 벡터 $\boldsymbol{y}=(y_1, y_2, \cdots, y_n)'$, 적합된 값(예측값)을 $\hat{\boldsymbol{y}}=(\widehat{y_1}, \widehat{y_2}, \cdots, \widehat{y_n})'$ 라 표기하면, 다음과 같은 경우 모형이 잘 적합되었다고 말한다.

(1) 관찰값 $\boldsymbol{y}$와 예측값 $\hat{\boldsymbol{y}}$ 사이의 거리의 어떤 총 측도(summary measure)의 값이 그리 크지 않거나,

(2) 어떤 총 측도에 대하여 어느 한 쌍 $(y_i,\ \widehat{y_i})$의 기여가 구조적이지 않을 뿐 아니라 모형의 오차구조에 비하여 상대적으로 작은 경우

적합된 모형을 완전히 평가하려면 $\boldsymbol{y}$와 $\hat{\boldsymbol{y}}$ 사이의 거리의 총 측도 뿐 아니라 그 각각의 요소를 검사하여야 함을 의미한다.

3.1 적합도 통계량

적합도를 측정하는 통계량을 논하기 전에, 적합된 모형에서 모형의 평가를 위해 산출한 통계량의 자유도에 관하여 먼저 생각하여 보자. 공변량패턴(covariate pattern) 또는 블록(block)이라는 용어는 모형 내 공변량들의 값이 같은 집합을 의미한다.

> (예) 변수 인종(RACE)과 성별(SEX) 만의 모형에서 변수는 각각 두 수준을 가진다면, 이때 공변량패턴 수(블록 수)는 모두 4이다.

가정한 모형은 p개의 독립변수 $\boldsymbol{x}=(x_1,x_2,\cdots,x_p)'$ 와 J개의 공변량패턴 수를 가진다고 하자. 만약 어떤 두 개체가 동일한 값 $\boldsymbol{x}$를 가진다면, $J<n$이 성립하고, 만약 독립변수 $\boldsymbol{x}=\boldsymbol{x}_j$인 개체들의 수를 $m_j,\ j=1,2,\cdots,J$로 표기하면, $\sum m_j=n$ 이 된다. 만약 독립변수가 $\boldsymbol{x}=\boldsymbol{x}_j$ 인 m_j 개체 중에서 $y=1$인 개체들의 수를 Y_j라 하고 n_1을 전체 자료 중 $y=1$인 개체들의 수라고 하면, $\sum Y_j=n_1$ 이 된다.

3.1.1 피어슨 잔차와 피어슨 카이제곱 통계량

회귀모형에서는 가정한 모형과 자료의 진단을 위한 진단통계량을 각 개체에 대하여 정의하고 산출하였고, 적합의 총 측도는 주로 관찰값과 예측값의 차이인 잔차(residual) $r_i=y_i-\hat{y}_i$의 함수로 표현하였다. 로지스틱 회귀모형에서 적합된 값은 동일한 공변량패턴 내에서 같은 값을 가지고, 그 공변량패턴 내에서 y=1일 확률 $P(y=1/x)$의 추정값임을 강조하기 위해, j 번째 개체에 대한 y_j의 추정값을 $\hat{y}_j$로 j번째 공변량패턴에 대한 Y_j의 추정값을 $\hat{Y}_j$로 각각 표기하고, 다음과 같이 정의한다.

$$\begin{aligned}\hat{y}_j&=\hat{\pi}_j=\frac{\exp(\hat{g}(x_j))}{\{1+\exp(\hat{g}(x_j))\}}\\ \hat{Y}_j&=m_j\hat{\pi}_j=m_j\frac{\exp(\hat{g}(x_j))}{\{1+\exp(\hat{g}(x_j))\}}\end{aligned}\tag{3.1}$$

여기에서 $\hat{g}(x_j)$는 추정된 로짓값을 나타낸다.

식 (3.1)을 이용한, 관찰값과 예측값 사이의 차이를 재는 두 측도로 표준화된 잔차(standardized residual) 또는 피어슨 잔차(Pearson residual)와 편차 잔차(deviance residual)를 보자. 어떤 한 개체와 임의의 공변량패턴에 대한 표준화된 잔차 r을 다음과 같이 각각 정의한다.

$$r_j = \frac{y_j - \hat{\pi}_j}{\sqrt{\hat{\pi}_j(1-\hat{\pi}_j)}}$$

$$r(Y_j,\hat{\pi}_j) = \frac{Y_j - m_j\hat{\pi}_j}{\sqrt{m_j\hat{\pi}_j(1-\hat{\pi}_j)}} \tag{3.2}$$

J개의 공변량패턴에 대하여 이런 일련의 피어슨 잔차들을 제곱한 총 통계량을 바로 피어슨 카이제곱 통계량(Pearson chi−square statistics)

$$\chi^2 = \sum_{j=1}^{J} r(Y_j,\hat{\pi}_j)^2 \tag{3.3}$$

이라고 정의한다. 피어슨 잔차와 마찬가지로, 어떤 개체와 공변량패턴에 대한 편차 잔차 d를 다음과 같이 각각 정의한다.

$$d_j = d(y_j,\hat{\pi}_j) = \pm\left\{2\left[y_j\ln\left(\frac{y_j}{\hat{\pi}_j}\right) + (1-y_j)\ln\left(\frac{1-y_j}{1-\hat{\pi}_j}\right)\right]\right\}^{1/2}$$

$$d(Y_j,\hat{\pi}_j) = \pm\left\{2\left[Y_j\ln\left(\frac{Y_j}{m_j\hat{\pi}_j}\right) + (m_j - Y_j)\ln\left(\frac{m_j - Y_j}{m_j(1-\hat{\pi}_j)}\right)\right]\right\}^{1/2} \tag{3.4}$$

여기에서 부호(+ 또는 −)는 $y_j - \hat{\pi}_j$ 그리고 $Y_j - m_j\hat{\pi}_j$의 부호와 동일하다. 만약 $Y_j = 0$일 때와 $Y_j = m_j$일 때 공변량패턴에 대한 편차 잔차는 각각

$$d(Y_j,\hat{\pi}_j) = -\sqrt{2m_j\left|\ln(1-\hat{\pi}_j)\right|}$$

$$d(Y_j,\hat{\pi}_j) = \sqrt{2m_j\left|\ln(\hat{\pi}_j)\right|}$$

이며, 편차 잔차들에 근거한 총 통계량을 편차 카이제곱 통계량

$$D = \sum_{j=1}^{J} d(Y_j,\hat{\pi}_j)^2 \tag{3.5}$$

라고 정의한다.

만약 적합된 모형이 옳다면, 위의 두 통계량 χ^2과 D의 분포는 $\chi^2(J-p-1)$을 따른다고

한다. 편차 카이제곱 통계량 D가 χ^2분포를 한다는 사실은 모수의 수가 J개인 포화모형 대 $(p+1)$개로 적합된 모형의 가능도비 검정통계량에서 바로 편차 D가 유도되었다는 사실에 기인하며, 마찬가지로 피어슨 카이제곱 통계량 χ^2의 분포를 유도한다.

Stata의 이분형 로지스틱 절차에서는 예측값은 각 개체(또는 공변량패턴)를 기준으로, 피어슨 잔차 r과 편차 잔차 d는 각 공변량패턴을 기준으로 제공한다.

SPSS의 이분형 로지스틱 절차에서는 5종류의 잔차, 예측값, 3종류의 영향력 통계량들을 모두 각각 모든 개체에 대하여 제공하지만, 다항 로지스틱 절차에서 제공하는 두 적합도 카이제곱 통계량인 피어슨 카이제곱 통계량과 편차 카이제곱통계량은 모두 공변량패턴에 대한 잔차를 사용하고 있음에 유의하여야 한다.

3.1.2 Hosmer-Lemeshow 통계량

공변량 벡터 $\boldsymbol{x}_i = (x_{i1}, x_{i2}, \cdots, x_{ip})'$에서 적합된 값

$$\hat{\pi}_i = \frac{\exp(\hat{\beta}_0 + \sum_{j=1}^{p} \hat{\beta}_j x_{ij})}{1+\exp(\hat{\beta}_0 + \sum_{j=1}^{p} \hat{\beta}_j x_{ij})} \quad \text{for } i = 1, 2, \cdots, n \tag{3.6}$$

를 모든 개체 n에 대해 구한 $\hat{\pi}_1, \hat{\pi}_2, \cdots, \hat{\pi}_n$의 값을 제일 작은 값에서 가장 큰 값으로 순서화한다. 추정된 확률 $\hat{\pi}_i$의 크기 또는 백분율(percentiles)에 근거하여

개체들을 그룹화하므로써(grouping strategy), 전체 개체들을 여러 그룹으로 나누어 보자. 다음과 같이 그룹의 수 g가 10이 되도록 데사일(deciles, 그룹)을 만들자.

> 처음 데사일은 가장 작은 $\hat{\pi}_i$ 값을 가진 대략 $\frac{n}{10}$개의 개체로 구성됨.
>
> 둘째 데사일은 그 다음 작은 $\hat{\pi}_i$ 값을 가진 대략 $\frac{n}{10}$개의 개체로 구성됨.
>
> …
>
> 열 번째 데사일은 가장 큰 $\hat{\pi}_i$ 값을 가진 대략 $\frac{n}{10}$개의 개체로 구성됨.

만일 전체 개체수(n)가 10의 배수가 아니면, 각 그룹의 크기는 조금씩 다를 것이며, 또한 n

이 10의 배수라 해도 자료의 공변량패턴에 따라 각 그룹의 크기는 조금씩 다를 것이다.

만일 어떤 개체 i와 i'에 대한 독립변수들의 값이 동일하다면, 두 개체는 같은 공변량패턴 또는 블록에 있다고 말한 바 있다. 둘 이상의 개체가 동일한 공변량패턴 내에 있을 때, 이 공변량패턴 내의 모든 개체들을 같은 그룹에 속하게 한다. 즉 같은 공변량패턴 내의 모든 개체들을 동일한 데사일 내에 배치한다. 이 개념을 이용하여 $g=10$ 개 정도의 그룹을 만들면 자유도를 적게 할 수 있다.

어떤 임의의 데사일에 대하여, 종속변수 y가 1일 기대도수를 그 데사일 내 개체들의 예측값 $\widehat{\pi}_i$를 모두 합하여 추정한다. Hosmer & Lemeshow(1980)의 적합도 통계량(χ^2_{HL})은 관측값과 추정된 기대값의 $(2\times g)$ 분할표에 피어슨 카이제곱 통계량을 계산한 값이며, 다음과 같이 정의한다.

$$\chi^2_{HL}= \sum_{k=1}^{g}\frac{(o_k - n_k'\overline{\pi}_k)^2}{n_k'\overline{\pi}_k(1-\overline{\pi}_k)} \tag{3.7}$$

여기에서 n_k'는 k번째 그룹의 전체 개체 수

c_k는 k번째 그룹 내의 공변량패턴 수

$o_k = \sum_{j=1}^{c_k} Y_j$ 는 k번째 그룹에서 (c_k개 공변량패턴 내의) $y=1$인 개체 수

$\overline{\pi}_k = \dfrac{\sum_{j=1}^{c_k} m_j\widehat{\pi}_j}{n_k'}$ 는 k번째 그룹에서 사건이 발생할 기대확률(평균확률)의 추정값

을 각각 나타낸다.

Hosmer & Lemeshow(1980)는 공변량패턴의 수 $J=n$이고 가정한 로지스틱 모형이 올바르면, χ^2_{HL}은 근사적으로 $\chi^2(g-2)$인 분포에 따르게 됨을 많은 시뮬레이션을 통하여 보였다. Stata에서 CHD 자료를 이용하여 χ^2_{HL}를 산출하는 명령은 다음과 같다.

[Stata 명령]

```
. logit chd age
. lfit, group(10)
```

[Stata 결과]

```
Logistic model for chd, goodness-of-fit test
(Table collapsed on quantiles of estimated probabilities)
```

```
number of observations   =        100
       number of groups  =         10
 Hosmer-Lemeshow chi2(8) =       2.22
            Prob > chi2  =     0.9734
```

Stata 결과에 의하면, Hosmer-Lemeshow 적합도통계량 χ^2_{HL}은 2.22 이며 p-값은 0.9734이므로, 따라서 가정한 모형은 잘 적합되었다고 결론내린다.

3.1.3 민감도와 특이도

종속변수 y와 로지스틱 모형을 적합한 확률값 $\hat{\pi}$를 기준으로 정의한 이분형변수 $\tilde{y}$ 사이의 2×2 교차표를 분류표(classification table)라고 부른다. 이때 이분형변수 $\tilde{y}$를

$$\tilde{y} = \begin{cases} 1, & \hat{\pi} \geq c \\ 0, & \hat{\pi} < c \end{cases} \tag{3.8}$$

라 정의하며, 이때 경계점(cut point) c는 대부분 '0.5'로 놓는다.

CHD 자료를 이용한 [표 3.1]의 분류표에 대해, 올바르게 분류한 확률(Probability of Correct Classification : PCC)의 추정값은 다음과 같다.

$$PCC = \frac{29+45}{100} = \frac{74}{100}$$

[표 3-1] 경계점 0.5를 사용한 분할표

예측된 값	관찰값		합
	$y=1$	$y=0$	
$\tilde{y}=1$	29	12	41
$\tilde{y}=0$	14	45	59
합	43	57	100

sensitivity = 29/43 = 67.44%

specificity = 12/57 = 78.95%

민감도(sensitivity)란 종속변수 y의 값이 '1'인 개체들 중에서, '1'로 맞게 예측하는 경우의 비율(신호(signal)를 신호로 맞게 탐지할 확률을 의미하며, 양의 사실(True-Positive :

TP)일 확률이라고도 함)로 정의하며, 또한 특이도(specificity)는 종속변수 y의 값이 '0'인 개체들 중에서 '0'으로 맞게 예측하는 경우의 비율(잡음(noise)을 잡음으로 맞게 탐지할 확률이라고 표현되며, 음의 사실(True−Negative : TN)일 확률이라고도 함)로 정의한다. [표 3−1]에 의하면, 민감도는 $\frac{29}{43}$, 특이도는 $\frac{12}{57}$로 나타난다.

다음 그림을 살펴보면, 경계선은 x축 위의 질병이 있는 그룹을 양의 사실(TP)와 음의 거짓(False Negative : FN)으로 나누고, x축 아래의 질병이 없는 그룹을 음의 사실(TN)과 양의 거짓(False Positive : FP)으로 나눈다.

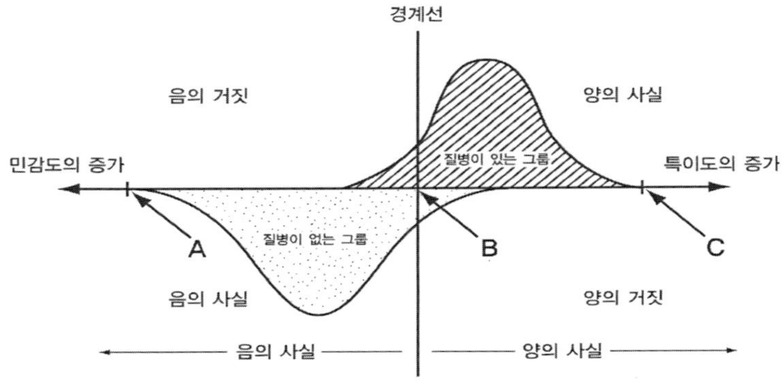

[그림 3−2] 경계선은 $y=1$인 경우를 양의 사실(TP)과 음의 거짓(FN), $y=0$인 경우를 음의 사실(TN)와 양의 거짓(FP)으로 나눈다.

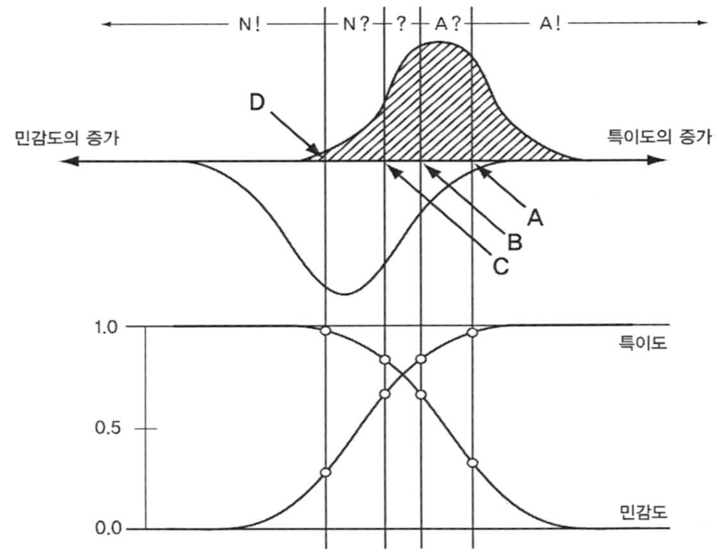

[그림 3−3] 경계점 A, B, C, D의 값에 따른 민감도와 특이도의 그래프

[그림 3.3]의 경계선을 x축을 따라 오른쪽으로 이동시키면, 민감도의 값은 '1'에서 '0'으로 감소하지만, 특이도의 값은 '0'에서 '1'로 증가함을 알 수 있다(점 A에서는 A! 내의 모든 개체를, 점 B에서는 A?와 A! 내의 모든 개체를 '1'로 분류한다).

3.1.4 ROC 곡선과 모형 식별

ROC 곡선(Receiver Operating Characteristic curve)은 경계점 $\hat{\pi}$의 값에 따른 민감도 대 (1−특이도)의 그래프로, 적합된 모형이 종속변수의 값이 '1'인 개체와 '0'인 개체를 얼마나 잘 식별할 수 있는 지를 재는 측도라 할 수 있다.

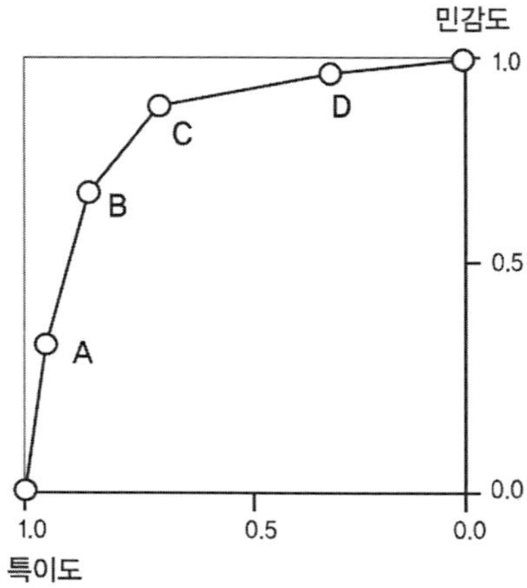

[그림 3-4] 경계점 A, B, C, D에 대한 민감도 대(1−특이도)의 점들을 연결한 ROC 곡선

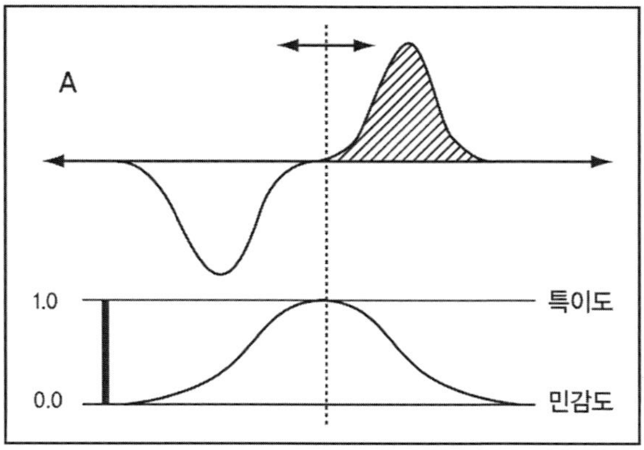

[그림 3-5] $y=1$인 개체와 $y=0$인 개체를 완벽하게 식별해 주는 이상적인 검정법

[그림 3-4]는 x 축은 (1-특이도)의 값, y축은 민감도의 값으로 플롯한 점을 연결한 곡선을 나타낸다. 그리고 곡선 아래의 면적은 모형의 식별능력을 나타낸다.

[그림 3-5]와 [그림 3-6]에서 A는 $y=1$인 개체를 모두 $y=1$로, $y=0$인 개체를 모두 $y=0$으로 완전하게 식별해주는 이상적인 검정법([그림 3-5])과 그 ROC 곡선을 각각 나타낸다(직선으로 주어짐). 곡선 C(점선으로 표현됨)는 $y=1$인 개체와 $y=0$인 개체를 전혀 식별하지 못하는 검정법의 ROC 곡선을 나타낸다. 대부분의 ROC 곡선은 이 두 가지 검정법 사이에 놓일 것이다([그림 3-6] B). 또한 곡선 아래의 면적이 크면 클수록 검정법의 식별능력이 뛰어남을 알 수 있다.

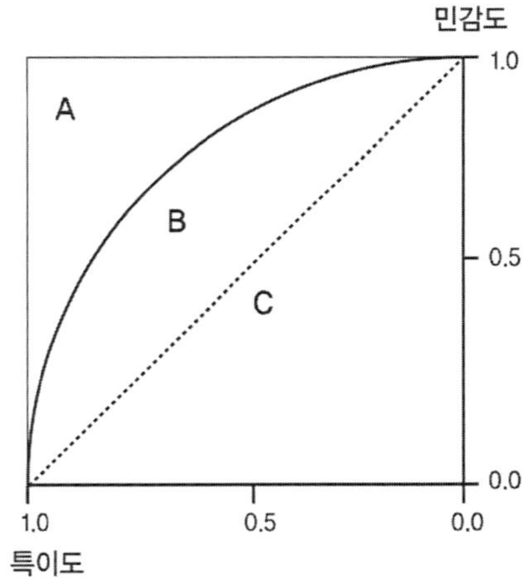

[그림 3-6] 이상적인 검정법(A)과 그렇지 않은 검정법(C)의 ROC 곡선

ROC 곡선 아래 면적의 의미를 다른 방법으로 해석할 수 있다. $y=1$인 개체수를 n_1, $y=0$인 개체수를 n_0라고 하자. $y=1$인 각 개체에 $y=0$인 각 개체를 짝을 지어보자. 그러면 $n_1 \times n_0$의 쌍이 짝지어진다. 이 $n_1 \times n_0$ 쌍 중에서, $y=1$인 개체가 $y=0$인 개체보다 더 큰 추정확률을 가지는 짝(같은 방향의 쌍)의 경우의 수를 모두 구한다. 이때 구한 경우의 수를 $n_1 \times n_0$ 값으로 나눈 비율이 바로 ROC 곡선 아래의 면적과 같게 된다(확률이 같은 경우의 개체 쌍인 경우 1/2 로 처리한다). 이때 ROC 곡선 아래의 면적은 모형 적합의 측도 대신, 모형 식별의 측도로 사용하여야 함에 유의하여야 한다.

ROC 곡선 아래의 면적에 따른 모형식별에 관한 일반적인 법칙은 [표 3-7]과 같다.

[표 3-7] ROC 곡선 아래의 면적과 그 의미

ROC 곡선 아래의 면적	의미
0.5	아무런 식별을 못함
[0.7, 0.8)	수용할 만한 식별(acceptable discrimination)
[0.8, 0.9)	우수한 식별(excellent discrimination)
[0.9, 1]	두드러진 식별(outstanding discrimination)

CHD 자료를 이용하여 ROC 곡선을 작성하고, 그 곡선 아래의 면적을 구하는 Stata 명령은 다음과 같다.

[Stata 명령]

```
. logit chd age
. lroc
```

[Stata 결과]

Logistic model for chd
number of observations = 100, area under ROC curve = 0.7999

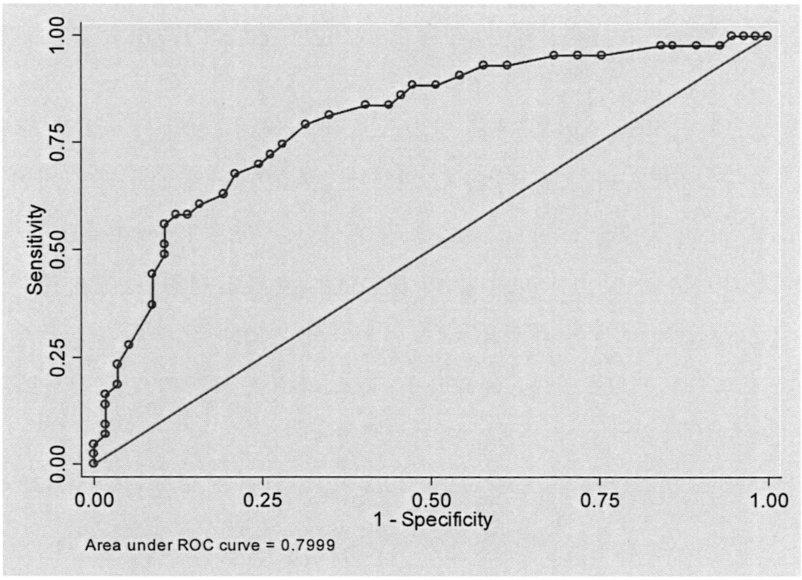

: ROC 곡선 아래의 면적이 0.7999이므로, 이 모형은 수용할 만한 식별능력을 가졌다.

이 예에서 종속변수 CHD=1인 경우는 43명, 0인 경우는 57명이므로 43×57=2451가지의 서로 다른 종속변수의 값을 가지는 쌍이 존재한다. 종속변수 CHD=1일 확률의 추정값이 CHD=0인 개체에 비해 CHD=1인 개체가 더 큰 값을 가지면, 동일한 방향의 쌍이 된다. 동일한 방향의 쌍이 대략 80%, 반대 방향의 쌍도 20%임을 알 수 있다.

3.1.5 로지스틱 모형의 결정계수

일반적으로 회귀모형에서는 가정한 모형이 주어진 자료를 얼마나 잘 설명하는 지를 평가하는 기준으로 결정계수(R^2)를 사용한다. 로지스틱 모형에서도 마찬가지로 비슷한 통계량을 산출하여 자료의 설명력을 진단할 수 있다. 다음 세 종류의 결정계수를 소개한다.

(1) 유사 R^2(psedo R^2 또는 McFadden R^2)

$$R_L{}^2 = 1 - \frac{\ln L(\hat{\beta})}{\ln L(0)}$$

여기에서 $L(\hat{\beta})$는 절편항과 p개의 공변량이 있는 현재 모형의 가능도함수, $L(0)$는 단지 절편항만 있는 모형의 가능도함수이며, ln은 자연대수를 나타낸다. 만약 포화모형을 적합하는 경우, $L(\hat{\beta}) = 1$ 이므로 로그가능도함수에 근거한 $R_L{}^2$의 최대값은 1이 될 수 있다.

> (예) Stata에 의한 CHD 자료의 유사 R^2의 값은 0.2145이다.

(2) Cox & Snell 결정계수

$$R_{CS}^2 = 1 - \left(\frac{L(0)}{L(\hat{\beta})} \right)^{2/n} \quad (3.9)$$

여기에서 $L(\hat{\boldsymbol{\beta}})$는 절편항과 p개의 공변량이 있는 현재 모형의 가능도함수, $L(0)$는 단지 절편항만 있는 모형의 가능도함수이며, n은 표본의 크기이다. 만약 절편항이 모형에 포함되지 않으면 $\ln L(0) = n \ln\left(\frac{1}{2}\right)$ 이며, 절편항이 모형에 포함되면

$$\ln L(0) = n_1 \ln\left(\frac{n_1}{n}\right) + n_0 \ln\left(\frac{n_0}{n}\right)$$

이다. 이때 $n_1 = \sum_{i}^{n} y_i$, $n_0 = n - n_1$ 이다. 그런데 Cox & Snell R^2의 문제점은 이 결정계수가 '1'이 될 수 없음이다. 따라서 Nagelkerke(1991)는 Cox & Snell R^2이 '1'이 될 수 있도록, 다음과 같은 수정된 결정계수를 제안하였다.

(3) Nagelkerke의 결정계수

$$R_N^2 = \frac{R_{CS}^2}{\max(R_{CS}^2)} \tag{3.10}$$

여기에서 $\max(R_{CS}^2) = 1 - \{L(0)\}^{2/n}$ 이다.

[표 3-8] 모형 요약

단계	-2 Log 우도	Cox와 Snell의 R-제곱	Nagelkerke R-제곱
1	107.353	.254	.341

CHD 자료에 근거한 두 결정계수의 SPSS 결과는 [표 3-8]과 같다. 일반적으로 잘 적합된 회귀모형의 결정계수(R^2)에 비하여 앞에서 정의한 결정계수들은 비교적 작은 값을 가진다. 다시 말하여 로지스틱 모형의 결정계수들은 대체적으로 작은 값을 가지게 되므로, 로지스틱 모형의 결정계수들은 모형설정 단계에서 중요한 부분을 차지하지 않고 단지 참고 정보만을 줄 뿐이다. 표의 Nagelkerke R^2은 반응변수의 변동 중 34% 만을 로지스틱 모형이 설명하고 있음을 보여 준다.

3.2 로지스틱 모형의 진단

식 (3.2)의 피어슨 잔차에 근거하여 유도할 수 있는 여러 진단통계량들을 사용하여 관찰값과 예측값 사이의 차이를 하나의 값으로 요약할 수 있지만, 이 진단통계량의 장점이자 단점은 상당한 양의 정보를 단지 하나의 값으로 요약한다는 것이다. 따라서 모형이 잘 적합되었다고 결론내리기 전에, 모형의 적합이 모든 공변량패턴에서 잘 되었는지 조사하려면 다른 여러 측도들도 면밀히 검사하여야 한다. 회귀모형의 진단통계량에 익숙한 독자는 이해가

쉬울 것이며, 참고로 회귀진단에 관한 도서로 박성현(1998)이 있으며, 더 구체적인 정보는 Cook & Weisberg(1982), Belsley 외 2인(1980)을 읽기 바란다. Pregibon(1981)은 회귀진단을 로지스틱 모형으로 확장하여, 적합도를 평가하기 위한 로지스틱 회귀진단을 자세히 설명하였다.

로지스틱 모형의 진단을 위해, 적합된 모형에 p개의 공변량이 있으며 공변량패턴의 수는 J라고 하자. 회귀진단과 마찬가지로 로지스틱 회귀진단의 중요한 요소는 '잔차제곱합'이다. 또한 회귀모형에서는 오차의 분산이 조건평균 $E(y|\boldsymbol{x})$의 함수로 표현되지 않지만, 로지스틱 모형에서는 이항 오차이므로 오차 분산은 조건평균 $E(y|\boldsymbol{x})$의 함수가 된다. 즉, i번째 개체와 공변량패턴에 대한 오차의 분산은 각각 다음과 같다.

$$\begin{aligned} Var(y_j|\boldsymbol{x_j}) &= E(y_j|\boldsymbol{x_j})[1-E(y_j|\boldsymbol{x_j})] \\ &= \pi(\boldsymbol{x_j})[1-\pi(\boldsymbol{x_j})] \\ Var(Y_j|\boldsymbol{x_j}) &= m_j E(y_j|\boldsymbol{x_j})[1-E(y_j|\boldsymbol{x_j})] \\ &= m_j \pi(\boldsymbol{x_j})[1-\pi(\boldsymbol{x_j})] \end{aligned} \tag{3.11}$$

식 (3.2)와 식 (3.4)의 피어슨 잔차와 편차 잔차는 대략 표준오차의 추정값으로 각각 나누었으므로, 가정한 로지스틱 모형이 사실이라면 이 값은 대략 평균이 '0', 분산이 '1'이 된다.

각 개체와 공변량패턴에 대한 잔차와 더불어, 회귀진단의 또 다른 중요한 요소는 '모자행렬(hat matrix)'과 '레버리지(leverage)'이다. 회귀모형의 모자행렬 H는 반응변수 벡터 y를 독립변수들이 생성한 공변량 공간에 사영(projection)하므로써 적합된 값 $\hat{y}$를 제공한다. 만약 계획행렬 $\boldsymbol{X}_{n\times(p+1)}$가 p개의 공변량으로 구성된 행렬이고, 행렬 $\boldsymbol{X}$의 첫째 열은 모형의 절편을 나타낸다면, 회귀모형의 모자행렬 H는

$$\boldsymbol{H}= \boldsymbol{X}(\boldsymbol{X}'\boldsymbol{X})^{-1}\boldsymbol{X}'$$

이고, 잔차는

$$\boldsymbol{y}-\hat{\boldsymbol{y}} = (\boldsymbol{I}-\boldsymbol{H})\boldsymbol{y}$$

로 표현된다. 여기에서 I는 차원이 $n\times n$인 단위행렬을 나타낸다. Pregibon (1981)은 가중최소제곱 회귀모형을 사용하여 근사적인 예측값을 산출하였다. 이것이 로지스틱 모형의 모자행렬 H

$$\boldsymbol{H} = \boldsymbol{V}^{1/2}\boldsymbol{X}(\boldsymbol{X}'\boldsymbol{V}\boldsymbol{X})^{-1}\boldsymbol{X}'\boldsymbol{V}^{1/2} \tag{3.12}$$

이며, 여기에서 $V= V^{1/2}V^{1/2}$이고 대각행렬 $\boldsymbol{V}_{n\times n}$의 j번째 요소는 다음과 같다.

$$v_j = \hat{\pi}(\boldsymbol{x}_j)[1-\hat{\pi}(\boldsymbol{x}_j)]$$

회귀모형에서 모자행렬 H의 j번째 대각선원소인 j번째 레버리지(h_j)는, j번째 개체의 독립변수 벡터 $\boldsymbol{x}_j$와 n개 독립변수 벡터들의 평균과의 거리에 비례한다. 따라서 레버리지 h_j의 값이 상대적으로 큰, 평균에서 멀리 떨어진 점들은 모수의 추정에 상당한 영향을 미칠 수 있다. 이 레버리지 개념을 로지스틱 모형으로 확장하기 위해서는 추가적인 작업이 필요하다.

식 (3.12)에서 정의한 모자행렬 $\boldsymbol{H}$의 j번째 대각선원소 h_j는

$$h_j = \hat{\pi}(\boldsymbol{x}_j)[1-\hat{\pi}(\boldsymbol{x}_j)]\boldsymbol{x}_j'(\boldsymbol{X}'\boldsymbol{V}\boldsymbol{X})^{-1}\boldsymbol{x}_j = v_j b_j \tag{3.13}$$

로 표현되며, 여기에서 공변량벡터 $\boldsymbol{x}_j = (1, x_{1j}, x_{2j}, \cdots, x_{pj})'$는 j 번째 개체의 공변량값이며, $b_j = \boldsymbol{x}_j'(\boldsymbol{X}'\boldsymbol{V}\boldsymbol{X})^{-1}\boldsymbol{x}_j$ 이다. 회귀모형에서처럼, 모자행렬 H의 대각선원소들의 합은

$$\sum_{j=1}^{n} h_j = p+1$$

이며, 모형 내 모수들의 수가 된다. 또한 회귀모형에서 모자행렬 $H_{n\times n}$의 대각선원소의 상계(an upper bound)는 '1'인 것과 마찬가지로, 로지스틱 모형에 대한 모자행렬의 대각선원소의 상계도 '1'이 된다.

레버리지를 해석할 때 염두할 점은

(1) v_j가 식 (3.13)의 h_j에 미치는 효과이다. Pregibon(1981)은 추정된 계수는 확률을 추정하므로 h_j의 값이 큰 점들은 공변량 공간의 극단에 있으므로 평균과 멀리 떨어져 있다고 지적했다(Lesaffre, 1986, 117쪽).

(2) 평균으로부터의 거리를 측정하는 요소는 $b_j = \boldsymbol{x}_j'(\boldsymbol{X}'\boldsymbol{V}\boldsymbol{X})^{-1}\boldsymbol{x}_j$ 이다. 만일 거리에만 관심이 있으면, b_j에 초점을 두면 된다. b_j는 공변량 공간에서 거리를 측정하는 도구이며, 회귀모형의 레버리지 값과 흡사하다. 로지스틱 모형에서 가장 유용한 진단통계량인 레버리지(h_j)의 거리에 해당하는 부분이 b_j이다. 예측확률이 '0.1'미만 또는 '0.9'보다 큰 개체들은 비록 영향력이 있을 지라도 그들의 레버리지 값은 작을 지도 모른다.

SPSS 절차를 사용하면 각 개체들에 근거하여 다양한 진단통계량을 산출한다. SAS에서는 입력된 자료의 형태에 따라 진단통계량을 산출한다. 만일 자료입력 시 공변량패턴에 근거하여 그룹화되고 이항시행 입력(Y_j/m_j)의 형태로 자료가 입력되었다면, 진단통계량들

은 공변량패턴에 대하여 계산된다. Stata에서는 진단통계량들을 각 개체가 아닌 공변량패턴에 관하여 산출함에 유의하여야 한다. 특히 공변량패턴의 수(J)가 n보다 훨씬 작거나 몇 개의 m_j값이 '5'보다 큰 경우, 공변량패턴에 근거하여 진단통계량들을 구하는 것이 유용할 것이다.

그렇지만, 공변량패턴의 수가 n보다 훨씬 작으면, 영향력 있는 공변량패턴(들)과 잘못 적합된 공변량패턴을 구별할 수 없을 위험이 있다.

(예) j번째 공변량패턴의 개체수가 m_j, Y_j는 0, 추정된 로지스틱 확률값이 $\hat{\pi}_j$인 경우, 각 개체에 대하여 식 (3.2)에서 정의한 피어슨 잔차는

$$r_j = \frac{(0-\hat{\pi}_j)}{\sqrt{\hat{\pi}_j(1-\hat{\pi}_j)}} = -\sqrt{\frac{\hat{\pi}_j}{1-\hat{\pi}_j}}$$

이며, 공변량패턴에 근거한 피어슨 잔차는

$$r(Y_j) = \frac{(0-m_j\hat{\pi}_j)}{\sqrt{m_j\hat{\pi}_j(1-\hat{\pi}_j)}} = -\sqrt{m_j}\sqrt{\frac{\hat{\pi}_j}{1-\hat{\pi}_j}}$$

이므로, 이때 m_j가 증가할수록 $r(Y_j)$는 감소한다. 만약 j번째 공변량패턴에서 $m_j = 1$, $\hat{\pi}_j = 0.5$면 그리 크지 않은 피어슨 잔차값($r(Y_j) = -1$)을 얻지만, $m_j = 16$이면 피어슨 잔차값($r(Y_j) = -4$)은 크다고 할 수 있다.

공변량 $\boldsymbol{x}_j$에 대한 스튜던트화 잔차(studentized residual)는 다음과 같다.

$$r_{sj} = \frac{j\text{번째 편차 잔차}}{\sqrt{1-h_j}} \tag{3.14}$$

$$= \pm\frac{\left\{2\left[y_j\ln\left(\frac{y_j}{\hat{\pi}_j}\right) + (1-y_j)\ln\left(\frac{1-y_j}{1-\hat{\pi}_j}\right)\right]\right\}^{1/2}}{\sqrt{1-h_j}}$$

어떤 개체의 스튜던트화 잔차는 편차 카이제곱 통계량의 변화에 근호를 취한 값과 비슷하다. 편차 잔차와 스튜던트화 잔차의 값이 크면 특이한 개체를 식별한 것으로 볼 수 있으며, 스튜던트화 잔차를 정규확률그림으로 표현하여 유용한 분석에 이용할 수 있다.

로짓 잔차(logit residual)는 로짓 척도로 예측될 경우의 잔차로 다음과 같이 정의한다.

$$r_{li} = \frac{i\text{ 번째 잔차}}{\hat{\pi}_i(1-\hat{\pi}_i)} = \frac{y_i - \hat{\pi}_i}{\hat{\pi}_i(1-\hat{\pi}_i)} \tag{3.15}$$

어느 특정한 개체를 제거하였을 때, 계수들의 추정과 적합도 통계량(χ^2과 D)에 미치는 영향을 잴 수 있는 진단통계량이 있다. 추정된 계수의 변화를 재는 통계량은 회귀모형에서 다루는 Cook의 거리통계량과 유사하다. 이는 계수벡터의 추정값 $\hat{\boldsymbol{\beta}}$와 $\hat{\boldsymbol{\beta}}_{(-j)}$사이의 거리를 표준화시킨 값이며, 이때 $\hat{\beta}$는 n개의 모든 개체를 이용한, $\hat{\boldsymbol{\beta}}_{(-j)}$는 j번째 개체를 제외한 $(n-1)$개의 개체들을 이용한 최대가능도 추정값이다. Pregibon(1981)은 로지스틱 모형에서 $\hat{\beta}$와 $\hat{\beta}_{(-j)}$ 사이의 거리를 $\hat{\beta}$의 분산으로 표준화시킨

$$\begin{aligned} C_j &= \left(\hat{\boldsymbol{\beta}} - \hat{\boldsymbol{\beta}}_{(-j)}\right)' (\boldsymbol{X}' \boldsymbol{V} \boldsymbol{X}) \left(\hat{\boldsymbol{\beta}} - \hat{\boldsymbol{\beta}}_{(-j)}\right) \\ &= \frac{r_j^2\, h_j}{(1-h_j)^2} \end{aligned} \tag{3.16}$$

를 제안하였으며, 여기에서 r_j는 j번째 피어슨 잔차, h_j는 j번째 레버리지를 의미한다. Cook의 거리는 그 개체의 레버리지 h_j 뿐만 아니라 피어슨 잔차 r_j 에 의존함을 보여준다.

또 다른 진단통계량으로 모형에서 어떤 한 개체를 제거했을 때 로지스틱 회귀계수의 변화를 재는 측도인 Dfbeta 통계량이 있는데, 이를 이용하여 절편항을 포함한 로지스틱 회귀계수의 추정값 변화를 볼 수 있다. 예를 들어, i번째 개체를 제거하였을 때 처음 계수의 변화를

$$\mathrm{Dfbeta}\,(\beta_1^{(i)}) = \mathrm{b}_1 - \mathrm{b}_1^{(i)} \tag{3.17}$$

로 정의하며, 이때 b_1은 모든 개체가 있는 경우, $b_1^{(i)}$는 i번째 개체를 모형에서 제거했을 때 모수 β_1의 추정값을 각각 나타낸다. 변화가 큰 값은 유의하여야 할 개체임을 말해주며, 또한 SPSS 로지스틱 회귀절차에 의해 계산된 Dfbeta값은 근사값임을 밝혀둔다.

■ 진단통계량의 산출과 그 그래프

3.4절의 [표 3-20] 전립선암(prostate cancer) 자료를 이용하여 여러 진단통계량을 산출하고 그 그래프를 그려보자(전립선암 자료에 대한 자세한 설명은 3.4절에 있음).

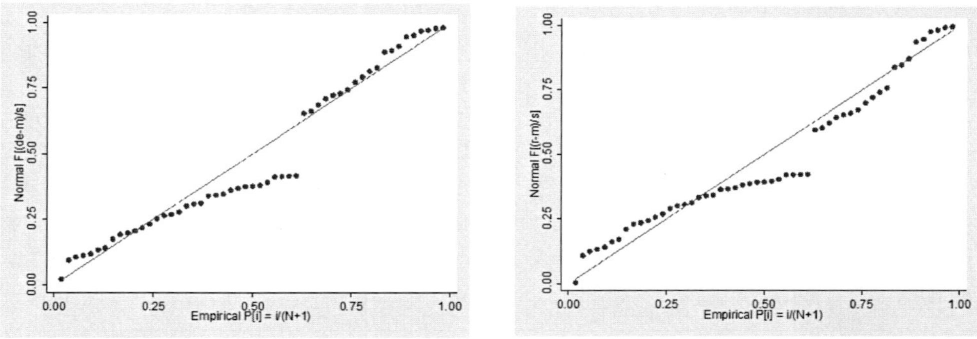

. pnorm de　　　　. pnorm r

[그림 3-9] 편차 잔차와 피어슨 잔차의 정규확률그림

패키지를 이용하여 이 단원에서 설명한 모든 진단통계량들을 산출할 수 있고, 더 구체적인 분석을 위해 데이터로 저장할 수 있다. 저장된 진단통계량을 이용하여, 정규확률그림을 작성할 수 있을 뿐 아니라 그래프 기능을 사용하여 각 진단통계량을 그릴 수 있다.

[그림 3-9]는 편차 잔차들과 피어슨 잔차의 정규확률그림을 각각 보여주지만, [그림 3-9]에 의하면 잔차들은 정규분포를 따르지 않는 것처럼 보인다. 그 이유는 모형에 잘 적합되지 않는 개체들이 있기 때문이며, [그림 3-25]에서 부정확한 그룹에 속할 확률이 높은 개체들을 발견할 수 있다.

```
. predict r, r
. twoway (scatter r nbr)
```

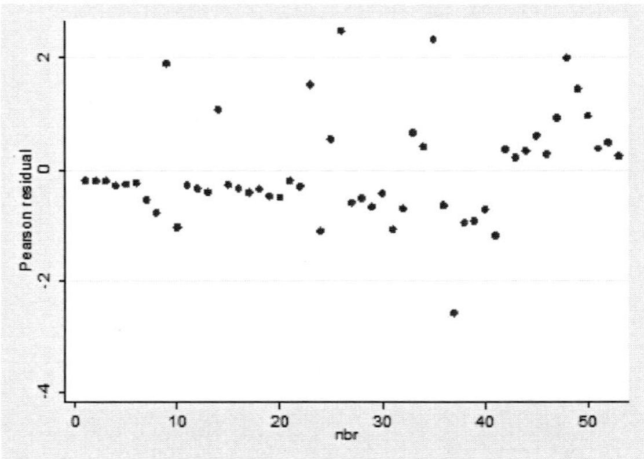

[그림 3-10] 케이스 별 피어슨 잔차 그림

[표 3-11] 방정식에 포함된 변수

nodes	Coef.	Std. Err.	z	P>|z|	[95% Conf. Interval]	
xray	2.045345	.8071831	2.53	0.011	.4632951	3.627395
stage	1.564101	.774011	2.02	0.043	.0470675	3.081135
grade	.7614156	.7707739	0.99	0.323	−.7492734	2.272105
age	.0692597	– .0578769	−1.20	0.231	−.1826963	.0441769
acid	.0243445	.0131583	1.85	0.064	−.0014452	.0501342
_cons	.0618005	3.459922	0.02	0.986	−6.719522	6.843122

[그림 3-10]은 피어슨 잔차 대 각 개체의 일련번호에 대한 그래프인데, 앞에서 살펴본 바와 같이 피어슨 잔차 r_j의 값이 매우 큰 개체들을 발견할 수 있다. [그림 3-12]에 의하면, 다른 개체들보다 월등히 큰 레버리지를 가진 개체가 하나 있음을 알 수 있다. 마찬가지로 [그림 3-13]을 통해 변수 ACID의 계수를 추정하는데 상당한 영향을 미치는 개체가 하나 있음을 알 수 있다(케이스 24). 자료를 조사해보면 24번째 개체는 혈청인산염(serum acid phosphatase)의 값은 제일 크지만 악성림프절을 가지고 있지 않음을 알 수 있다. [표 3-11]에 따르면 혈청인산염은 악성림프절과 양의 관계에 있기 때문에, 24번째 개체는 매우 이례적인 개체라고 할 수 있다. 24번째 개체를 제거하고 분석하면, 혈청인산염의 계수는 '0.0243'에서 '0.0490'으로 변화한다. 24번째 개체를 제거함으로써 변수 ACID는 훨씬 더 중요한 공변량으로 변화하였다.

```
. predict hat, hat
. twoway (scatter hat nbr)
```

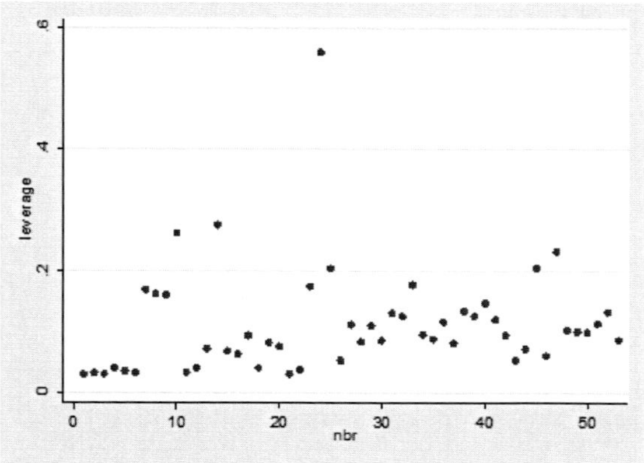

[그림 3-12] 케이스 별 레버리지 그림

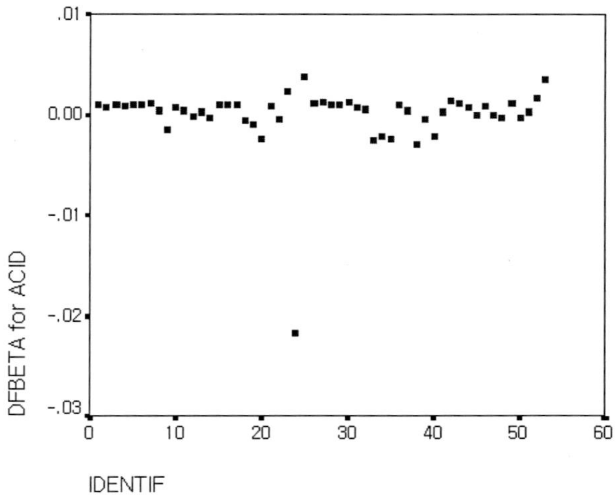

[그림 3-13] 케이스 별 Acid 계수 변화의 그림

공변량패턴에 근거한 통계량들을 소개하여 보자. j번째 공변량패턴 x_j에 근거한 표준화된 피어슨 잔차(standardized Peason residual)의 정의는

$$r_{sj} = \frac{Y_j - m_j\widehat{\pi_j}}{\sqrt{m_j\widehat{\pi_j}(1-\widehat{\pi_j})}} \cdot \frac{1}{\sqrt{1-h_j}} = \frac{r(Y_j)}{\sqrt{1-h_j}}$$

이며, 여기에서 $r(Y_j)$는 공변량패턴 x_j에 대한 피어슨 잔차, h_j는 공변량패턴 x_j에 대한 모자행렬의 j번째 대각선 원소를 각각 나타낸다.

공변량패턴이 $\boldsymbol{x}_j$인 m_j개의 개체들을 제거하였을 때 선형근사를 이용한 피어슨 카이제곱 통계량의 감소량은

$$\Delta\chi_j^2 = \frac{[r(Y_j)]^2}{1-h_j} \qquad (3.18)$$

$$= r_{sj}^2$$

이고, 마찬가지로 공변량패턴 x_j에 대한 편차 카이제곱 통계량의 변화량은

$$\Delta D_j = [d(Y_j)]^2 + \frac{[r(Y_j)]^2 h_j}{1-h_j}$$

이므로, $[r(Y_j)]^2$을 $[d(Y_j)]^2$로 대치하여 근사하면

$$\Delta D_j = \frac{[d(Y_j)]^2}{1 - h_j} \tag{3.19}$$

이 되며, 식 (3.18)과 비슷한 형태이다.

이 진단통계량들을 통해 $\Delta\chi_j^{\,2}$와 ΔD_j의 값이 크고(즉, 잘 적합하지 않는), Cook의 거리 통계량 C_j가 큰(즉, 추정된 모수들에 영향을 많이 주는) 공변량패턴을 식별할 수 있고, 영향력 있는 공변량패턴의 개체들을 식별한 뒤에 이 개체들의 역할을 생각할 수 있다.

진단통계량을 사용하기 전에 몇 가지 사항들을 살펴보자. 우선 진단의 측도 $(\Delta\chi_j^{\,2})$는 j 번째 공변량패턴에서 Y_j와 $m_j\hat{\pi}(\boldsymbol{x}_j)$가 비슷할 때, 즉 $\{Y_j = 0,\ \hat{\pi}(\boldsymbol{x}_j) < 0.1\}$ 또는 $\{Y_j = m_j,\ \hat{\pi}(\boldsymbol{x}_j) > 0.9\}$일 때 작은 값을 가진다. 마찬가지로 Y_j가 $m_j\hat{\pi}(\boldsymbol{x}_j)$에서 가장 멀리 떨어졌을 때, 즉 $\{Y_j = 0,\ \hat{\pi}(\boldsymbol{x}_j) > 0.9\}$ 또는 $\{Y_j = m_j,\ \hat{\pi}(\boldsymbol{x}_j) < 0.1\}$일 때 가장 큰 값을 갖는다. 만약 $\{\hat{\pi}(\boldsymbol{x}_j) < 0.1\}$ 또는 $\{\hat{\pi}(\boldsymbol{x}_j) > 0.9\}$일 때, $C_j \simeq \Delta\chi_j^2\, h_j$에서 h_j는 '0'에 접근하므로 C_j가 크지는 않다. 개체(들)의 영향력을 측정하는 진단통계량 C_j는 $\Delta\chi_j^2$과 h_j의 값이 모두 클 때 커지므로, 이런 경우는 $0.1 < \hat{\pi}(\boldsymbol{x}_j) < 0.3$ 또는 $0.7 < \hat{\pi}(\boldsymbol{x}_j) < 0.9$일 때 발생한다. [표 3-14]는 진단통계량에 대한 개략적인 설명이다.

[표 3-14] 추정된 로지스틱 확률$(\hat{\pi})$ 값의 5개 범위에서의 진단통계량 $\Delta\chi^2$, C_j, h의 해석

$\hat{\pi}$	진단 통계량		
	$\Delta\chi^2$	C_j	h
< 0.1	크거나 작다	작다	작다
0.1−0.3	보통이다	크다	크다
0.3−0.7	보통에서 작음 사이	보통	보통에서 작음 사이
0.7−0.9	보통	크다	크다
> 0.9	크거나 작다	작다	작다

회귀모형에서는 두 가지 방법을 사용하여 진단 통계량을 해석한다.

(1) 그래픽 방법

(2) 가정한 모형이 옳다는 가정 하에서, 진단통계량의 분포를 알기 위해 회귀모형의 분포 이론을 이용하는 것이다.

그래픽 방법에서 진단통계량의 값이 큰 것은 그래프의 끝 또는 극단 부분에 위치한다. 여러 점들로부터 멀리 떨어져 있는 점에 대한 진단통계량의 값이 이에 해당하는 분포의 일정한 양의 백분율보다 크면, 이상점(outlier) 또는 영향을 크게 주는 관찰값(influential observation)으로 판단한다. 회귀모형에서 오차가 정규분포를 따른다는 가정 하에서 진단통계량이 크다고 판단할 수 있는 통계적 분포에 근거한 백분율이 소개되어 있다. 만약 모형이 올바르고 정확히 적합되었다면, 아마도 눈에 띄게 큰 진단통계량의 값은 존재하지 않고 그래프 역시 진단통계량의 분포형태를 가질 것이다.

로지스틱 모형에서의 진단통계량의 분포는 모형을 가정하고 설정한 제한된 범위 내에 위치하므로, 시각적인 평가에 의존하여야 한다. 예를 들어, 피어슨 잔차(r_j)를 보자. 만약 가정한 모형이 사실이면, 피어슨 잔차들의 분포는 근사적으로 $N(0,1)$을 따른다. 이는 이항분포를 정규분포로 근사할 수 있을 만큼 m_j가 충분히 클 때 성립한다. 예를 들어 $m_j = 1$이면, r_j는 두 개의 값을 가지며 거의 정규분포를 하지 않는다. Stata에서는 모든 진단통계량들을 공변량패턴을 기준으로 산출하므로, 따라서 오차들이 이항분포를 따를 때 정규분포로 근사시키는 것은 공변량패턴내의 개체수에 의존한다. 만약 설정한 모형이 연속인 공변량을 가진다면, 공변량패턴의 수(J)는 n이 되므로 피어슨 잔차의 정규성은 믿을 수 없게 된다. 따라서 진단통계량의 값이 크다고 판정하려면, 자료분석의 많은 경험이 필요하다.

7개의 진단통계량을 다음 세 개의 범주

(1) 기본 진단통계량(r_j, d_j, h_j)
(2) 모형 적합에 대한 각 공변량패턴의 효과 측정(r_{sj}, $\triangle\chi_j^2$, $\triangle D_j$)
(3) 추정된 모수에 대한 각 공변량패턴의 효과 측정(C_j)

로 나누어 살펴보고, 여러 그래프 중 의미 있는 몇 개의 그래프를 소개한다.

(1) $\triangle\chi_j^2$ 대 $\widehat{\pi}_j$의 그래프
(2) $\triangle D_j$ 대 $\widehat{\pi}_j$의 그래프
(3) C_j 대 $\widehat{\pi}_j$의 그래프
(4) $\triangle\chi_j^2$ 대 h_j
(5) $\triangle D_j$ 대 h_j
(6) C_j 대 h_j

적합된 로지스틱 모형의 타당성을 평가하기 위해 이 단원에서 제시한 방법들을 사용하기를 권한다. 결론적으로 요약통계량과 진단통계량을 사용하여 모형의 적합을 철저히 평가한 후에, 적합된 모형의 결과를 사용하여야 한다.

3.3 로지스틱 모형의 적합과 결과

UIS 자료(n=575)는 미국 Massachusetts대학 에이즈 연구소(UMARU) IMPACT 연구(UIS)에서 얻은 자료를 수정한 것이다(UIS 자료는 부록 참조). 5년간(1989−1994)의 공동연구에 의해 수행된 이 연구의 목적은, 약물 남용(drug abuse)과 고위험 HIV를 예방하기 위하여 두 종류의 치료기간을 비교하는 것이다. 더불어 거주치료(residential treatment) 여부 등도 중요한 공변량인 지를 식별하고자 한다. 종속변수는 이분형으로, 계획된 치료기간이 경과하기 전에 다시 약물을 남용하는지의 여부이다.

종속변수 DFREE
: 치료기간이 경과하기 전에 다시 약물을 남용하는지의 여부
(0 = 남용함, 1 = 남용하지 않음)
공변량 Age
: 등록시의 연령
BECK
: 벡 우울증(Beck depression) 점수 (0 ~ 54)
IVHX
: 약물 IV의 사용전력(IV drug use history)
(1 = 안함, 2 = 전에 복용함, 3 = 최근에 복용함)
NDRGTX
: 과거 약물치료 횟수(0 ~ 40)
RACE
: 인종
(0 = 백인, 1 = 기타)
TREAT
: 치료기간

(0 = 짧다, 1= 길다)
SITE
: 거주치료(치료병원)
(0 = A, 1 = B)

일단 모형의 적합이 적절하다고 판단되면, 이 모형을 이용하여 여러 가지 추론을 하는데, 대부분 승산비를 추정하기 위해 모수의 추정값을 사용한다. [표 3-15]에는 적합된 모형의 상세한 결과가 있다.

[표 3-15] UIS 자료에 대한 최종 로지스틱 회귀모형의 결과

변수	계수	표준오차	z	p값	95%신뢰구간
AGE	0.117	0.0289	4.04	0.001	0.060, 0.173
NDRGFP1	1.669	0.4072	4.10	0.001	0.871, 2.467
NDRGFP2	0.434	0.1169	3.71	0.001	0.205, 0.663
IVHX_2	−0.635	0.2987	−2.13	0.034	−1.220, −0.049
IVHX_3	−0.705	0.2616	−2.70	0.007	−1.217, −0.192
RACE	0.684	0.2641	2.59	0.010	0.166, 1.202
TREAT	0.435	0.2038	2.14	0.033	0.035, 0.834
SITE	0.516	0.2549	2.03	0.043	0.017, 1.016
AGE×NDRGFP1	−0.015	0.0060	−2.53	0.011	−0.027, −0.391
RACE×SITE	−1.429	0.5298	−2.70	0.007	−2.468, −0.391
상수	−6.844	1.2193	−5.61	0.001	−9.234, −4.454

즉, 이분형 공변량(TREAT), 다분형 공변량(IVHX), 두 이분형 공변량(RACE와 SITE)과 그 교호작용, 연속형 공변량(BECK), 비선형 연속형 공변량(AGE와 NDRGTX (NDRGFP1과 NDRGFP2를 통해 모형화된 변수))과 교호작용이 있다. 우선 주효과 만으로 나타난 명목형 공변량부터 시작하여 보자(UIS 자료는 부록 참조).

앞에서 살펴본 바와 같이 이분형 공변량들과 다분형 공변량들의 추정된 계수들과 신뢰구간의 양 끝점에 지수함수를 취하여, 이 공변량들에 대한 승산비의 추정값들과 그 신뢰구

간을 각각 구할 수 있다. 공변량 TREAT와 IVHX에 대한 승산비들과 그 승산비의 신뢰구간들은 [표 3-16]에 있다.

[표 3-16] UIS 자료에 대한 공변량 TREAT와 IVHX의 추정된 승산비와 승산비의 95% 신뢰구간

변수	값	승산비	95% 신뢰구간
TREAT	Short	1.00	
	Long	1.54	1.04, 2.30
IVHX	Never	1.00	
	Previous	0.53	0.30, 0.95
	Recent	0.49	0.30, 0.83

[표 3-16]의 처음 2열에 공변량과 그 공변량의 수준들이 주어졌다. 기준수준(reference level)에 대한 승산비는 '1'이고, 변수 TREAT에 대한 승산비의 추정값은 '1.54'이며 다음과 같이 해석할 수 있다. 오랜 기간 치료(장기치료)를 받은 환자가 12개월 동안 약물복용 없이 지낼 승산이 단기치료를 받은 환자의 승산보다 '1.54'배 크다고 예측된다. 대부분 승산비에 대한 해석이 올바르게 언급되지만, 간혹 "장기치료를 받은 환자가 12개월 동안 약물복용 없이 지낼 가능성이 1.54배이다"라고 잘못 해석할 수 있다. 승산비가 상대위험(relative risk)의 근사값이라는 의미는 반응이 드물게 발생할 경우에는 맞는 해석이 되므로, 이 예에서 승산비 대신 상대위험을 사용하려면, 약물 복용없이 지낼 로지스틱 확률이 작을 때에 한한다. 그런데 전체 환자의 25.6%가 12개월 동안 약물복용 없이 지냈고 추정값의 범위가 '0.02'에서 '0.78'이므로, 이는 사실이 아니다. 반응변수 y가 드물지 않게 발생하는 경우, Zhang & Yu(1998)는 승산비가 얼마나 상대위험을 과대 추정하는지를 연구하였다. [표 3-16]의 신뢰구간을 통해, 장기치료에 대한 승산이 단기치료에 대한 승산보다 1.04~2.3배나 됨을 알 수 있다.

공변량 IVHX에 대한 승산비의 추정값 모두 1보다 작다. 만약 승산비가 '1'보다 작으면, 그 공변량은 결과에 대해 "보수적(protective)"이고 반응변수 $y=1$인 결과가 발생할 가능성이 적다. 이 예에서는 $y=1$이 약물복용 없이 지내는 바람직한 결과에 해당하므로, 상황이 뒤바뀌었다. 전에 IV 약물을 복용한 환자의 경우를 보면, [표 3-16]의 승산비 추정값이 '0.53'이며 이에 대한 95% 신뢰구간이 (0.30, 0.95)이다. 이는 전에 IV 약물 복용한 환자가 전혀 약물을 사용하지 않은 환자에 비해, 12개월 동안 약물을 복용하지 않을 승산이 대략

0.53배이며 이 승산은 95% 신뢰를 가지고 0.3~0.95배 정도 된다는 것이다. 또한 최근 IV 약물사용에 대한 승산비는 '0.49'이며 이에 대한 95% 신뢰구간은 (0.30, 0.83)이므로, 따라서 최근 약물을 사용한 환자는 전혀 약물복용을 하지 않은 환자에 비해 12개월 동안 약을 복용하지 않을 승산이 대략 50%가 된다.

공변량 IVHX에 대한 두 가변수들의 추정값이 서로 비슷함으로([표 3-15]), 이에 대한 승산비([표 3-16]) 역시 서로 비슷하다. 이를 통해 공변량 IVHX를 이분형 공변량(즉, 약물복용의 경험있음, 없음)으로 구분하여 모형화할 수 있으며, 이는 '모수절약의 원리'에 의해 더 나은 모형일 것이다.

서로 교호작용을 하는 변수 RACE와 SITE의 추정결과를 살펴보자. 공변량 SITE는 치료병원의 위치를 조절하기 위해 모형 내에 포함되었고 이는 인종 RACE의 차이보다 덜 중요하다. 따라서 [표 3-17]에서 보는 바와 같이 두 치료병원에서 각각 백인에 대한 기타의 승산비를 추정하였다.

[표 3-17] UIS자료에서 치료병원 내 인종에 대한 추정된 승산비와 승산비에 대한 95% 신뢰구간

치료병원	인종	승산비	95%신뢰구간
A	백인	1.00	
	기타	1.98	1.18, 3.33
B	백인	1.00	
	기타	0.47	0.19, 1.18

[표 3-17]의 결과를 요약하면, 다음과 같다.

(1) 치료병원 A의 기타 환자가 백인환자에 비해 12개월 동안 약물을 복용하지 않을 승산이 거의 2배 가량 되며, 또한 그 차이가 작게는 1.2배정도, 크게는 3.3배 가량 된다.
(2) 치료병원 B의 기타 환자는 백인환자에 비해 12개월 동안 약물을 복용하지 않을 가능성이 0.47배로 추정되지만, 장소 B에서 승산비에 대한 신뢰구간에 '1'이 포함되므로 백인 대 기타의 차이는 유의하지 않다.

다음은 연령 AGE와 과거 약물치료를 받은 횟수 NDRGTX에 대한 승산비를 추정하여 보자. 모형이 두 공변량에 대해 복잡하지만, [표 3-17]의 치료병원에 따른 인종에 대한 승산비를 구한 것과 같은 방법을 사용하면 된다. 승산비를 구하기 위해 관심있는 공변량과 그

수준 그리고 교호작용하는 변수의 값들을 명확히 해야 한다. 예를 들어, 다른 공변량은 고정시키고, 과거 약물치료를 받은 횟수가 0, 1, 3, 6인 개체와 5년 단위의 연령에 대한 승산비를 계산하여 보자. 두 로짓을 추정한 후 그 차이를 구한 뒤 결과에 지수함수를 취하는 절차를 따른다. 공변량 IVHX, RACE, TREAT, SITE를 고정시켰으므로, 이 공변량에 대한 각각의 계수들은 로짓을 구할 때 필요없다. 따라서 공변량 AGE와 NDRGTX(변수변환 포함)만 있는 로짓의 추정값은

$$\hat{g}(\mathrm{AGE},\mathrm{NDRGTX}) = \widehat{\beta_0} + \widehat{\beta_1}(\mathrm{AGE}) + \widehat{\beta_2}(\mathrm{NDRGFP1}) + \widehat{\beta_3}(\mathrm{NDRGFP2}) + \widehat{\beta_4}(\mathrm{AGE} \times \mathrm{NDRGFP1}) \tag{3.20}$$

이며, 또한 AGE + 5에서의 로짓의 추정값은

$$\hat{g}(\mathrm{AGE}+5, \mathrm{NDRGTX}) = \widehat{\beta_0} + \widehat{\beta_1}(\mathrm{AGE}+5) + \widehat{\beta_2}(\mathrm{NDRGFP1}) + \widehat{\beta_3}(\mathrm{NDRGFP2}) + \widehat{\beta_4}((\mathrm{AGE}+5) \times \mathrm{NDRGFP1}) \tag{3.21}$$

이다. 여기에서 $\widehat{\beta_1}$, $\widehat{\beta_2}$, $\widehat{\beta_3}$, $\widehat{\beta_4}$는 [표 3-15]의 추정된 계수들이다. 변수 NDRGTX를 변환한 두 공변량 NDRGFP1과 NDRGFP2(변수변환을 하여 NDRGFP1과 NDRGFP2를 구하는 내용은 Hosmer & Lemeshow(2000) 참조)는

$$\mathrm{NDRGFP1} = \left(\frac{\mathrm{NDRGTX}+1}{10}\right)^{-1} \tag{3.22}$$

$$\mathrm{NDRGFP2} = \mathrm{NDRGFP1} \times \ln\left(\frac{1}{\mathrm{NDRGFP1}}\right)$$

이므로, 따라서 로짓의 차이를 구하면

$$\hat{g}(\mathrm{AGE}+5, \mathrm{NDRGTX}) - \hat{g}(\mathrm{AGE}, \mathrm{NDRGTX}) = \widehat{\beta_1} \times 5 + \widehat{\beta_4} \times 5 \times \mathrm{NDRGFP1} \tag{3.23}$$

이 된다. 두 로짓인 식 (3.20)과 (3.21)은 각각 복잡한 형태의 식일 지 모르나, 그 차이는 NDRGFP1과 연령 AGE 변화의 선형함수이므로, 식 (3.23)에 변수 NDRGFP1의 값을 넣어 지수함수를 취하면 승산비를 추정할 수 있다. 식 (3.23)의 로짓 차이의 분산의 추정량은

$$\widehat{\mathrm{Var}}(5\widehat{\beta}_1 + 5\widehat{\beta}_4 \times \mathrm{NDRGFP1}) \tag{3.24}$$
$$= 5^2\widehat{\mathrm{Var}}(\widehat{\beta}_1) + (5\mathrm{NDRGFP1})^2\widehat{\mathrm{Var}}(\widehat{\beta}_4)$$
$$+ 2\times5\times5\times\mathrm{NDRGFP1}\times\widehat{\mathrm{Cov}}(\widehat{\beta}_1, \widehat{\beta}_4)$$

이다. 표기를 단순화하기 위해 식 (3.24)에 근호를 취하면

$$\widehat{\mathrm{SE}}(\mathrm{AGE}+5, \mathrm{AGE}) = [\widehat{\mathrm{Var}}(5\widehat{\beta}_1 + 5\widehat{\beta}_4\mathrm{NDRGFP1})]^{1/2} \tag{3.25}$$

이므로, 따라서 로짓 차이에 대한 $100(1-\alpha)\%$ 신뢰구간은 다음과 같다.

$$[5\widehat{\beta}_1 + 5\widehat{\beta}_4\mathrm{NDRGFP1}] \pm z_{1-\alpha/2}\widehat{\mathrm{SE}}(\mathrm{AGE}+5, \mathrm{AGE}) \tag{3.26}$$

식 (3.26)에 지수함수를 취하면 승산비에 대한 $100(1-\alpha)\%$ 신뢰구간을 구할 수 있다. 여기에서 공변량 NDRGTX의 다양한 값에서 승산비의 추정값과 이에 관한 신뢰구간을 표 또는 그래프로 나타낼 수 있는데, 이를 그래프로 표현하여 보자.

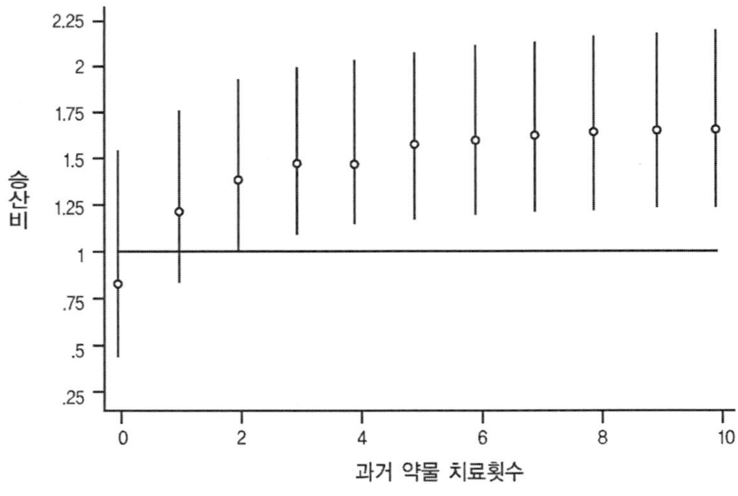

[그림 3-18] 승산비 추정값과 95% 신뢰구간

[그림 3-18]은 과거 약물치료 횟수 NDRGTX(0부터 10)와 5년 단위의 연령 AGE에 대한 승산비 추정값과 그 신뢰구간을 그래프로 표현한 것이다. 이에 의하면, 과거 약물치료 횟수 NDRGTX가 2이상인 연장자는 통계적으로 유의하게 젊은 환자에 비해 약물을 남용하지 않을 것이다. 승산비의 추정값이 과거 약물치료 횟수 NDRGTX가 10인 상황까지 약 1.7로

증가하였다. 참고로 두 번 약물치료를 받은 경우의 신뢰구간 하한은 '1.01'이고, 또한 약물치료 받은 횟수가 2회 미만인 경우의 신뢰구간은 '1.0'을 포함하므로, 이 수준에서 연령 AGE의 5세 증가는 유의하지 않다. 예를 들어, [그림 3−18]에서 과거 약물치료 횟수가 10인 환자에 대한 승산비의 추정값은 '1.76'이며, 신뢰구간은 (1.32, 2.33)이다. 그림을 이용한 방법이 표를 이용한 방법보다 과거 약물치료 횟수 NDRGTX와 연령 AGE의 효과를 더 명확히 보여준다.

결과를 완성하기 위해 연령 AGE의 효과를 조절한, 과거 약물치료 횟수 NDRGTX의 효과를 살펴보자. 모형이 공변량인 과거 약물치료 횟수 NDRGTX에 대해 비선형이므로, 공변량의 각 값에서 효과를 표현해야 한다. 우선 식 (3.20)에서 과거 약물치료 횟수 NDRGTX가 하나 증가할 때 로짓함수는

$$\begin{aligned}\hat{g}(\mathrm{AGE}, \mathrm{NDRGTX}+1) = {} & \hat{\beta}_0 + \hat{\beta}_1(\mathrm{AGE}) \\ & + \hat{\beta}_2(\mathrm{NDRGFP11}) + \hat{\beta}_3(\mathrm{NDRGFP21}) \\ & + \hat{\beta}_4(\mathrm{AGE} \times \mathrm{NDRGFP11})\end{aligned} \tag{3.27}$$

이며, 여기에서

$$\mathrm{NDRGFP11} = \left(\frac{(\mathrm{NDRGTX}+1)+1}{10}\right)^{-1} = \left(\frac{\mathrm{NDRGTX}+2}{10}\right)^{-1},$$

$$\mathrm{NDRGFP21} = \mathrm{NDRGFP11} \times \ln\left(\frac{1}{\mathrm{NDRGFP11}}\right)$$

이다. 식 (3.27)과 식 (3.20)의 로짓 차이를 구하면

$$\begin{aligned}\hat{g}(\mathrm{AGE}, \mathrm{NDRGTX}+1) - \hat{g}(\mathrm{AGE}, \mathrm{NDRGTX}) & \\ = \hat{\beta}_2(\mathrm{NDRGFP11} - \mathrm{NDRGFP1}) & \\ + \hat{\beta}_3(\mathrm{NDRGFP21} - \mathrm{NDRGFP2}) & \\ + \hat{\beta}_4(\mathrm{AGE}) \times (\mathrm{NDRGFP11} - \mathrm{NDRGFP1}) &\end{aligned} \tag{3.28}$$

이므로, 표기를 단순화하기 위하여

$$\begin{aligned}A &= \mathrm{NDRGFP11} - \mathrm{NDRGFP1} \\ &= \left(\frac{\mathrm{NDRGTX}+2}{10}\right)^{-1} - \left(\frac{\mathrm{NDRGTX}+1}{10}\right)^{-1}\end{aligned}$$

$$
\begin{aligned}
B &= \text{NDRGFP21} - \text{NDRGFP2} \\
&= \left[\text{NDRGFP11} \times \ln\left(\frac{1}{\text{NDRGFP11}}\right)\right] \\
&\quad - \left[\text{NDRGFP1} \times \ln\left(\frac{1}{\text{NDRGFP1}}\right)\right]
\end{aligned}
$$

이라 놓으면, 식 (3.28)의 로짓 차이는 다음과 같다.

$$
\begin{aligned}
&\hat{g}(\text{AGE}, \text{NDRGTX}+1) - \hat{g}(\text{AGE}, \text{NDRGTX}) \\
&\qquad = \hat{\beta}_2 A + \hat{\beta}_3 B + \hat{\beta}_4 \text{AGE} \times \text{A}
\end{aligned} \tag{3.29}
$$

식 (3.29)에 변수 AGE와 NDRGTX의 특정한 값을 대입하면 승산비에 대한 추정값을 얻을 수 있으며, 물론 이 추정값들은 AGE와 NDRGTX의 값에 따라 달라진다. 따라서 [그림 3-18]의 그래프로 나타내기 전에 신뢰구간을 구하여 보자.

식 (3.29)의 로짓의 차이에 대한 분산 추정량은

$$
\begin{aligned}
&\widehat{\text{Var}}\left[\hat{\beta}_2 A + \hat{\beta}_3 B + \hat{\beta}_4 \text{AGE} \times \text{A}\right] \\
&= A^2 \widehat{\text{Var}}(\hat{\beta}_2) + \text{B}^2 \widehat{\text{Var}}(\hat{\beta}_3) + (\text{AGE}\cdot\text{A})^2 \widehat{\text{Var}}(\hat{\beta}_4) \\
&\quad + 2AB\widehat{\text{Cov}}(\hat{\beta}_2, \hat{\beta}_3) + 2\text{A}(\text{AGE}\cdot\text{A})\widehat{\text{Cov}}(\hat{\beta}_2, \hat{\beta}_4) \\
&\quad + 2B(\text{AGE}\cdot\text{A})\widehat{\text{Cov}}(\hat{\beta}_3, \hat{\beta}_4)
\end{aligned}
$$

이고, 표준오차의 추정량은

$$
\widehat{\text{SE}}(\text{NDRGTX}+1, \text{NDRGTX}) = \left\{\widehat{\text{Var}}\left[\hat{\beta}_2 \text{A} + \hat{\beta}_3 \text{B} + \hat{\beta}_4 \text{AGE}\cdot\text{A}\right]\right\}^{1/2}
$$

이므로, 따라서 $100(1-\alpha)\%$ 신뢰구간은 다음과 같다.

$$
\begin{aligned}
&\left[\hat{g}(\text{AGE}, \text{NDRGTX}+1) - \hat{g}(\text{AGE}, \text{NDRGTX})\right] \\
&\qquad \pm z_{1-\alpha/2} \cdot \widehat{\text{SE}}(\text{NDRGTX}+1, \text{NDRGTX})
\end{aligned} \tag{3.30}
$$

연령 AGE와 과거 약물치료 횟수 NDRGTX 사이의 관계가 복잡하기 때문에, 그래프 방법이 과거 약물치료의 횟수를 증가시킬 때 나타내는 효과를 잘 표현한다.

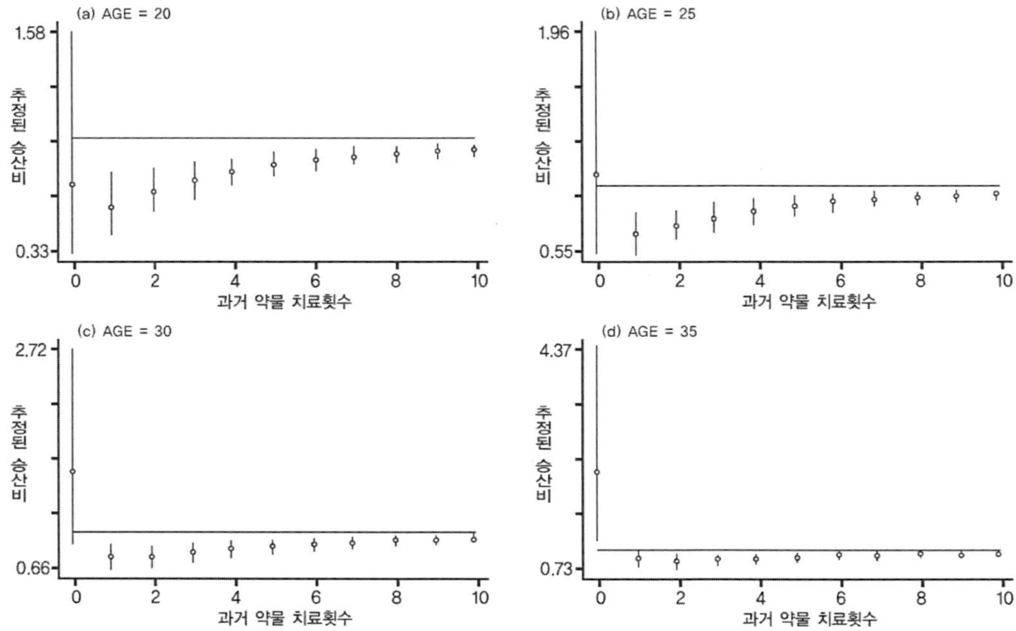

[그림 3-19] 연령 AGE 별 승산비와 신뢰구간

[그림 3-19]는 연령 AGE가 20, 25, 30, 35에서 과거 약물치료 횟수 NDRGTX 가 1회 증가할 때, 승산비의 추정값과 95% 신뢰구간을 나타낸다. 수평선 'y=1'을 그린 이유는 승산비가 '1'과 다른 지를 쉽게 알기 위함이다. 네 그래프 중 과거 약물치료 횟수 NDRGTX =0에서의 그림은, 과거 약물치료 횟수 NDRGTX=1인 개체의 승산이 전혀 받지 않은 개체 NDRGTX=0에 대한 승산비이다. 변수 AGE =35를 제외한 세 그래프 모두 과거 약물치료 횟수 NDRGTX =0에 대한 신뢰구간들은 '1'을 포함하므로, 연령 AGE=35인 경우는 과거 약물치료를 1회 받은 35세 환자가 전혀 약물치료를 받지 않은 35세 환자보다 통계적으로 유의하게 12개월 동안 약물을 복용하지 않을 것이다. 각 그래프에 나타난 나머지 승산비들은, 주어진 연령에 대해 과거 약물치료 횟수 NDRGTX가 2 대 1, 3 대 2, ⋯, 11 대 10인 환자들을 비교하며, 모든 신뢰구간들이 '1'을 포함하지 않기 때문에 승산비가 유의하게 '1'보다 작다. 약물치료 횟수의 기준수가 증가함에 따라 승산비는 '1'에 접근한다. 즉, 약물치료 횟수를 1회 늘리면 환자들은 12개월 동안 유의하게 약물을 복용하지 않음을 의미한다. 약물치료의 기준수가 증가함에 따라 위험의 증가량이 감소하며, 즉 과거 약물치료 횟수 11 대 10(10% 증가)의 위험성은 과거 약물치료 횟수 2 대 1(50% 증가)이 갖는 위험보다 크지 않다. 네 그래프 중 세 곳에서 약물 복용을 하지 않을 승산비가 제일 작은 경우는 약물치료 횟

수가 2 대 1일 때이므로, 따라서 약물 남용을 하지 않을 승산은 과거 약물치료 횟수가 '1'일 때 가장 크다. 과거 약물치료 횟수가 '1'인 경우를 기준으로 하여 각 과거 약물치료 횟수의 승산비를 구하는 것은 의미 있을 것이다.

이 절을 끝맺기 전에 모형 설정에 대해 몇 마디 언급하면, [표 3-19]에서 다룬 모형은 실제로 보건학 분야에서의 로지스틱 회귀모형보다 더 복잡하다. 이 분야에서 전형적으로 다루는 모형은 선형함수로 모형화된 연속형 공변량들, 몇 개의 계획변수들과 교호작용항들로 이루어진다.

3.4 로지스틱 모형의 사용 예와 분석 절차

암의 치료와 예후는 전이 정도에 따라 다르게 행해지고, 암이 전이되는 기관 중 하나는 림프절(lymph nodes)이라 한다. 만일 림프절에 암이 전이되면, 그 예후는 전이되지 않은 경우보다 일반적으로 좋지 않으므로, 림프절에 암의 전이되었는 지의 여부를 가능한 빨리 입증하려는 이유도 바로 여기에 있다. 어떤 암에 대해서는 림프절에 암이 퍼져있는 지의 여부를 결정하기 위해, 탐색적인 외과 처치를 시행한다. 왜냐하면 어떤 치료가 필요할 지를 정해야 하기 때문이다. 만일 주어진 자료에 근거하여 수술을 하지 않고 암의 전이여부를 예측할 수 있다면, 환자의 불안감과 비용을 상당히 줄일 수 있을 것이다.

이 절에서는 Brown(1980)이 제시한 전립선암 환자(n=53)에 관한 데이터를 사용한다. 수술시 암이 전립선 부근의 림프절에 퍼져있는 지의 여부 뿐 아니라 환자의 연령(AGE), 혈청 인산염(ACID), 질병단계(STAGE, 질병이 얼마나 진행되었는지 재는 측도), 종양의 등급(GRADE), X-선(X RAY) 결과를 기록한다. 관심의 초점은 수술을 하지 않고 측정할 수 있는 변수들에 근거하여, 림프절이 암에 대해 양성인지의 여부를 예측하는 것이다. 변수의 목록은 다음과 같다.

종속변수 Nodes
: 수술결과를 나타낸다(0 = 림프절까지 전이되지 않음, 1 = 림프절까지 전이됨).

(1) 공변량 Xray
: X-ray 촬영 결과를 나타냄(0 = 음성, 1 = 양성)

(2) 공변량 Stage

: 직장검사를 통한 종양의 크기(0 = 작다, 1 = 크다)

(3) 공변량 Grade

: 생검으로 판단한 종양의 병리학적 상태(0 = 덜 심각, 1 = 매우 심각)

(4) 공변량 Age

: 환자의 연령

(5) 공변량 Acid

: 혈청인산염(serum acid phosphatase)의 수준으로, 특정부위에 종양이 전이되었을 때 상승하는 실험실의 값

[표 3-20] 전립선암 자료

	nbr	xray	stage	grade	age	acid	nodes
1.	1	0	0	0	66	48	0
2.	2	0	0	0	68	56	0
3.	3	0	0	0	66	50	0
4.	4	0	0	0	56	52	0
5.	5	0	0	0	58	50	0
6.	6	0	0	0	60	49	0
7.	7	1	0	0	65	46	0
8.	8	1	0	0	60	62	0
9.	9	0	0	1	50	56	1
10.	10	1	0	0	49	55	0
11.	11	0	0	0	61	62	0
12.	12	0	0	0	58	71	0
13.	13	0	0	0	51	65	0
14.	14	1	0	1	67	67	1
15.	15	0	0	1	67	47	0
16.	16	0	0	0	51	49	0
17.	17	0	0	1	56	50	0
18.	18	0	0	0	60	78	0
19.	19	0	0	0	52	83	0
20.	20	0	0	0	56	98	0
21.	21	0	0	0	67	52	0
22.	22	0	0	0	63	75	0
23.	23	0	0	1	59	99	1
24.	24	0	0	0	64	187	0
25.	25	1	0	0	61	136	1
26.	26	0	0	0	56	82	1
27.	27	0	1	1	64	40	0
28.	28	0	1	0	61	50	0
29.	29	0	1	1	64	50	0
30.	30	0	1	0	63	40	0

31.	31	0	1	1	52	55	0
32.	32	0	1	1	66	59	0
33.	33	1	1	0	58	48	1
34.	34	1	1	1	57	51	1
35.	35	0	1	0	65	49	1
36.	36	0	1	1	65	48	0
37.	37	1	1	1	59	63	0
38.	38	0	1	0	61	102	0
39.	39	0	1	0	53	76	0
40.	40	0	1	0	67	95	0
41.	41	0	1	1	53	66	0
42.	42	1	1	1	65	84	1
43.	43	1	1	1	50	81	1
44.	44	1	1	1	60	76	1
45.	45	0	1	1	45	70	1
46.	46	1	1	1	56	78	1
47.	47	0	1	0	46	70	1
48.	48	0	1	0	67	67	1
49.	49	0	1	0	63	82	1
50.	50	0	1	1	57	67	1
51.	51	1	1	0	51	72	1
52.	52	1	1	0	64	89	1
53.	53	1	1	1	68	126	1

3.4.1 적합도와 평가

가정한 모형이 자료를 적합할 때마다, 모형이 표본 뿐만 아니라 모집단을 얼마나 잘 적합하는 지를 알고자 한다. 모형은 통상 모집단보다는 표본데이터를 더 잘 적합시킨다. 만약 데이터세트가 큰 경우 그 데이터를 둘로 나누어, 한쪽 부분은 모형을 추정하는데 사용하고, 나머지 부분은 그 모형에 적용하여 얼마나 잘 적합하는 지를 볼 수 있다. 설정한 모형이 또 다른 데이터세트를 얼마나 잘 적합하는 지를 평가하기 위한 방법으로 잭나이프(jackknifing)와 붓스트랩(bootstrapping) 같은 통계기법도 있다.

■ 모형의 적합도

설정한 로지스틱 모형이 관측 자료를 얼마나 잘 분류하는지를 검사함은 로지스틱 모형이 그 데이터를 얼마나 잘 설명하는 지를 평가하는 한 방법이다. 모형의 적합도를 평가하는 또 다른 방법은, 모수의 추정값을 이용하여 표본결과가 실제로 얼마나 발생하는 지를 검사하는 것이다(관측 결과를 잘 설명할 수 있는 모수의 추정값을 선택해야 함).

모수의 추정값이 주어졌을 때 관측된 결과의 확률을 가능도함수 L로 표현하는데, 가능도함수는 '1'보다 작으므로 가능도함수에 'ln'를 취하여 (−2)를 곱한 값 (−2 ln L)을, 추정된 모형이 데이터를 얼마나 잘 설명하는 지의 측도라고 설명한 바 있다. 좋은 모형은 관측된 결과의 가능도함수 L가 매우 클 것이며, −2 ln L은 작은 값을 가진다(만약 완전한 모형 적합이라면, 가능도함수값은 '1'이고, −2 ln L은 '0'이 됨). 주어진 모형에 변수들을 추가 또는 제거했을 때, 가능도함수값의 차이를 통해 변수들의 유의성을 검정할 수 있다.

[표 3-21] 절편항 만 있는 모형의 로그가능도

	log likelihood
절편항	−35.126076

[표 3-21]에 의하면, 절편항 만 있는 로지스틱 모형의 로그 가능도 ln L의 값은 '−35.13'이다.

[표 3-22] 모든 변수를 포함한 로지스틱 모형

```
. logit  nodes xray stage grade age acid

  Iteration 0:   log likelihood = −35.126076
  Iteration 1:   log likelihood = −24.234276
  Iteration 2:   log likelihood = −24.063527
  Iteration 3:   log likelihood = −24.062895
  Iteration 4:   log likelihood = −24.062894

Logistic regression                    Number of obs   =       53
                                       LR chi2(5)      =    22.13
                                       Prob > chi2     =   0.0005
  Log likelihood = −24.062894          Pseudo R2       =   0.3150
```

nodes	Coef.	Std. Err.	z	P>|z|	[95% Conf.	Interval]
xray	2.045345	.8071831	2.53	0.011	.4632951	3.627395
stage	1.564101	.774011	2.02	0.043	.0470675	3.081135
grade	.7614156	.7707739	0.99	0.323	−.7492734	2.272105
age	−.0692597	.0578769	−1.20	0.231	−.1826963	.0441769
acid	.0243445	.0131583	1.85	0.064	−.0014452	.0501342
_cons	.0618005	3.459922	0.02	0.986	−6.719522	6.843122

[표 3-22]는 모든 독립변수를 포함한 모형의 적합 결과를 보여주며, 이를 산출하기 위한 Stata 명령과 그 설명은 다음과 같다.

[Stata 명령]

. logit nodes xray stage grade age acid

(1) 종속변수는 nodes

(2) 독립변수는 xray, stage, grade, age, acid

LRchi2(5)에 해당하는 값은 절편항 만을 포함하는 모형의 로그 가능도 ln L과 현재 가정한 모형의 로그 가능도 ln L의 차이에 두 배한 값(절편항이 없는 모형이라면, 비교를 위해 아무런 변수도 없는 가능도값이 사용됨)이므로, 따라서 LRchi2(5)에 해당하는 값은 가정한 모형의 절편항을 제외한 모든 계수들이 '0'이라는 귀무가설을 검정한다. 이는 회귀분석의 F-검정에 해당된다.

이 예에서 절편항 만을 포함하는 모형의 로그 가능도 ln L 값은 '−35.13'이고([표 3−21]), 반면에 현재 가정한 모형에 대한 로그 가능도 ln L 값은 '−24.06'이므로, LRchi2(5)의 값(22.126)은 이 두 값의 차이를 두 배한 값이다. 이때 자유도는 두 모형 사이의 모수 수의 차이다.

3.1절에서 설명한 Cox & Snell R^2과 유사 R^2은 로지스틱 모형에서 공변량들이 설명하는 부분의 비율을 나타낸다. 이 결정계수들의 의미는 회귀모형의 결정계수 R^2과 서로 비슷하다. 유사 R^2을 통해, 반응변수의 변동 중 32% 정도를 로지스틱 모형에서 설명하고 있음을 알 수 있다.

3.4.2 범주형 변수의 처리

회귀모형에서와 같이 로지스틱 모형에서도 범주형변수에 대한 표기법이 중요하다. 35개의 수준을 가진, 종교를 나타내는 명목형 변수에 1부터 35까지의 값을 임의로 붙여 모형내에서 변수로 사용해서는 안 된다. 이런 상황에서는 원래의 범주에 대응하는 새로운 변수 집합을 다른 형태의 방법으로 생성함으로써 독립변수의 값들을 재기호화해야 한다.

성별과 같이 수준(범주)의 수가 2인 변수는 남성과 여성을 각각 '0' 또는 '1'로 표기하며, 이 변수를 가변수 또는 지시변수라고 한다고 설명한 바 있다. 변수 GRADE, STAGE, XRAY 모두 '0'과 '1'로 표기된 범주형 변수들이며, 일반적으로 '1'은 열성의 반응을 나타낸다. 변수 GRADE, STAGE, XRAY의 계수에 관한 해석은 간단하다. 그것은 어떤 개체가 "열성"의 범주에 있을 때와 그렇지 않을 때 로그 승산값의 차이를 말한다.

3개 이상의 수준인 변수일 때는 수준을 나타내는 새로운 변수를 생성해야 하며, 범주형 변수를 표현하기 위해 필요한 새로운 가변수의 수는 범주의 수보다 하나 적다. 예를 들어,

혈청인산염 Acid의 실제 값 대신 낮음, 중간, 높음의 의미로 1, 2, 3을 각각 부여한다면, 혈청인산염을 나타내기 위해 두 개의 새로운 가변수를 생성하여야 한다.

■ 기준셀 코딩방법

2장에서 언급하였지만 혈청인산염 Acid를 나타내기 위해 두 개의 새로운 가변수를 생성하기 위한 방법으로 각 범주를 표현하기 위하여 지시변수를 사용하는 것이다. 한 변수로는 그 값이 낮음일 때는 '1'로, 그렇지 않을 때는 '0'으로 표기하며, 두 번째 변수로는 그 값이 중간일 때는 '1'로, 그렇지 않을 때는 '0'으로 표기한다. 높음은 두 지시변수 모두 '0'으로 표기함으로써 표현할 수 있다. 두 지시변수 모두 '0'으로 표기하는 기준범주는 임의로 선택할 수 있다.

범주형 변수의 어떤 특별한 범주의 효과에 관하여 말할 수 있는 것은 그 변수의 다른 범주와 비교할 때이다. 예를 들어, 암의 유형을 표시하는 변수가 있다면, "방광암에 비하여 폐암으로 인해 생존확률이 줄어든다"라고 진술할 수 있거나 또는 "다른 모든 암 형태에 비하여 폐암으로 인해 생존 가능성이 줄어든다"라고 언급할 수 있다. 폐암을 다른 형태의 암과 비교하지 않고서는, 범주형 변수의 어느 수준의 효과에 관하여 언급할 수 없다.

만약 범주형 변수의 표기법으로 지시변수를 사용한다면, 새로운 지시변수에 대한 계수들은 각 범주의 효과를 기준범주에 비교하여 표시하게 된다. 기준범주에 대한 계수는 '0'이 된다. 예를 들어 [표 3-23]을 보자. 변수 CATACID1은 낮은 수준에는 '1', 그렇지 않으면 '0'으로 표기한 낮은 혈청인산염에 대한 지시변수이고, 마찬가지로 변수 CATACID2는 중간 혈청인산염에 관한 지시변수이다. 여기에서 기준범주는 높은 수준이 된다.

[표 3-23] 방정식에 포함된 변수(지시변수)

		B	S.E.	Wald	자유도	유의확률	Exp(B)
1단계[a]	AGE	−.052	.063	.686	1	.407	.949
	CATACID1	−2.008	1.052	3.643	1	.056	.134
	CATACID2	−1.092	.926	1.390	1	.238	.335
	XRAY	2.035	.837	5.903	1	.015	7.650
	GRADE	.808	.823	.962	1	.327	2.243
	STAGE	1.457	.768	3.597	1	.058	4.293
	상수	1.770	3.809	.216	1	.642	5.870

a. 변수가 1: 단계에 진입했습니다. AGE, CATACID2, XRAY, GRADE, STAGE.

CATACID1의 계수는 "높음"에 비교하여 "낮음"일 때 로짓의 차이이며, 마찬가지로 CATACID2는 "높음"에 비교하여 "중간"일 때의 로짓의 차이이다. "높음"에 관한 계수는 바로 자기 자신이므로 필연적으로 '0'이 된다. [표 3-23]의, 두 지시변수의 계수들은 모두 음이므로, 이는 혈청인산염의 "높음"에 비교하여, "낮음"과 "중간"의 수준에서 악성림프절의 로짓이 감소함을 의미한다. 수준 "낮음"은 "중간"보다 로짓의 값을 더 감소시킨다.

Stata 패키지에서는 범주형 변수에 대해 자동으로 새로운 지시변수를 생성하는 기능이 있다. 예를 들어, 범주형 변수 CATACID 대신 i.CATACID를 사용하면 되며, 또한 새로운 지시변수에 대해 사용하고자 하는 표기법을 선택할 수 있다.

[표 3-24]는 범주형변수 CATACID에 대한 설명이다. 표의 행은 변수의 수준을 나타내며, 실제값은 "변수값"이라는 표제어 밑에, 그리고 각 값의 개체 수는 "빈도"에 주어진다. 다음 열은 생성된 새로운 가변수들을 보여준다. 괄호 안의 숫자는 결과 변수를 식별하기 위해 사용된 값이며, 원래의 범주를 표현하기 위한 새로운 변수의 표기는 새로운 변수열에 실려 있다.

[표 3-24] 기준셀 코딩방법

			모수코딩	
	변수값	빈도	(1)	(2)
CATACID	1.00	15	1	0
	2.00	20	0	1
	3.00	18	0	0

[표 3-24]에서 변수 CATACID의 값이 2인 개체의 수가 20임을 보여주며, 이 개체들에 대해 새 지시변수 CATACID(1)에는 '0'을 CATACID(2)에는 '1'의 값이 배정된다. 마찬가지로 CATACID가 3일 때, 두 지시변수 CATACID(1)과 CATACID(2)에 모두 "0"을 배정한다.

3.4.3 교호작용항

회귀모형에서와 마찬가지로 모형에 각 변수들의 교호작용항을 추가할 수 있다. 예를 들어, 의미가 있다면 변수 ACID와 AGE의 교호작용항을 모형에 넣을 수 있고, 범주형 변수의 교호작용항을 넣을 수도 있다. 교호작용항은 새로운 지시변수들의 곱으로 하면 된다. 단계별 변수선택법에서 교호작용항도 다른 변수처럼 똑같이 처리한다. 이 방법으로 주효과가 없는 교호작용항만을 포함하는 모형이 선택될 수도 있지만, 이런 경우 주효과를 포함한 모형을 설명함이 자연스럽다.

3.4.4 독립변수의 선택법

■ 전진단계선택법의 예

전진단계선택법을 산출하기 위한 Stata 명령과 그 설명은 다음과 같다.

[Stata 명령]

```
.sw logit nodes xray stage grade age acid, pr(2) pe(.1) forward
```

(1) 종속변수는 nodes

(2) 독립변수는 xray, stage, grade, age, acid

(3) 변수를 선택하기 위한 기준절단값은 0.1

(4) 변수를 제거하기 위한 기준절단값은 0.2

(5) 전진단계선택법을 실시

만일 가정한 모형의 로그 가능도 ln L에 대한 유의수준이 작다면(즉, 모든 계수들이 '0'이라는 가설을 기각함), 변수 선택법을 진행할 필요가 있고, 만약 계수들이 모두 '0'이라는 가설을 기각할 수 없다면, 변수 선택을 끝내야 한다. 이 예에서는 모든 계수가 '0'이라는 가설이 기각되어, 변수 선택을 계속 진행한다. 물론 모형 설정을 진행하면서 얻은 모형이 같은 모집단에서 추출한 다른 표본에 대해서는 유용하지 않을 수도 있다.

귀무가설이 사실인 경우, 가능도비 검정통계량, 월드 통계량, 라오(Rao)의 효율적 스코어 통계량 모두 대표본에서는 같은 결과를 갖는다(Rao, 1973).

[Stata 결과]

```
                        begin with empty model
p = 0.0018 <  0.1000  adding   xray
p = 0.0233 <  0.1000  adding   stage


Logistic regression                        Number of obs   =      53
                                           LR chi2(2)      =   16.90
                                           Prob > chi2     =  0.0002
  Log likelihood = -26.676709              Pseudo R2       =  0.2405
```

nodes	Coef.	Std. Err.	z	P>|z|	[95% Conf.	Interval]
xray	2.119443	.7468326	2.84	0.005	.6556778	3.583208
stage	1.588275	.7000206	2.27	0.023	.2162597	2.96029
_cons	−2.044627	.6099686	−3.35	0.001	−3.240144	−.8491108

[참고]

```
. logit    nodes xray
Iteration 0:   log likelihood = −35.126076
Iteration 1:   log likelihood = −29.518063
Iteration 2:   log likelihood = −29.500407
Iteration 3:   log likelihood = −29.500401
Iteration 4:   log likelihood = −29.500401
```

```
Logistic regression                     Number of obs  =      53
                                        LR chi2(2)     =   11.25
                                        Prob > chi2    =  0.0008
Log likelihood = −29.500401             Pseudo R2      =  0.1602
```

nodes	Coef.	Std. Err.	z	P>|z|	[95% Conf.	Interval]
xray	2.181672	.6974976	3.13	0.002	.8146019	3.548742
_cons	−1.170071	.3815676	−3.07	0.002	−1.91793	−.4222124

```
. logit    nodes xray stage

Iteration 0:   log likelihood = −35.126076
Iteration 1:   log likelihood = −26.784852
Iteration 2:   log likelihood = −26.677143
Iteration 3:   log likelihood = −26.676709
Iteration 4:   log likelihood = −26.676709
```

```
Logistic regression                     Number of obs  =      53
                                        LR chi2(2)     =   16.90
                                        Prob > chi2    =  0.0002
Log likelihood = −26.676709             Pseudo R2      =  0.2405
```

nodes	Coef.	Std. Err.	z	P>|z|	[95% Conf.	Interval]
xray	2.119443	.7468326	2.84	0.005	.6556778	3.583208
stage	1.588275	.7000206	2.27	0.023	.2162597	2.96029
_cons	−2.044627	.6099686	−3.35	0.001	−3.240144	−.8491108

Stata 결과에서 변수 xray는 가장 작은 p-값 0.0018을 가지므로, 모형에 선택되는 처음 변수가 된다. 변수 xray가 선택된 모형에서, 두 번째 단계로 모형에 대한 기여도가 제일 큰 변수는 stage이고 그 p-값이 0.0233이므로 변수 stage는 모형에 두 번째로 추가된다. 두 변수 xray, stage을 제외한 나머지 독립변수들은 p-값이 모두 0.10보다 크기 때문에, 모형에 선택되지 못하며, 또한 모형내의 두 변수 모두 p-값이 0.2 미만이기 때문에 제거할 필요는 없다.

마지막 단계의 모형에 대한 요약통계량은 Stata 결과에 있다. LRchi2(2) = 16.9은 절편항만 있는 모형의 로그 가능도 ln L과 절편, 두 변수 xray, stage를 포함한 모형의 로그 가능도 ln L의 차이에 두 배한 값($\{-26.67-(-35.13)\}\times 2 = 16.90$)이다. 이때 p-값< 0.01이므로, 두 변수 xray, stage의 계수가 모두 0이라는 귀무가설을 기각한다. 또한

(1) 독립변수 xray 만 있는 모형,
(2) 독립변수 xray, stage 가 있는 모형

을 각각 적합한 모형이 위의 Stata 결과의 [참고]에 있다.

■ 후진단계선택법의 예

후진단계선택법을 산출하기 위한 Stata 명령과 그 결과는 다음과 같다.

[Stata 명령]

.sw logit nodes xray stage grade age acid, pr(.2) pe(.1)

(1) 종속변수는 nodes
(2) 독립변수는 xray, stage, grade, age, acid
(3) 변수를 선택하기 위한 기준절단값은 0.1
(4) 변수를 제거하기 위한 기준절단값은 0.2
(5) 후진단계선택법을 실시

[Stata 결과]

```
. sw logit   nodes xray stage grade age acid, pr(.2) pe(.1)
                        begin with full model
p = 0.3232 >= 0.2000   removing grade
p = 0.2211 >= 0.2000   removing age
```

Logistic regression	Number of obs	=	53
	LR chi2(2)	=	19.59
	Prob > chi2	=	0.0002
Log likelihood = −25.329817	Pseudo R2	=	0.2789

nodes	Coef.	Std. Err.	z	P>|z|	[95% Conf.	Interval]
xray	2.061787	.7776961	2.65	0.008	.537531	3.586044
stage	1.755562	.7390562	2.38	0.018	.307038	3.204085
acid	.0206294	.0126492	1.63	0.103	−.0041625	.0454213
_cons	−3.575648	1.181198	−3.03	0.002	−5.890754	−1.260542

[참고]
. logit nodes xray stage age acid

Iteration 0: log likelihood = −35.126076
Iteration 1: log likelihood = −24.734054
Iteration 2: log likelihood = −24.549855
Iteration 3: log likelihood = −24.548731
Iteration 4: log likelihood = −24.548731

Logistic regression	Number of obs	=	53
	LR chi2(4)	=	21.15
	Prob > chi2	=	0.0003
Log likelihood = −24.548731	Pseudo R2	=	0.3011

nodes	Coef.	Std. Err.	z	P>|z|	[95% Conf.	Interval]
xray	2.097704	.7951451	2.64	0.008	.5392487	3.65616
stage	1.763996	.7469136	2.36	0.018	.3000727	3.22792
age	−.0702526	.0574203	−1.22	0.221	−.1827944	0422891
acid	.0221794	.0127853	1.73	0.083	−.0028792	.047238
_cons	.4460016	3.414572	0.13	0.896	−6.246437	7.13844

모형에 대한 기여도가 제일 작은 변수는 grade이고 p−값이 0.323이므로, 변수 grade를 모형에서 처음으로 제거한다. 변수 grade를 제외한 나머지 독립변수들 중에서 기여도가 제일 작은 변수는 age이고 그 p−값이 0.221이므로, 모형에서 제거되는 두 번째 변수가 된다. 또한 제거된 두 변수 모두 p−값이 0.1보다 크기 때문에 다시 모형에 들어오지 못한다. 모형에 남아있는 세 변수의 p−값이 모두 0.2보다 작기 때문에, 모형에서 더 이상 제거할 변수는 없다.

마지막 단계의 모형에 대한 요약통계량은 Stata 결과에 있다. LRchi2(3) = 19.59는 절편항만 있는 모형의 로그 가능도 ln L과 절편, 세 변수 xray, stage, acid를 포함한 모형의 로그 가능도 ln L의 차이에 두 배한 값으로, p−값은 0.00임을 알 수 있다. 참고로 독립변수 xray stage age acid 인 모형의 적합결과를 [참고]에 실었다.

■ 가능도비 통계량에 근거한 변수선택

변수선택을 하기 위하여 가능도비 통계량을 사용할 수 있다. 이를 위한 Stata 명령과 그 결과는 다음과 같다.

[Stata 명령]

```
.logit nodes xray stage
.estimates store A
.logit nodes xray
.estimates store B
.lrtest A B
```

(1) 종속변수는 nodes 독립변수는 xray, stage 이며, 이를 로지스틱 모형에 적합시킨 결과를 A에 저장함.

(2) 종속변수 nodes, 독립변수 xray에 로지스틱 모형을 적합시킨 결과를 B에 저장함.

(3) A, B 차이에 대한 가능도비 검정을 수행함.

[Stata 결과]

```
. logit   nodes xray stage

Iteration 0:   log likelihood = −35.126076
Iteration 1:   log likelihood = −26.784852
Iteration 2:   log likelihood = −26.677143
Iteration 3:   log likelihood = −26.676709
Iteration 4:   log likelihood = −26.676709

Logistic regression                         Number of obs   =        53
                                            LR chi2(2)      =     16.90
                                            Prob > chi2     =    0.0002
Log likelihood = −26.676709                 Pseudo R2       =    0.2405
```

nodes	Coef.	Std. Err.	z	P>|z|	[95% Conf.	Interval]
xray	2.119443	.7468326	2.84	0.005	.6556778	3.583208
stage	1.588275	.7000206	2.27	0.023	.2162597	2.96029
_cons	−2.044627	.6099686	−3.35	0.001	−3.240144	−.8491108

```
. estimates store A

. logit   nodes xray
```

```
Iteration 0:   log likelihood = -35.126076
Iteration 1:   log likelihood = -29.518063
Iteration 2:   log likelihood = -29.500407
Iteration 3:   log likelihood = -29.500401
Iteration 4:   log likelihood = -29.500401
```

```
Logistic regression                     Number of obs   =        53
                                        LR chi2(1)      =     11.25
                                        Prob > chi2     =    0.0008
Log likelihood = -29.500401             Pseudo R2       =    0.1602
```

nodes	Coef.	Std. Err.	z	P>|z|	[95% Conf.	Interval]
xray	2.181672	.6974976	3.13	0.002	.8146019	3.548742
_cons	−1.170071	.3815676	−3.07	0.002	−1.91793	−.4222124

```
. estimates store B
. lrtest A B

Likelihood-ratio test                          LR chi2(1)  =     5.65
(Assumption: B nested in A)                    Prob > chi2 =   0.0175
```

변수 stage에 대한 −2 ln L의 변화량은 5.65이고 p−값이 0.0175이므로, 가능도비 검정에 의하여 변수 stage를 모형에 포함한다.

3.4.5 진단 통계량의 산출

모형을 설정할 때마다 설정한 모형의 적절성을 검사하여야 한다. 모형진단을 위해 회귀모형에서 구한 다양한 잔차들, 영향력의 측도들, 그리고 다(중)공선성의 정도를 나타내는 척도들을 사용한다. 이들은 모형에 잘 적합되지 않는 점(들), 계수 추정에 많은 영향력을 가진 점들 그리고 서로 밀접한 선형관계가 있는 독립변수들을 식별하기 위한 값진 도구들이다.

로지스틱 모형에서도 이런 문제점을 해결하기 위한 진단통계량들을 이미 소개한 바 있지만, 로지스틱 모형의 진단평가가 회귀모형보다 좀 더 복잡하다. 진단통계량은 각각의 공변량패턴(즉, 독립변수들 값의 조합)에 근거하여 산출할 수도 있기 때문이다. 같은 공변량패턴을 가진 개체 수가 적당하지 않으면, 진단통계량은 해석하는데 어려움이 있다(Hosmer−Lemeshow(2000) 참조).

잔차란 사건의 관찰값과 모형에 근거한 사건을 예측한 확률값의 차이라고 설명하였다. 예를 들어, 악성림프절이 있는 환자에 대해 악성림프절을 가질 확률이 '0.8'로 예측된다면,

잔차는 $1 - 0.8 = 0.2$가 된다.

진단통계량을 산출하기 위한 Stata 명령은 다음과 같다.

```
[Stata 명령]
.logit nodes xray stage grade age acid
.predict p, p                    (1)
.predict r, r                    (2)
.predict de, de                  (3)
.predict rstan, rstan            (4)
.predict hat, hat                (5)
```

(1) 종속변수 nodes가 1일 확률 p를 추정함
(2) 공변량 패턴에 대한 피어슨 잔차 r을 산출한다.
(3) 공변량 패턴에 대한 편차 잔차(deviance residual) de를 산출한다.
(4) 공변량 패턴에 대한 표준화된 피어슨 잔차 rstan을 산출한다.
(5) 공변량 패턴에 대한 모자행렬의 대각선원소(레버리지) hat를 산출한다.

참고로 Stata 패키지에서 .predict 명령을 시행하면, 기존 자료에 명령이 시행된 결과의 자료가 추가됨을 확인할 수 있다. 이를 통하여 피어슨 잔차 r과 표준화된 피어슨 잔차 rstan의 절대값이 큰 개체들을 식별하였고, 그 개체들은 오분류됨을 확인하였다. 이들 개체들은 더 면밀히 조사할 필요가 있다. 다음을 참고하라.

case	predicted	r	rstan
26	.1394	2.48	2.55
35	.1567	2.32	2.43
37	.8676	−2.56	−2.67

3.4.6 모형판별과 모형측정

로지스틱 모형에서 모형의 성능을 평가하기 위한 두 가지 표준방법인 모형판별(model discrmination)과 모형측정(model calibration)은 다음과 같다.

(1) 모형판별

반응변수 y=1과 y=0인 두 그룹내의 개체들을 얼마나 잘 식별할 수 있는지를 재는 측도이다. 즉, 사건이 일어날 확률의 추정값에 근거하여, 두 그룹의 관찰값을 구분함으로써 모형의 성능을 평가한다. 다시 말하여 어느 사건이 발생할 확률을 추정하였을 때, 그 추정값이 반응이 실제로 일어나는 경우와 그렇지 않은 경우를 얼마나 잘 구분하는지 알고 싶을 때 사용한다. 완전한 모형이란 반응변수 y가 '0'인 개체보다 반응변수 y가 '1'인 개체에 항상 더 높은 확률을 배정하는 모형을 말한다. 즉, 두 그룹의 확률값들이 서로 겹치지 않는 것이다.

모형판별의 도구로 분류표와 ROC 곡선 아래의 면적을 이용하며, 이를 산출하기 위한 Stata 명령은 다음과 같다.

[Stata 명령]

```
. logit nodes xray stage grade age acid
. lstat
. lroc
```

[표 3-25] 분류표

. lstat

Logistic model for nodes

Classified	True		Total
	D	~D	
+	13	5	18
−	7	28	35
Total	20	33	53

Classified + if predicted Pr(D) >= .5

True D defined as nodes != 0

Sensitivity	Pr(+| D)	65.00%
Specificity	Pr(−|~D)	84.85%
Positive predictive value	Pr(D| +)	72.22%
Negative predictive value	Pr(~D| −)	80.00%
False + rate for true ~D	Pr(+|~D)	15.15%
False − rate for true D	Pr(−| D)	35.00%
False + rate for classified +	Pr(~D| +)	27.78%
False − rate for classified −	Pr(D| −)	20.00%
Correctly classified		77.36%

모형적합이 잘 되었는 지를 평가하는 방법은 관측값과 예측값을 비교하는 것이다. [표 3-25]는, 추정된 확률값이 '0.5' 이상인 경우 각 개체를 악성 림프절로 분류한 표이며, 이를

정리하면 다음과 같다.

(1) 악성림프절이 아닌 환자들 33명 중 28명(84.9%)은 올바르게 분류되었다.
(2) 악성림프절을 가진 환자 20명 중 13명(65.0%)은 올바르게 분류되었다.
(3) 전체 53명 환자중 41명(77.4%)이 올바르게 분류되었고, 따라서 표의 대각선에 있지 않은 12명은 잘못 분류되었다.

분류표 만으로는 두 그룹내 환자들의 추정된 확률값의 분포를 알 수 없다. 예측된 각 그룹에 대해, 추정된 확률이 '0.5'보다 큰 지의 여부만을 [표 3-25]를 통해 알 수 있을 뿐이다. 예를 들면, 음성으로 잘못 예측된 7명의 환자들이 50% 또는 더 낮은 예측확률을 갖게 되는지는 표를 통해서는 알 수 없다. 이상적으로는 두 그룹의 추정확률이 매우 다르기를 바랄 것이다. 즉, 악성림프절이 없는 환자들의 추정확률은 작고, 악성림프절을 가진 경우의 추정확률이 매우 크면 바람직하다.

두 그룹의 개체들을 판별하는 모형의 능력을 재는 측도로 C통계량을 소개한 바 있다. C통계량은 사건이 발생하지 않는 개체보다 사건이 발생한 개체에 더 높은 확률을 부과하며, 서로 다른 관찰된 결과(반응)를 가진 개체들 간의 쌍의 비율로 해석할 수 있다(C통계량은 ROC 곡선 아래의 면적과 같다. 자세한 설명은 Hanley & McNeil(1982) 참조). C통계량은 '0.5'에서 '1'사이의 값을 가지며, 이 값이 '0.5'이면 가정한 모형이 개체를 그룹에 배정하기 위해 동전을 던지는 것보다 낫지 않음을 의미한다. 값이 '1'이면 모형이 항상 사건이 발생하지 않은 개체보다 사건이 발생한 개체에 보다 높은 확률을 배정함을 의미한다.

[그림 3-26]에 의하여 모든 독립변수를 포함한 로지스틱 모형의 C통계량은 '.8455'임을 알 수 있다. 로지스틱 모형에서 한 개체는 악성의 림프절, 나머지 개체는 음성의 림프절로 이루어진 가능한 모든 쌍 중, 85%가 악성의 림프절을 가진 개체에 악성의 림프절을 가질 확률을 더 많이 배정함을 의미한다.

```
. lroc

Logistic model for nodes

number of observations =        53
area under ROC curve   =    0.8455
```

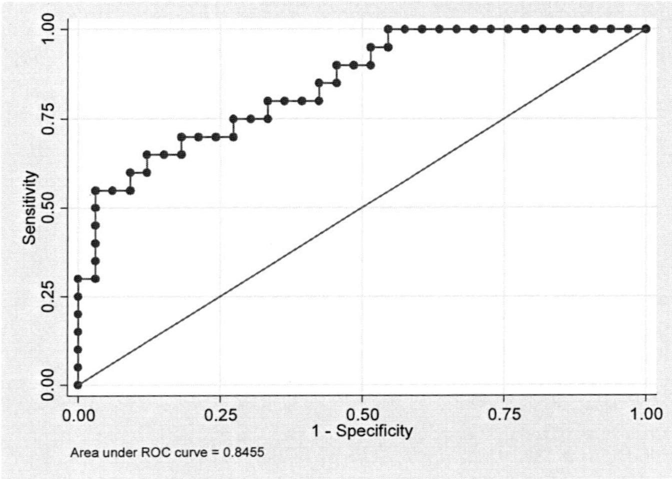

[그림 3-26] ROC 곡선 아래의 면적

(2) 모형 측정

관측값과 예측값이 얼마나 밀접한지를 측정하는 것이다. 즉, 관측값과 추정된 확률값이 확률값의 전 영역에 걸쳐 얼마나 잘 부합하는 지를 평가한다. 모형 측정의 도구로 SPSS에서 제공하는 추정된 확률의 히스토그램과 Stata의 Hosmer-Lemeshow 검정법을 이용한다.

■ 추정된 확률의 히스토그램

```
              Observed Groups and Predicted Probabilities

        4 +  00                                                            +
          |  00                                                            |
          |  00                                                            |
F         |  00                                                            |
R       3 +  00    1          1                                  1         +
E         |  00    1          1                                  1         |
Q         |  00    1          1                                  1         |
U         |  00    1          1                                  1         |
E       2 +  0000  0   11     0       1   11                     1   1     +
N         |  0000  0   11     0       1   11                     1   1     |
C         |  0000  0   11     0       1   11                     1   1     |
Y         |  0000  0   11     0       1   11                     1   1     |
        1 +  000000010000 00100  0    00 000 0      1 1  1 1 1 01  11      +
          |  000000010000 00100  0    00 000 0      1 1  1 1 1 01  11      |
          |  000000010000 00100  0    00 000 0      1 1  1 1 1 01  11      |
          |  000000010000 00100  0    00 000 0      1 1  1 1 1 01  11      |
Predicted ---------------+---------------+---------------+----------------
  Prob:   0             .25              .5             .75               1
  Group:  000000000000000000000000000000001111111111111111111111111111111

          Predicted Probability is of Membership for 1
          The Cut Value is .50
          Symbols: 0 - 0
                   1 - 1
          Each Symbol Represents .25 Cases.
```

[그림 3-27] 추정된 확률의 히스토그램

[그림 3-27]은 림프절에 암이 전이될 확률의 추정값을 히스토그램으로 나타낸 것이다. 각 개체의 표시(Positive: 1, Negative: 0)는 그 개체가 실제로 속한 그룹을 나타낸다. 만약 어떤 모형이 두 그룹을 성공적으로 식별한다면, 사건이 발생한 개체는 '0.5'의 오른쪽에, 그렇지 않은 개체는 '0.5'의 왼쪽에 위치하여야 한다. 두 그룹이 각각 그림의 양쪽 끝부분에 운집할수록 더 좋다.

[그림 3-27]에서 암이 아닌 개체가 림프절에 큰 확률로 추정되어 악성으로 추정된 개체가 하나 있다(확률값이 약 0.88에서 '0'으로 표시된 개체). 반면에 추정된 확률이 '0.25'보다 작은 경우인데 질병이 있는 개체들이 4개 있다.

히스토그램에 나타난 예측 확률을 살펴보면, 개체들을 각 그룹에 배정하는 다른 유용한 법칙이 있을 수 있다. 예를 들어, 대부분 잘못된 분류가 '0.5'근방에서 발생한다면, 이 지역에 있는 개체에 대한 판단을 보류해도 좋을 것이다. 이 예에서 로지스틱 모형의 예측이 옳다고 확신하는 개체에 한해서만 악성 림프절 포함 여부를 예측할 수 있음을 의미한다. 의심스러운 개체에 대해서는 수술을 결정할 수도 있다.

만일 그른 분류로 인한 파급효과가 서로 같지 않다면(예를 들어, 림프절이 실지로 양성인데 음성이라고 하는 것이 반대인 경우보다 더욱 심각하다면), 분류방법을 변경시켜 더 심각한 에러를 줄일 수 있다. 예를 들면, 개체에 대한 추정확률이 단지 '0.3'보다 작을 때만 음성이라고 할 수 있다. 예측된 확률이 나타난 히스토그램을 살펴봄으로써, 어떤 분류법칙이 유용할 지를 알 수 있다(물론 이 모형을 또 다른 자료에 적용한다면, 이 분류법칙이 정확히 같은 분류를 하리라고 기대할 수 없다).

관측도수와 예측도수의 적합도를 측정하기 위해 자주 사용하는 검정법으로 Hosmer & Lemeshow 검정법을 소개하였다. 이 검정법은 공변량패턴 수가 많고 표준적인 적합도 카이제곱 검정을 사용할 수 없을 때에 매우 유용하다. 검정하기 위해 모든 관찰값을 사건이 발생할 확률의 추정값에 근거하여 10개의 동등한 그룹 또는 데사일로 나누어 사건과 비사건의 관측도수와 기대도수와의 차이를 구한다. 이 검정법을 적절하게 사용하려면 표본의 크기가 매우 크고 모든 그룹내의 사건의 기대도수가 "5"를 초과하고 "1"보다 작아서는 안된다. 전립선 암 자료 세트는 크기가 너무 작아 이 검정법이 유용하지 못하므로, 혈류의 치명적 감염인 패혈증으로 인해 병원에 입원한 환자 1085명의 생존자료를 분석한 결과를 인용하기로 한다(SPSS Regression Models 10.0(1999), 63쪽 참조).

이를 산출하기 위한 Stata 명령은 다음과 같다.

[Stata 명령]
.lfit, group(10)

[표 3-28]은 패혈증으로 인한 사망을 추정한 로지스틱 모형에 대한 Hosmer-Lemeshow 적합도검정에 근거한 표이다. 개체들은 추정한 확률값에 근거하여 대략 동수인 10개의 그룹으로 나뉜다. 각 그룹의 개체 수는 "Total(전체)"항에 나타난다. 공변량 패턴의 값이 같은 개체들은 같은 그룹에 속하게 되므로, 각 그룹의 크기는 정확하게 같지는 않다. 각 그룹에 대해 사망관측도수와 사망기대도수 또한 생존관측도수와 생존기대도수가 주어진다. 예를 들어, 첫 번째 그룹의 105명 개체 중, 2명은 사망하고 103명은 생존하였다. 처음 데사일의 105명 개체에 대해 사망 예측 확률값을 더하면, 사망기대도수는 '1.53', 생존기대도수는 '103.47'이 된다.

[표 3-28] Hosmer-Lemeshow 검정에 대한 분할표

	DEAD=.00		DEAD=1.00		Total
	Observed	Expected	Observed	Expected	
1	103	103.471	2	1.529	105
2	103	105.532	6	3.468	109
3	103	103.893	6	5.107	109
4	109	109.991	10	9.009	119
5	90	87.575	8	10.425	98
6	94	96.363	17	14.637	111
7	97	90.847	12	18.153	109
8	84	85.830	26	24.170	110
9	79	73.717	30	35.283	109
10	36	40.781	70	65.219	106

Hosmer & Lemeshow 적합도통계량을 구하려면 각 셀 내에서 개체들의 관측도수(O)와 기대도수(E)사이의 차이를 구한 후, 표의 각 셀에 대해 $(O-E)^2/\mathrm{Var}(\mathrm{O})$를 계산한다. 적합도통계량은 이 통계량을 모든 셀에 대해 합하면 된다. 이 예의 적합도통계량의 값은 [표 3-29]에서 보는 것과 같이 자유도가 8(자유도는 그룹 수에서 2를 빼줌)인 '8.17'이다. 카이제곱값에 대한 p-값이 '0.42'므로, 관측값과 예측값 사이에 아무런 차이가 없다는 귀무가설을 기각하지 않는다. 모형은 데이터를 비교적 잘 적합시킨 것으로 나타난다.

[표 3-29] Hosmer와 Lemeshow 검정결과

단계	카이제곱	자유도	유의확률
1	8.171	8	0.417

Hosmer & Lemeshow 적합도통계량은 개체들이 어떻게 그룹지어 있는 가에 따라 달라진다(같은 데이터 세트에 대해 서로 다른 통계패키지가 각각 다른 값을 산출할 수 있다). 만약 그룹의 수가 적다면, 모형의 적합이 좋지 않더라도 잘 적합되는 것으로 나타날 가능성이 높다. 개체의 수가 매우 많다면 모형의 적합이 좋더라도 Hosmer & Lemeshow 통계량의 값이 커질 수 있다. 왜냐하면 카이제곱 통계량의 값이 표본의 크기에 비례하기 때문이다. 요약하면 Hosmer & Lemeshow 통계량은 모형 측정에 유용한 정보를 제공하지만, 해석할 때 주의하여야 한다.

연습문제 3장

1. 본문의 [표 3−17]에서
   (1) 치료병원 A에서 백인에 대한 기타의 승산비와 그 95% 신뢰구간을 각각 유도하라.
   (2) 치료병원 B에서 백인에 대한 기타의 승산비와 그 95% 신뢰구간을 각각 유도하라.

2. 분석자는 흡연상태(SMOKE)와 체중(WEIGHT)이 맥박(RestingPulse)에 주는 영향에 대해 관심이 있다. 다음의 맥박 자료(n=92)에서 결과변수인 맥박(RestingPulse)과 공변량인 흡연상태(SMOKES)는 각각 두 수준을 가지며, 다른 공변량인 체중(WEIGHT)은 연속형 변수이다(참고로 이 자료는 MINITAB 13.1의 데이터 세트인 “Exh_regr.MTW”)에서 발췌하였다).
   맥박 자료를 이용하여 다음에 답하라.

변수 코드

변수	변수 의미	변수값 의미
RestingPulse	맥박 상태	0 = Low, 1 = High
SMOKE	흡연 상태	0 = No, 1 = Yes
WEIGHT	체중	1 ~ 8

맥박 자료

일련번호	Resting Pulse	Smoke	Weight	일련번호	Resting Pulse	Smoke	Weight
1	0	0	140	47	0	0	150
2	0	0	145	48	1	1	180
3	0	1	160	49	0	0	160
4	0	1	190	50	0	0	135
5	0	0	155	51	0	0	160
6	0	0	165	52	0	1	130
7	1	0	150	53	0	1	155
8	0	0	190	54	0	1	150
9	0	0	195	55	0	0	148
10	0	0	138	56	1	0	155
11	1	1	160	57	0	0	150
12	0	0	155	58	1	1	140
13	1	1	153	59	0	0	180
14	0	0	145	60	0	1	190
15	0	0	170	61	1	0	145
16	0	0	175	62	1	1	150
17	0	1	175	63	0	1	164
18	0	1	170	64	0	0	140
19	0	1	180	65	0	0	142
20	0	0	135	66	1	0	136
21	0	0	170	67	0	0	123
22	0	0	157	68	0	0	155
23	0	0	130	69	1	0	130
24	0	1	185	70	0	0	120
25	1	0	140	71	0	0	130
26	0	0	120	72	1	1	131
27	0	1	130	73	0	0	120
28	1	0	138	74	0	0	118
29	1	1	121	75	0	0	125
30	0	0	125	76	1	1	135
31	1	0	116	77	0	0	125
32	0	0	145	78	1	0	118
33	1	1	150	79	0	0	122
34	0	1	112	80	0	0	115
35	0	0	125	81	0	0	102
36	0	0	190	82	0	0	115
37	0	0	155	83	0	0	150
38	0	1	170	84	0	0	110
39	0	0	155	85	1	0	116
40	0	0	215	86	0	1	108
41	0	1	150	87	1	0	95
42	0	1	145	88	1	1	125
43	0	0	155	89	0	0	133
44	0	0	155	90	0	0	110
45	0	0	150	91	1	0	150
46	0	1	155	92	0	0	108

(1) 공변량이 SMOKE, WEIGHT이고, 종속변수가 RestingPulse인 이분형 로지스틱 회귀모형을 적합한 식을 적고, 유사 R^2을 산출하라.

(2) 분류표를 작성하여, 올바르게 분류할 확률(PCC)의 추정값과 민감도, 특이도를 각각 구하라.

(3) ROC 곡선을 작성하고, 곡선 아래의 면적을 구하여 모형을 판별하라.

3. (문제 2)의 맥박 자료를 이용하여 공변량이 SMOKE, WEIGHT이고, 종속변수가 RestingPulse인 이분형 로지스틱 모형을 적합한 후, 다음 질문에 답하라.

(1) 종속변수 RestingPulse가 1일 확률을 추정하라.

(2) 공변량 패턴에 대한 피어슨 잔차와 편차 잔차(deviance residual)를 산출하고, 피어슨 잔차와 편차 잔차의 정규확률그림을 각각 작성하라.

(3) 케이스 별 피어슨 잔차와 편차 잔차의 그래프를 각각 작성한 후, 개체들을 식별하라.

(4) 공변량 패턴에 대한 모자행렬의 대각선원소(레버리지) hat를 산출하고, 케이스 별 레버리지의 그래프를 작성한 후, 개체들을 식별하라.

(5) 공변량 WEIGHT에 대하여, 케이스 별 WEIGHT 계수 변화의 그림을 작성하라.

(6) 피어슨 잔차 카이제곱 통계량과 편차 카이제곱 통계량을 각각 산출하라.

(7) Hosmer−Lemeshow 적합도 통계량을 산출하고, 가정한 모형이 잘 적합되었는 지를 평가하라.

제4장

다항 로지스틱 회귀모형

지금까지 종속변수가 이분형(dichotomous, binary)인 경우의 로지스틱 회귀모형에 대해 살펴보았다. 이 모형을 확장하여 종속변수의 수준(명목척도인)이 세 개 이상인 경우를 생각하여 보자.

(예) 대기업에서 사원들에게 의료혜택을 제공하기 위하여, 세 종류 중 하나를 선택하도록 하였다. 이를 각각 A, B, C 세 수준인 결과변수 y라 하고, 결과변수 y에 영향을 주는 공변량을 성별(GENDER), 연령(AGE), 소득(INCOME), 가족의 수(FAMILY SIZE) 등이라 하자. 이때 목표는 의료선택의 승산(odds)을 공변량의 함수로 모형화하고, 의료선택의 한 수준을 각각 다른 선택에 대한 승산으로 표현하는 것이다.

(예) 어느 영화사에서 영화 흥행을 위해 관객이 선호하는 영화의 종류를 예측하여, 개인의 연령, 성별, 데이트 성향이 영화의 선호도에 미치는 영향을 추정하고자 한다. 이 결과에 따라 영화사에서는 특정영화에 대해 그 영화를 볼 가능성이 높은 관객 층에 집중적으로 광고할 예정이다.

(예) 생활습관이 3대 성인병(혈압, 당뇨, 암)에 대한 위험요인이 될까? 환자들의 흡연 여부, 식습관, 운동, 음주에 관한 상태를 측정한 네 가지 생활습관 변수를 공변량으로 모형을 구축하면, 어떤 성인병이 발생할 지 예측할 수 있고 적합된 모형으로 각 요인에 대한 승산비를 추정할 수 있다.

결과변수 y의 수준수가 3이상인 모형을 다항(multinomial, polychotomous, polytomous) 로지스틱 회귀모형이라 하며, 경영학 및 계량경제학에서는 이산형 선택(discrete choice) 모형이라 부른다. 물론 다항 로지스틱 회귀모형은 이분형 로지스틱 모형과 유사하지만, 종속변수가 두 개의 범주로 제한되어 있지 않으므로 이분형 로지스틱 모형보다 더 일반적으로 사용할 수 있다.

4.1 로지스틱 회귀모형의 적합

종속변수 Y의 수준수는 $k(\geq 3)$, $(p+1)\times 1$ 벡터 $\boldsymbol{x}=(1,x_1,x_2,\cdots,x_p)'$는 상수항을 포함한 독립변수들이고, $\boldsymbol{n_i}=(n_{i1},\cdots,n_{ik})'$, $i=1,2,\cdots,n$는 $i-$번째 개체의 공변량인 $(p+1)\times 1$ 벡터 $x_i=(1,x_{i1},x_{i2},\cdots,x_{ip})'$에서 종속변수 Y의 각 범주에 대한 도수라고 하자. 또한 다항확률변수 n_i는 모수 $\boldsymbol{\pi_i}=(\pi_{i1},\cdots,\pi_{ik})'$인 다항분포를 따른다고 가정하자.

일반화 로짓모형(generalized logit model)에 근거하여 공변량 $x_i=(1,x_{i1},x_{i2},\cdots,x_{ip})'$에서 종속변수 Y가 j번째 범주일 확률 $\pi_j(\underline{x}_i)$를

$$\pi_j(\underline{x_i}) = \begin{cases} \dfrac{1}{1+\sum_{l=2}^{k}\exp(\underline{\boldsymbol{x_i}}'\beta_l)} & \text{for } j=1 \\ \\ \dfrac{\exp(x_i'\boldsymbol{\beta_j})}{1+\sum_{l=2}^{k}\exp(\boldsymbol{x_i}'\beta_l)} & \text{for } j=2,\cdots,k \end{cases} \tag{4.1}$$

라 정의하며, 여기에서 모수벡터

$$\beta_j=(\beta_{j0},\beta_{j1},\cdots,\beta_{jp}) \quad \text{for } j=2,\cdots,k$$

는 추정할 모수들이다. 참고로 Stata에서는 종속변수의 처음 범주인 $y=0$을 기준범주(reference group, baseline group)로 하고, SPSS 다항 로지스틱 절차는 종속변수의 마지막 범주(문자형인 경우 알파벳 순서) $y=k$를 기준범주로 한다.

식 (4.1)을 로짓의 형태로 표현하면 다음과 같다.

$$\ln\frac{\pi_j(\underline{x_i})}{\pi_1(\underline{x_i})} = \boldsymbol{x}_i{}'\boldsymbol{\beta}_j \text{ for } j=2,\cdots,k$$

> (예) 종속변수(y)의 범주가 0, 1, 2 인 범주형변수라 하자. 이분형 로지스틱 모형에서는 $y=1$ 대 $y=0$의 로짓함수의 형태로 모형화하였지만, 종속변수 y의 범주가 세 개인 로지스틱 모형에서는 두 개의 로짓함수를 필요로 한다. 우선 종속변수 y의 어떤 범주들을 서로 비교하여야 할 지를 결정해야 한다. 편의상 $y=0$을 기준범주로 하여, $y=1$과 $y=2$인 범주를 비교하기 위한 로짓함수를 구하여 보자.

상수항을 포함한 공변량 벡터를 $\boldsymbol{x}_{(p+1)\times 1}$이라 할 때, $y=0$을 기준범주로 한 $y=1$과 $y=2$인 두 로짓함수를 각각

$$g_1(\boldsymbol{x}) = \ln\left[\frac{P(Y=1 \mid \boldsymbol{x})}{P(Y=0 \mid \boldsymbol{x})}\right]$$

$$= \beta_{10}+\beta_{11}x_1+\beta_{12}x_2+\cdots+\beta_{1p}x_p$$

$$= \boldsymbol{x}'\boldsymbol{\beta}_1$$

$$g_2(\boldsymbol{x}) = \ln\left[\frac{P(Y=2 \mid \boldsymbol{x})}{P(Y=0 \mid \boldsymbol{x})}\right]$$

$$= \beta_{20}+\beta_{21}x_1+\beta_{22}x_2+\cdots+\beta_{2p}x_p$$

$$= \boldsymbol{x}'\boldsymbol{\beta}_2.$$

로 정의하며, 여기에서 모수벡터 $\boldsymbol{\beta}_1=(\beta_{10},\beta_{11},\cdots,\beta_{1p})'$ 이고, $\boldsymbol{\beta}_2=(\beta_{20},\beta_{21},\cdots,\beta_{2p})'$ 이다. 따라서, 공변량 벡터($\boldsymbol{x}$)가 주어졌을 때, 종속변수 y가 각 범주에 속할 조건확률은 각각

$$\pi_0(\underline{x}) = P(Y=0 \mid \boldsymbol{x}) = \frac{1}{1+e^{g_1(\boldsymbol{x})}+e^{g_2(\boldsymbol{x})}} \tag{4.2}$$

$$\pi_1(\underline{x}) = P(Y=1 \mid \boldsymbol{x}) = \frac{e^{g_1(\boldsymbol{x})}}{1+e^{g_1(\boldsymbol{x})}+e^{g_2(\boldsymbol{x})}} \tag{4.3}$$

$$\pi_2(\underline{x}) = P(Y=2 \mid \boldsymbol{x}) = \frac{e^{g_2(\boldsymbol{x})}}{1+e^{g_1(\boldsymbol{x})}+e^{g_2(\boldsymbol{x})}} \tag{4.4}$$

가 되며, 이때 각 조건확률은 $2(p+1)$개의 모수벡터 $\boldsymbol{\beta} = (\boldsymbol{\beta_1}', \boldsymbol{\beta_2}')'$ 의 함수가 된다. 종속변수 y의 수준수가 3인 로지스틱 모형에서 조건확률의 식 (4.2)–(4.4)를 다음과 같이 간편하게 표현할 수 있다.

$$P(Y=j \mid \boldsymbol{x}) = \frac{e^{g_j(\boldsymbol{x})}}{\sum_{k=0}^{2} e^{g_k(\boldsymbol{x})}}, \quad j=0,1,2$$

이때 $g_0(\boldsymbol{x}) = 0$이다.

■ 로지스틱 회귀모형의 적합

종속변수 y의 수준수가 3일 때, 모수를 추정하자. 가능도함수를 유도하기 위해 관측값 y의 수준을 나타낼 세 개의 이분형변수(0, 1로 표기됨)를 만든다. 이 변수들은 실제로 다항 로지스틱 모형에 사용하지 않고 다만 가능도함수를 구하기 위해 사용한다. 즉,

$$y=0 \text{ 이면 } y_0=1,\ y_1=0,\ y_2=0$$
$$y=1 \text{ 이면 } y_0=0,\ y_1=1,\ y_2=0$$
$$y=2 \text{ 이면 } y_0=0,\ y_1=0,\ y_2=1$$

이며, 이때 y가 어떤 값이던지 간에 $\sum_{j=0}^{2} y_j = 1$이다. 이 표기법을 이용하여, 서로 독립인 n개의 관측값에 대한 가능도함수는

$$L(\boldsymbol{\beta}) = \prod_{i=1}^{n} \left[\pi_0(x_i)^{y_{0i}}\ \pi_1(x_i)^{y_{1i}}\ \pi_2(x_i)^{y_{2i}}\right]$$

이며, 로그를 취한 로그 가능도함수는

$$l(\boldsymbol{\beta}) = \ln L(\beta) = \sum_{i=1}^{n} \left\{ y_{1i}\, g_1(x_i) + y_{2i}\, g_2(x_i) - \ln\left(1+e^{g_1(x_i)}+e^{g_2(x_i)}\right)\right\}$$

가 된다. 여기에서 $\sum_{j=0}^{2} y_{ji} = 1 \text{ for } i=1,2,\cdots,n$이다.

로그 가능도 함수 $l(\beta)$를 $2(p+1)$개의 모수에 대해 각각 편미분하면, 다음 가능도방정식을 얻는다.

$$\sum_{i=1}^{n} x_{ki}(y_{1i} - \pi_1(\underline{x_i}) = 0 \tag{4.5}$$
$$\sum_{i=1}^{n} x_{ki}(y_{2i} - \pi_2(\underline{x_i}) = 0 \text{ for } k = 0,1,\cdots,p \text{ and } x_{0i} = 1$$

최대가능도 추정량($\hat{\beta}$)은 식 (4.5)를 β에 대해 풀면 되고, 이때 최대가능도 추정량을 얻기 위해 앞에서 언급한 Newton−Raphson 유형의 알고리즘을 사용한다.

4.2 추정된 계수의 유의성 검정 및 해석

유방 뢴트겐선 조영검사(mammography)에 대한 여성들의 지식, 태도, 습성 등에 관련된 요인들을 평가하고자 한다. 종속변수 ME는 세 수준을 가지며, 조영검사의 경험 여부를 나타낸다. [표 4−1]의 ME 자료(n=412)는 Massachusetts 대학의 Zapka, Stoddard, Maul, & Costanza(1991)가 조사한 것을 일부 수정한 것이다.

[표 4−1] ME(Mammography Experience) 자료의 변수 코드

변수명	변수 설명	변수값 설명/코드
ID	ID 코드	1−412
ME	유방 뢴트겐선 조영검사 경험 여부	0=전혀 없음 1=일년 이내 경험 2=경험후 일년 이상 경과
SYMPT	증상이 없으면 유방조영검사가 필요없다.	1=강한 찬성 2=찬성 3=반대 4=강한 반대
PB	유방조영검사를 하여서 파악된 이득	5−17
HIST	모친이나 자매가 유방암이 있었나? (유방암 가력 여부)	0=아니오 1=예
BSE	누군가 당신에게 자가진단법을 알려 주었는가?	0=아니오 1=예
DETC	유방조영검사가 유방암에 걸린 환자를 식별할 수 있을까?	1=그렇지 않다 2=그렇다 3=매우 그렇다

* 변수 PB는 5개 범주형변수들의 합이며 각 변수는 4점 척도로 이루어졌다. 단, 작은 값은 유방조영검사로 인해 많은 이득이 있음을 의미한다.

[그림 4-2]는 ME 자료를 Stata 데이터 편집기에 옮겨 놓은 것이다.

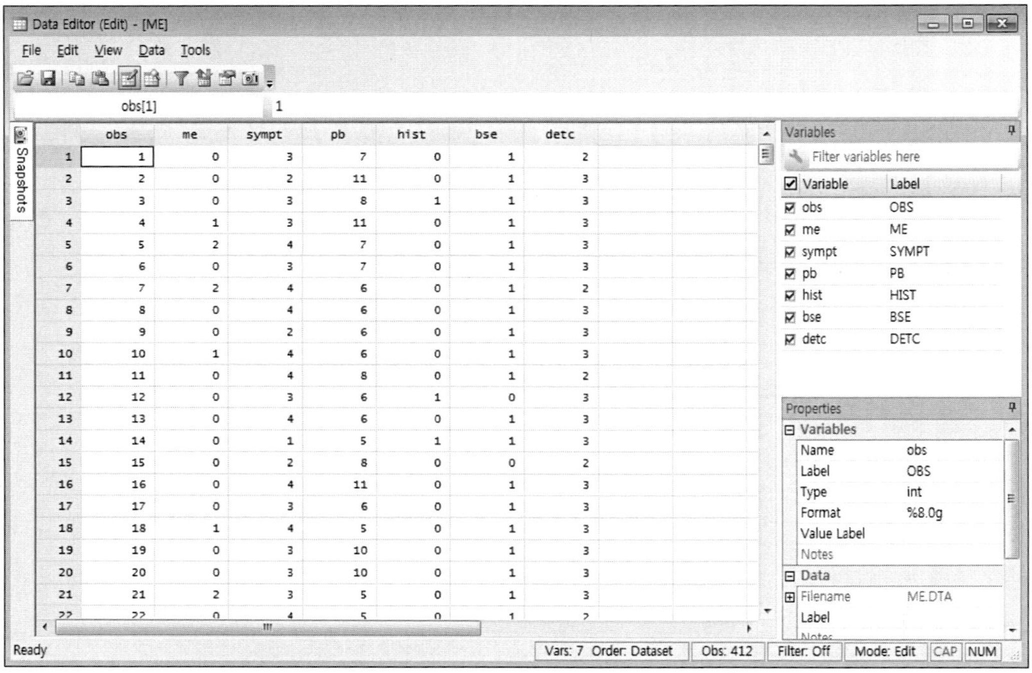

[그림 4-2] MEEXP 자료

다항 로지스틱 모형에서 승산비에 대한 추정 및 해석을 단순화하기 위해, 이분형 로지스틱 모형의 표기법을 일반화하여 공변량값들과 반응변수를 포함하는 모형을 살펴보자. 만약 반응변수 $y=0$인 그룹을 기준범주라면, 공변량 $x=a$ 대 $x=b$에 대한 $y=j$ 대 $y=0$의 승산비는 다음과 같다.

$$\mathrm{OR_j(a,b)} = \frac{\mathrm{P(Y=j\,|\,x=a)/P(Y=0\,|\,x=a)}}{\mathrm{P(Y=j\,|\,x=b)/P(Y=0\,|\,x=b)}}$$

만약 공변량이 이분형(0 또는 1)이면, 표기를 단순화하여 승산비는

$$\mathrm{OR_j} = \mathrm{OR_j(1,0)}$$

이 된다.

공변량이 하나이며 0, 1로 표시되고 종속변수가 이분형인 이분형 로지스틱 모형에서 추정한 기울기는, 종속변수와 공변량을 2×2로 교차 분류한 로그 승산비의 값과 같다. 마찬가지로 종속변수가 세 수준이면 두 개의 로짓함수가 존재하므로, 두 로짓함수에서 각각 추정

된 계수는 결과범주 $y=j,\ \ j=1,\ 2$와 기준범주 $y=0$을 공변량과 2×2로 교차 분류하여 각각 구한 로그 승산비의 값과 같게 된다.

(예) [표 4-3]의 변수 HIST와 변수 ME간의 2*2 교차표에서, 변수 ME=0을 기준범주로 하면 두 승산비는 다음과 같다.

$$\widehat{\mathrm{OR}}_1 = \frac{19 \times 220}{85 \times 14} = 3.51$$

$$\widehat{\mathrm{OR}}_2 = \frac{11 \times 220}{63 \times 14} = 2.74$$

[표 4-3] Me * Hist 교차표

		HIST		전체
		No(0)	Yes(1)	
ME	Within 1 Year(1)	85	19	104
	Over 1 Year(2)	63	11	74
	Never(0)	220	14	234
전체		368	44	412

[그림 4-4]의 Stata 메뉴에서

Statistics > Categorical outcornes > Multinomial logistic regression

을 선택하면 [그림 4-5]의 다항 로지스틱 대화상자가 열린다. [그림 4-5] 대화상자에서 "종속변수"에 ME, "독립변수"에 HIST를 각각 지정하여 실행하면, [표 4-6]의 다항 로지스틱 회귀모형이 적합된 결과가 나타난다. 이때 만약 회귀계수의 추정값 대신 승산비의 추정값 $\widehat{\mathrm{OR}}$을 구하려면, 다음 Stata 명령을 시행하거나, 또는 회귀계수의 추정값에 지수함수를 취하면 된다.

[Stata 명령]

```
. mlogit   me  hist,rrr
```

: 종속변수는 me이고 공변량은 hist인, 다항 로지스틱 모형을 적합하라는 명령이다. 옵션 rrr은 회귀계수의 추정값을 승산비의 형태로 산출하라는 의미이다.

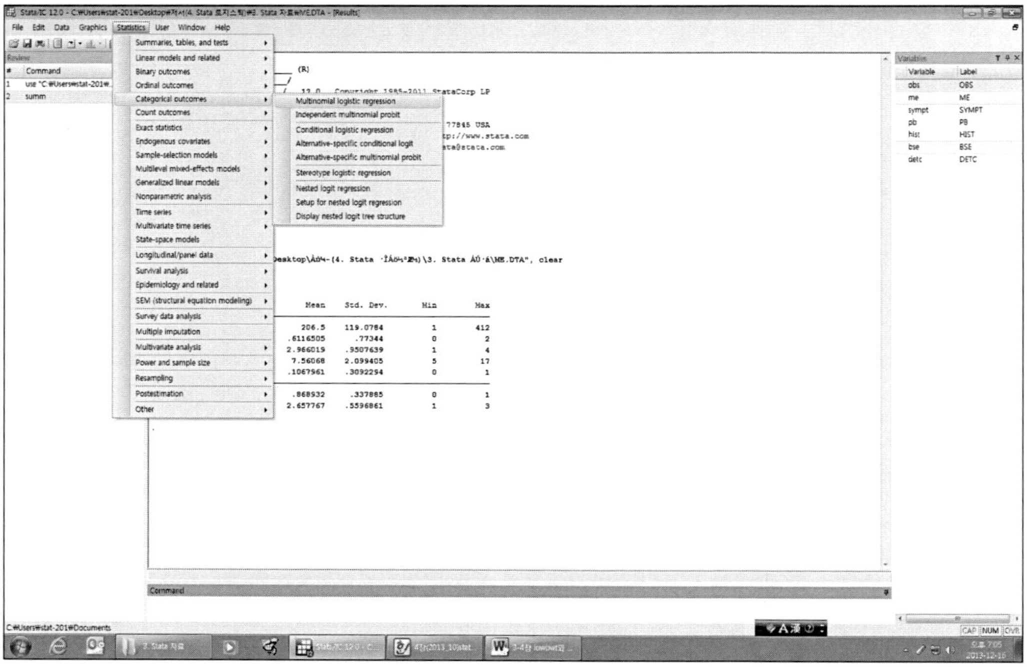

[그림 4-4] 다항 로지스틱 모형의 Stata 메뉴

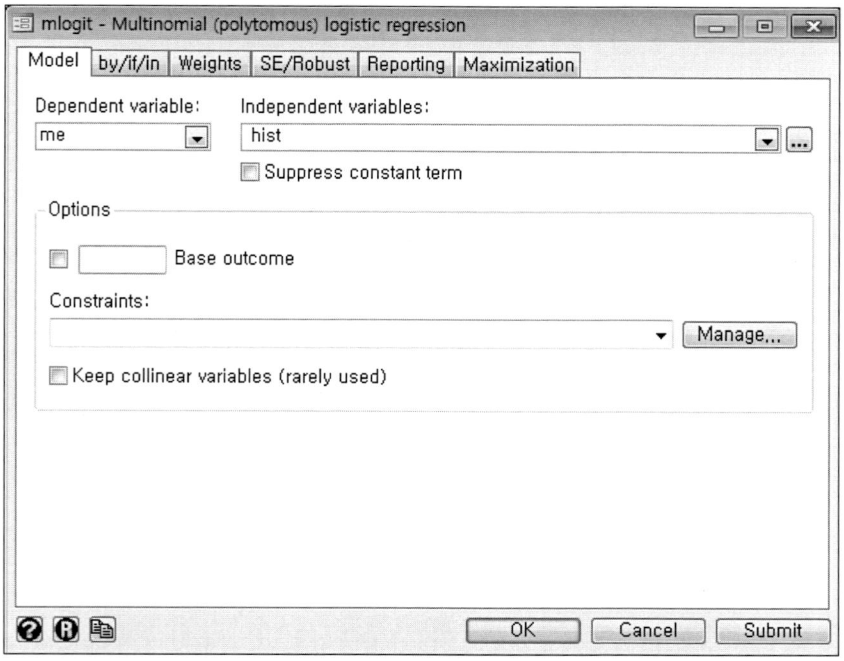

[그림 4-5] 다항 로지스틱 회귀모형

Stata에서 다항 로지스틱 회귀모형을 사용할 때, 종속변수 y 중에서 가장 작은 값이 디폴트로 기준범주가 되며, 반면에 SPSS에서는 가장 큰 값이 디폴트로 기준범주가 된다. 따라서, SPSS에서 종속변수의 다른 값을 기준범주로 하려면, 원자료를 변수 변환하여 사용하여야 한다.

(예) SPSS에서 반응변수 ME의 0(전혀 없음)을 기준범주로 만들기 위해서는, '0'을 '3'으로 변수 변환하여 가장 큰 값으로 만들어 주어야 한다.

RECODE me (0 =3)(else =copy)

[표 4-6]에 나타난 승산비의 추정값은, [표 4-3]의 교차표에서 구한 값과 동일함을 확인할 수 있다. 또한 종속변수와 공변량의 수준수가 각각 2인 경우, 추정된 계수의 표준오차는 각 셀의 빈도수의 역을 모두 더해 근호를 취해 얻는다.

(예) 로짓함수에서 변수 HIST에 대한 추정된 계수의 표준오차는 각각

$$\widehat{\mathrm{SE}}\,(\widehat{\beta_{11}}) = \left(\frac{1}{19} + \frac{1}{220} + \frac{1}{85} + \frac{1}{14}\right)^{0.5} = 0.3747$$

$$\widehat{\mathrm{SE}}\,(\widehat{\beta_{21}}) = \left(\frac{1}{11} + \frac{1}{220} + \frac{1}{63} + \frac{1}{14}\right)^{0.5} = 0.4275$$

이며, 이 수치는 [표 4-6]의 값과 일치함을 알 수 있다.

[표 4-6] 모수 추정값

```
. mlogit me hist

Iteration 0:    log likelihood = -402.59901

Multinomial logistic regression              Number of obs   =      412
                                             LR chi2(2)      =    12.86
                                             Prob > chi2     =   0.0016
Log likelihood = -396.16997                  Pseudo R2       =   0.0160
```

me		Coef.	Std. Err.	z	P>|z|	[95% Conf. Interval]	
0		(base outcome)					
1	hist	1.256357	.3746603	3.35	0.001	.5220368	1.990678
	_cons	−.9509763	.1277112	−7.45	0.000	−1.201286	−.7006669
2	hist	1.009332	.4274998	2.36	0.018	.1714478	1.847216
	_cons	−1.250493	.1428932	−8.75	0.000	−1.530558	−.9704273

```
. mlogit   me  hist,rrr
```

me		RRR	Std. Err.	z	P>|z|	[95% Conf. Interval]	
0		(base outcome)					
1	hist	3.512603	1.316033	3.35	0.001	1.685457	7.320497
	_cons	.3863636	.049343	−7.45	0.000	.3008072	.4962543
2	hist	2.743767	1.17296	2.36	0.018	1.187022	6.342139
	_cons	.2863636	.0409194	−8.75	0.000	.2164148	.3789211

승산비에 대한 신뢰구간은, 종속변수가 이분형인 경우와 같은 방법으로 구할 수 있다. 먼저 회귀계수에 대한 신뢰구간을 구한 뒤, 승산비에 대한 신뢰구간을 구하기 위하여 이 값에 지수함수를 취한다.

(예) ME=1과 ME=0간의 승산비에 대한 95% 신뢰구간은 다음과 같다.

$$\exp(1.256 \pm 1.96 \times 0.3747) = (1.685,\ 7.320)$$

ME=2 와 ME=0 간의 승산비에 대한 신뢰구간도 같은 방법으로 구할 수 있다. 추정된 승산비와 이에 대응하는 신뢰구간의 해석도 역시 이분형 로지스틱 모형에서의 해석과 동일하며, 어떤 경우에는 추정된 두 승산비의 크기를 비교할 필요도 있다. [표 4-6]에 근거하여 변수 HIST에 관한 효과를 해석하여 보자.

(1) 변수 HIST=1인 여성들이 지난 일년 내에 유방 뢴트겐 조영검사를 경험한(ME=1) 승산이, 변수 HIST=0인 여성들의 승산에 비해 3.5배나 컸다. 즉, 유방암 가력이 있는 여성들

(HIST=1)이 가력이 없는 여성들(HIST=0)에 비해 지난 일년 내에 유방조영검사를 받을 (ME=1) 가능성이 3.5배나 높다. 또한 95% 신뢰구간을 통해 승산비가 약 1.7배에서 7.3 배임을 알 수 있다.

(2) 변수 HIST=1인 여성들이 일년 전 또는 더 오래 전에 유방 뢴트겐 조영검사를 경험한 (ME=2) 승산이 변수 HIST=0인 여성들의 승산에 비해 2.7배나 컸다. 다시 말하면, 유방암 가력이 있는 여성들(HIST=1)은 없는 여성들(HIST=0)에 비해 유방조영검사를 받은 지 1년 이상(ME=2) 될 가능성이 2.7배나 많았다. 또한 승산비에 관한 95% 신뢰구간은 약 1.2배에서 6.3배에 이른다. 따라서 유방조영검사 ME를 경험하는데 유방암 가력 HIST가 중요한 요인임을 알 수 있다.

두 승산비의 동일성($\mathrm{OR}_1 = \mathrm{OR}_2$) 을 검정하는 것은 $\mathrm{ME} = 2$ 대 $\mathrm{ME} = 1$의 로그 승산비의 값이 '0'인 지를 검정하는 것과 같다. 두 기울기 계수 차이의 점 추정값과 구간 추정값을 얻는 단순한 방법은 로지스틱 회귀모형에서 추정한 두 기울기 계수들의 차이를 구하는 것이다.

> (예) [표 4-3]의 빈도수와 [표 4-6]의 추정된 계수들을 이용하여 다음과 같이 두 기울기 계수의 차이를 추정한다.

$$\begin{aligned}\widehat{\beta_{21}} - \widehat{\beta_{11}} &= 1.009 - 1.256 \\ &= -0.247 \\ &= \ln\left(\frac{11 \times 85}{19 \times 63}\right)\end{aligned}$$

또한 두 계수의 차이$(\widehat{\beta_{21}} - \widehat{\beta_{11}})$ 에 대한 분산의 추정량은

$$\widehat{\mathrm{Var}}(\widehat{\beta_{21}} - \widehat{\beta_{11}}) = \widehat{\mathrm{Var}}(\widehat{\beta_{21}}) + \widehat{\mathrm{Var}}(\widehat{\beta_{11}}) - 2\widehat{\mathrm{Cov}}(\widehat{\beta_{21}}, \widehat{\beta_{11}})$$

이며, 이때 두 분산들과 공분산에 대한 추정값들은 Stata 결과의 추정된 분산-공분산행렬에서 구할 수 있다. 이 행렬의 형태는 이분형 로지스틱 모형과는 조금 다르게 표현되는데, 즉 각 로짓에 대해 계수 추정값의 두 분산-공분산 행렬과 세 번째로는 다른 로짓에서 얻은 계수 추정값의 분산-공분산행렬이다.

[표 4-7] [표 4-6]에 근거한 모형의 분산-공분산행렬

		Logit 1		Logit 2	
		HIST	절편	HIST	절편
Logit 1	HIST	0.1404			
	절편	−0.0163	0.0163		
Logit 2	HIST	0.0760		0.1828	
	절편	−0.0045	0.0045	−0.0204	0.0204

[표 4-7]은 [표 4-6]의 모형에 근거하여 구한 분산-공분산 행렬이다. Logit 1은 ME=1 대 ME=0에 대한 로짓함수이며, Logit 2는 ME=2 대 ME=0에 대한 것이다. [표 4-7]의 결과를 이용하여 추정된 두 계수의 차이에 대한 분산을 추정하면

$$\widehat{\mathrm{Var}}\,(\widehat{\beta_{21}}-\widehat{\beta_{11}}) = 0.1404+0.1828-2(0.0760) = 0.1712$$

이므로, 추정된 두 계수의 차이에 대한 95% 신뢰구간은 다음과 같다.

$$-0.247 \pm 1.96 \times \sqrt{0.1712} = (-1.058,\ 0.564)$$

신뢰구간이 '0'을 포함하기 때문에 ME=1에 대한 로그 승산이 ME=2에 대한 로그 승산과 다르다고 결론지을 수 없다. 또한 두 기울기 계수 차이의 점 추정값 및 구간 추정값에 지수함수를 취해 승산비 형태로 표현할 수 있다.

> (예) ME=2 대 ME=1의 승산비는 $\widehat{\mathrm{OR}} = \exp(-0.247) = 0.781$ 이고, 이 승산비에 대한 신뢰구간은 (0.347, 1.758)이다. 유방암 가력이 있는 여성들(HIST=1)이 가력이 없는 여성들(HIST=0)에 비해 일년 전 또는 더 오래 전에 유방조영검사를 받을(ME=2) 가능성이 일년 이내에 받을((ME=1) 가능성에 비해 22%나 떨어진다. 즉, $\widehat{\mathrm{OR}_2} \approx 0.78 \times \widehat{\mathrm{OR}_1}$ 이다.

만약 모든 공변량에 대해 두 승산의 차이가 없으면, 종속변수의 범주 ME=1과 ME=2를 합해 이분형 반응변수("경험 있음" 대 "경험 없음")로 만들 수 있다. 또한 공변량이 많은 모형에서 범주를 합하는 문제는 많은 계산을 필요로 한다.

두 개의 월드 통계량을 계산하여 각 독립변수가 갖는 중요성을 검정할 수 있지만, 그러나

여러 독립변수들의 유의성을 검정하기 위해서는 가능도비 검정을 추천한다. 예를 들어, 변수 HIST에 대한 계수의 유의성을 검정하기 위해서는 각각의 로짓함수에 대해 변수 HIST를 포함한 모형의 로그 가능도와 상수항 만을 포함한 모형의 로그 가능도를 비교한다. 계수들이 '0'이라는 귀무가설 하에서 로그 가능도의 변화량에 −2를 곱한 것은 자유도가 '2'인 카이제곱 분포를 따른다. 다음 예를 보자.

(예) [표 4−6]을 이용한 변수 HIST에 대한 가능도비 검정

(1) 상수항만 있는 모형의 로그가능도의 값

$$l_0 = -402.599$$

(2) 상수항과 변수 Hist를 포함한 모형의 로그가능도의 값

$$l_1 = -396.17$$

따라서 가능도비 검정 통계량 G는

$$G = -2[-402.599 - (-396.17)] = 12.86$$

이며, 이때 p−값은 0.0002이다. 그러므로 변수 HIST는 여성들이 유방조영검사를 받으려는 결정에 유의한 공변량이다.

일반적으로 공변량에 대한 계수들의 유의성을 검정하는 가능도비 검정에 대한 자유도는

(종속변수의 범주의 수−1)×(각 로짓에서 공변량들에 대한 자유도)

이다.

(예) 종속변수가 4개의 범주로 이루어져 있고 하나의 공변량이 연속형이면, 자유도는 $(4-1)\times 1 = 3$이다. 만일 공변량이 5개 수준으로 코드화되면, 공변량은 각 로짓 내에 네 개의 가변수들로 이루어졌기 때문에 검정에 대한 자유도는 $(4-1)\times(5-1) = 12$이다. 종속변수의 기준범주와 나머지 범주를 비교하기 위해 하나의 로짓을 모형화한다는 것을 고려하면 쉽게 계산할 수 있다.

[표 4-10] Me * DETC 교차표

		DETC			전체
		Not likely(1)	Somewhat likely(2)	Very likely(3)	
ME	Within 1 Year(1)	1	12	91	104
	Over 1 Year(2)	4	16	54	74
	Never(0)	13	77	144	234
전체		18	105	289	412

다분형 공변량에 대하여 승산비의 개수를 늘려 가능한 모든 로짓함수에 대해, 공변량의 기준수준(reference level)에 대한 다른 각 수준을 비교하여 보자. [표 4-10]은 종속변수 ME와 공변량 detc를 교차 분류한 것이다. 이를 이용하여, 다음 예를 보자.

(예) 종속변수 ME에 대하여

ME = 0 : 기준범주

다분형 공변량 detc에 대하여

detc = 1 : 기준수준

으로 하여, 다음 네 개의 승산비를 산출한다. 이를 산출하기 위한 Stata 명령은 다음과 같다.

[Stata 명령]

```
. mlogit  me i.detc
. mlogit  me i.detc,rrr
```

: 종속변수는 me이고 공변량은 detc이며, 이때 공변량 detc 대신 i.detc를 사용한 이유는 공변량 detc의 수준수가 3이므로 기준수준을 1로 하는 두 가변수를 자동으로 만들어, 다항 로지스틱 모형을 적합하라는 명령이다. 옵션 rrr은 회귀계수의 추정값을 승산비의 형태로 산출하라는 의미이다.

$$\widehat{\mathrm{OR}}_1(2,1) = \frac{13 \times 12}{77 \times 1} = 2.03$$

$$\widehat{\mathrm{OR}}_1(3,1) = \frac{13 \times 91}{144 \times 1} = 8.22$$

$$\widehat{\mathrm{OR}}_2(2,1) = \frac{13 \times 16}{77 \times 4} = 0.68$$

$$\widehat{\mathrm{OR}}_2(3,1) = \frac{13 \times 54}{144 \times 4} = 1.22$$

[표 4-11] 로지스틱 회귀모형의 모수 추정값

```
. mlogit me  i.detc
  Iteration 0:    log likelihood = -402.59901

  Multinomial logistic regression                    Number of obs    =       412
                                                     LR chi2(4)       =     26.80
                                                     Prob > chi2      =    0.0000
  Log likelihood = -389.20054                        Pseudo R2        =    0.0333
```

me		Coef.	Std. Err.	z	P>|z|	[95% Conf.	Interval]
0		(base outcome)					
1	detc						
	2	.7060494	1.083163	0.65	0.515	−1.416911	2.82901
	3	2.105994	1.046353	2.01	0.044	.0551794	4.156809
	_cons	−2.564948	1.037749	−2.47	0.013	−4.598898	−.5309985
2	detc						
	2	−.3925617	.634358	−0.62	0.536	−1.635881	.8507572
	3	.1978257	.5936211	0.33	0.739	−.9656503	1.361302
	_cons	−1.178655	.5717719	−2.06	0.039	−2.299307	−.0580027

[표 4-12] 로지스틱 회귀모형의 승산비 추정값

```
. mlogit me  i.detc, rrr
```

me		RRR	Std. Err.	z	P>|z|	[95% Conf.	Interval]
0		(base outcome)					
1	detc						
	2	2.025972	2.194458	0.65	0.515	.2424618	16.92869
	3	8.215268	8.596073	2.01	0.044	1.05673	63.86742
	_cons	.0769232	.0798269	−2.47	0.013	.0100629	.5880176
2	detc						
	2	6753247	.4283976	−0.62	0.536	.1947808	2.341419
	3	1.21875	.7234758	0.33	0.739	.3807355	3.901269
	_cons	.3076923	.1759298	−2.06	0.039	.1003283	.9436474

이 자료를 로지스틱 모형에 적합한 결과는 [표 4-11]과 [표 4-12]에 있으며, 로짓 1에 대한 승산비는 ME=0과 ME=1에 해당하는 두 행을, 로짓 2에 대한 승산비는 ME=0과 ME=2에 해당하는 두 행을 참고하면 된다. 물론 추정된 계수에 지수함수를 취하여도, 네 종류의 승산비를 산출할 수 있다.

공변량 DETC의 유의성을 평가하기 위해 −2×(상수항 만을 포함한 모형의 로그 가능도와 변수 DETC를 포함한 모형의 로그 가능도의 차이)를 계산한다. 이때 검정통계량 값은

$$G = -2 \times [-402.5990 - (-389.2005)] = 26.80$$

이며, 자유도가 '4'이므로 p-값은 '0.001'보다 작게 된다. 따라서 유방암을 식별하기 위한 유방조영검사의 능력에 대한 여성들의 판단(DETC)이 유방조영검사를 받을 결정(ME)에 유의하게 관련되었다고 할 수 있다.

승산비들과 그 신뢰구간의 추정값에 의하면, 최근 일년 이내에 유방조영검사를 받은 여성들(ME=1)과 전혀 받지 않은 여성들(ME=0)에 대해 유방조영검사를 하면 새로운 유방암 환자를 발견하지 "못할 것 같음"(DETC=1) 과 "매우 잘 찾을 것 같음"(DETC=3)을 비교할 경우, 공변량 DETC의 관련성이 가장 크다는 것을 알 수 있다. 이는 조영검사가 유방암을 매우 잘 탐지하리라고 믿는 여성들(DETC=3)이 최근 일년 내에 이 검사를 받은 승산(ME=1)이 이 조영검사가 유방암 환자를 탐지하지 못할 것 같다고 느끼는 여성들(DETC=1)이 최근 일년 내에 이 검사를 받은(ME=1) 승산보다 8.22배나 크다고 해석할 수 있다. 그 외의 다른 승산비에 대한 신뢰구간들은 '1.0'을 포함한다. 또한 종속변수 ME=1 대 ME=0의 로짓에 대한 신뢰구간의 폭이 상당히 넓은 이유는, [표 4-10]의 셀에 '1'이 있기 때문이다. 즉, 표준오차의 추정값은 셀 빈도수들의 역수의 합에 근호를 씌우기 때문이다.

(예) 로짓 1에서 공변량 detc=3 대 detc=1의 로그 승산에 대한 계수의 표준오차를 추정하면

$$\widehat{\mathrm{SE}}(\widehat{\beta_{12}}) = \sqrt{\frac{1}{13} + \frac{1}{91} + \frac{1}{144} + \frac{1}{1}} = 1.0464$$

이다.

두 로짓함수가 다른 지의 여부를 검정하기 위해 공변량 HIST의 경우와 같은 방법으로 공

변량 DETC의 반응에 대한 두 개의 승산을 비교할 수 있다. 상세한 내용은 생략하지만, 분석결과는 자유도가 2인 카이제곱 검정을 통해 p-값이 '0.045'가 된다. 따라서 공변량 DETC에 관해서는 범주 ME=1과 ME=2를 합하여 하나의 범주로 할 수 없다고 결론내린다. DETC에 대한 결과가 HIST의 것과 다르다는 사실을 감안하면, 종속변수의 범주의 수를 줄이는 결정은 자료에 대한 철저한 모형화가 이루어지기 전까지는 유보하여야 한다.

한편 연속형 공변량이 로짓에서 선형으로 모형화되면, 각 로짓함수에서 단일 추정값을 가진다. 만약 계수의 추정값에 지수를 취하면, 이 값은 공변량의 단위 변화에 대한 승산비의 추정값이 된다. 따라서 2장에서 언급한 단위 변화 또는 임상적으로 의미있는 공변량 변화에 대한 승산비의 추정을, 다항 로지스틱 회귀모형의 로짓함수에 바로 적용할 수 있다.

4.3 다항 로지스틱 모형의 모형설정 전략

종속변수가 다분형일 때의 모형설정 전략 및 방법은 원칙적으로 3장에서 다룬 종속변수가 이분형인 경우와 동일하다. 5개의 공변량을 가진 n=412인 ME 자료에서, 변수들을 모형에 어떻게 포함하여야 하고 해석할 지를 알아보자.

(1) 공변량 SYMPT는 순서형으로 4개 수준을 가지므로, 통상적으로 이런 형태의 변수는 범주형으로 분석한다. 공변량 SYMPT를 세 개의 계획변수(또는 가변수)로 입력하고, "강한 찬성"을 기준수준으로 선택한다.
(2) 공변량 DETC는 순서형으로 3개의 수준이므로, DETC의 수준 중 "그렇지 않다"를 기준수준으로 사용하고 두 계획변수를 갖는 다분형변수로 취급한다. 이런 순서형 변수를 연속형으로 다루기보다는 오히려 계획변수로 하는 근거는 계획변수들의 계수들을 그려봄으로써 각 수준들에 대한 로짓의 함수 형태를 평가할 수 있기 때문이다.
(3) 공변량 PB는 연속형이며 선형으로 다룬다.
(4) 공변량 HIST는 이분형이다.
(5) 공변량 BSE는 이분형이다.

[그림 4-13]의 대화상자에서 종속변수와 독립변수를 지정하고 "확인"을 누르면, [표 4-14]의 모든 변수를 포함한 모형을 적합시킨 결과가 출력되는 데, 이를 산출하기 위한 Stata 명령은 다음과 같다.

[Stata 명령]

. mlogit me i. sympt pb hist bse i.detc

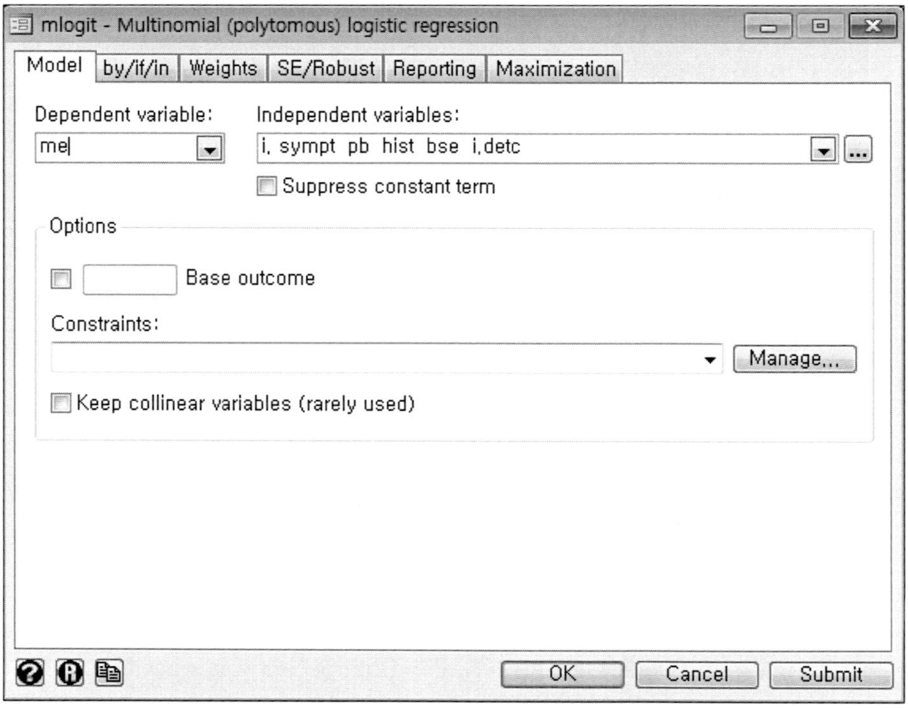

[그림 4-13] 다항 로지스틱 모형 대화상자

[표 4-14]의 월드 통계량을 조사한 결과 공변량 DETC을 제외한 나머지 모든 공변량들은 모형에 기여하고 있음을 알 수 있다. 당분간 모형 안에 모든 변수를 그대로 남겨두고 공변량 SYMPT의 표기에 대해 알아보자.

공변량 SYMPT의 한 수준인 “찬성” 대 기준수준인 “강한 찬성”에 대한 로그 승산비를 추정한 값인 가변수 [SYMPT=2]의 추정계수가 유의하지 않으므로 (각각 p-값이 0.905, 0.652), 공변량 SYMPT의 두 수준은 동일하다고 판단한다. 계획변수 [SYMPT=3]과 [SYMPT=4]에 대한 추정된 계수의 크기를 보면, “반대” 대 “강한 찬성”에 대해서 뿐만 아니라 “강한 반대” 대 “강한 찬성”에 대한 로그 승산비도 유의함을 알 수 있다. 또한 두 로짓 함수에서 추정한 두 로그 승산비의 값이 서로 비슷하다.

[표 4-14] 모수 추정값과 월드 통계량의 p-값

. mlogit me i. sympt pb hist bse i.detc

Multinomial logistic regression	Number of obs	=	412
	LR chi2(16)	=	111.30
	Prob > chi2	=	0.0000
Log likelihood = −346.95096	Pseudo R2	=	0.1382

me		Coef.	Std. Err.	z	P>|z|	[95% Conf.	Interval]
0		(base outcome)					
1	sympt						
	2	.1100371	.9227608	0.12	0.905	−1.698541	1.918615
	3	1.924708	.7775975	2.48	0.013	.4006448	3.448771
	4	2.456993	.7753323	3.17	0.002	.9373692	3.976616
	pb	−.2194368	.0755139	−2.9	0.004	−.3674413	−.0714323
	hist	1.366239	.4375196	3.12	0.002	.5087162	2.223762
	bse	1.291666	.529891	2.44	0.015	.2530991	2.330234
	dets						
	2	.0170196	1.161896	0.01	0.988	−2.260255	2.294294
	3	.9041367	1.126822	0.80	0.422	−1.304393	3.112666
	_cons	−2.998748	1.53922	−1.95	0.051	−6.015564	.0180672
2	sympt						
	2	−.2900834	.6440636	−0.45	0.652	−1.552425	.972258
	3	.8173135	.5397921	1.51	0.130	−.2406597	1.875287
	4	1.132239	.5476704	2.07	0.039	.0588251	2.205654
	pb	−.1482068	.0763686	−1.94	0.052	−.2978866	.0014729
	hist	1.065437	.459396	2.32	0.020	.165037	1.965836
	bse	1.052144	.5149894	2.04	0.041	.0427837	2.061505
	dets						
	2	−.9243929	.7137382	−1.30	0.195	−2.323294	.4745083
	3	−.6905329	.6871078	−1.00	0.315	−2.037239	.6561736
	_cons	−.9860912	1.111832	−0.89	0.375	−3.165242	1.193059

(예) 월드 통계량을 사용하여 각 로짓내의 [sympt=3]과 [sympt=4]에 대한 계수들이 동일한지를 검정하라.

풀이 각 로짓내의 두 계수들이 동일한지를 검정하는 Stata 명령과 그 결과는 각각 다음과 같다.

[Stata 명령]

```
. lincom  [1] 3.sympt − [1] 4.sympt
. lincom  [2] 3.sympt − [2] 4.sympt
```

[Stata 결과]

[1]3.sympt − [1]4.sympt = 0

me	Coef.	Std. Err.	z	P>|z|	[95% Conf.	Interval]
(1)	−.5322847	.2937269	−1.81	0.070	−1.107979	.0434094

[2]3.sympt − [2]4.sympt = 0

me	Coef.	Std. Err.	z	P>|z|	[95% Conf.	Interval]
(1)	−.3149259	.3264944	−0.96	0.335	−.9548432	.3249915

두 검정 결과 첫째 로짓에 대한 p−값은 ‘0.070’, 두 번째 로짓에 대한 p−값은 ‘0.335’이므로, 두 로짓의 동일성을 기각하지 못한다.

이 결과에 의해 공변량 SYMPT의 “강한 찬성”과 “찬성”은 ‘1’, “반대”와 “강한 반대”는 ‘2’로 재기호화하여 SYMPTD라는 이분형 변수를 생성하였다. 이분형 변수를 생성하는 명령과 그 결과가 [그림 4−15]에 있다.

[Stata 명령]

```
. recode  sympt (1/2=1) (3/4=2), gen(symptd)
```

[SPSS 명령]

```
RECODE sympt(1,2=1)(3,4=2) into symptd
```

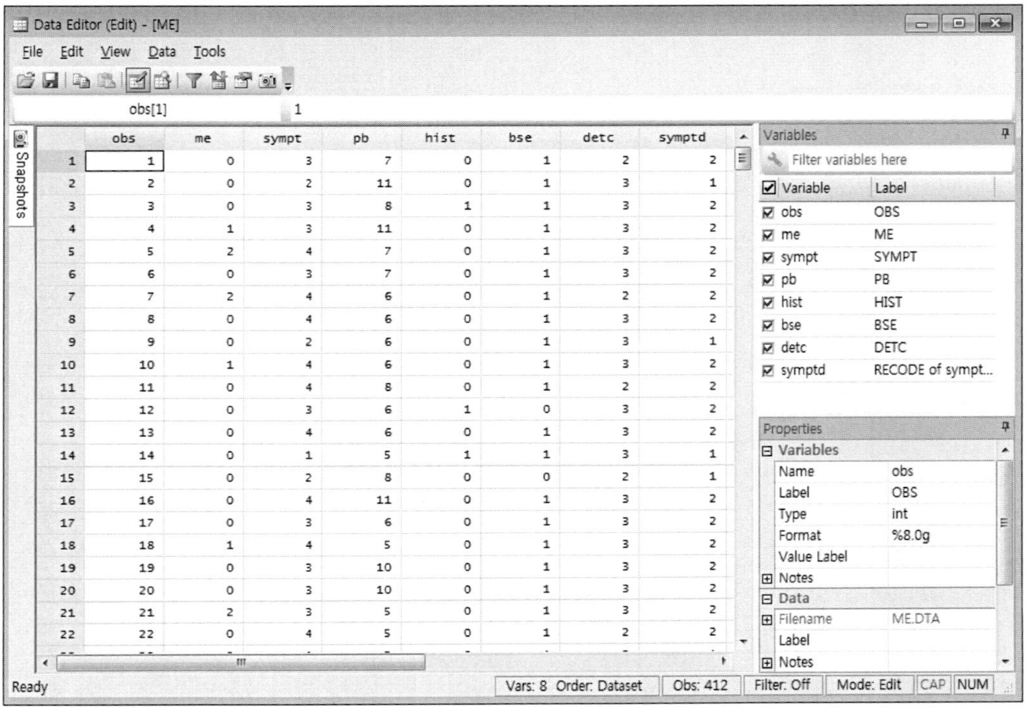

	obs	me	sympt	pb	hist	bse	detc	symptd
1	1	0	3	7	0	1	2	2
2	2	0	2	11	0	1	3	1
3	3	0	3	8	1	1	3	2
4	4	1	3	11	0	1	3	2
5	5	2	4	7	0	1	3	2
6	6	0	3	7	0	1	3	2
7	7	2	4	6	0	1	2	2
8	8	0	4	6	0	1	3	2
9	9	0	2	6	0	1	3	1
10	10	1	4	6	0	1	3	2
11	11	0	4	8	0	1	2	2
12	12	0	3	6	1	0	3	2
13	13	0	4	6	0	1	3	2
14	14	0	1	5	1	1	3	1
15	15	0	2	8	0	0	2	1
16	16	0	4	11	0	1	3	2
17	17	0	3	6	0	1	3	2
18	18	1	4	5	0	1	3	2
19	19	0	3	10	0	1	3	2
20	20	0	3	10	0	1	3	2
21	21	2	3	5	0	1	3	2
22	22	0	4	5	0	1	2	2

[그림 4-15] 변수 Sympt를 변환한 자료

변수 SYMPTD를 사용하기로 결정한 이유는 네 번의 월드 검정을 각각 한 결과이다. 이 중에서 두 검정은 변수 [SYMPT=2]의 계수가 '0'인 지를, 다른 두 검정은 변수 [SYMPT=3]과 [SYMPT=4]의 계수가 동일한 지를 검정한 것이다. 전체 자유도가 4인 월드 통계량의 값은 '3.58', 이에 해당하는 p-값은 "0.466"이다. 이 월드 검정법은 [표 4-16]의 모형과 [표 4-14]의 모형을 비교하는 가능도비 검정법과 비슷하다. 이 검정통계량의 값은

$$G = -2[-348.7480 - (-346.9510)]$$

$$= 3.5940$$

이며, 자유도가 4인 카이제곱 분포에 근거한 p-값은 '0.464'이다. 그러므로 다소 복잡한 모형이 이를 단순화한(즉, 변수 SYMPTD를 사용한) 모형보다 더 좋다고 말할 수 없다.

[표 4-16] 변수 Symptd를 사용한 모형의 적합

```
. mlogit   me symptd pb hist bse i.detc

Multinomial logistic regression                 Number of obs   =        412
```

	LR chi2(12)	=	107.70
	Prob > chi2	=	0.0000
Log likelihood = −348.74797	Pseudo R2	=	0.1338

me		Coef.	Std. Err.	z	P>|z|	[95% Conf.	Interval]
0		(base outcome)					
1	symptd	2.09534	.4573975	4.58	0.000	1.198857	2.991822
	pb	−.2510121	.0729327	−3.44	0.001	−.3939575	−.1080667
	hist	1.293281	.4335351	2.98	0.003	.4435674	2.142994
	bse	1.243974	.5263056	2.36	0.018	.2124338	2.275514
	detc						
	2	.0902703	1.161023	0.08	0.938	−2.185293	2.365834
	3	.9728095	1.126269	0.86	0.388	−1.234638	3.180257
	_cons	−4.799084	1.631113	−2.94	0.003	−7.996006	−1.602161
2	symptd	1.121365	.3571979	3.14	0.002	.4212696	1.82146
	pb	−.1681062	.0741724	−2.27	0.023	−.3134815	−.0227309
	hist	1.014055	.4538042	2.23	0.025	.1246152	1.903495
	bse	1.02859	.5139737	2.00	0.045	.0212204	2.03596
	detc						
	2	−.9021328	.7146177	−1.26	0.207	−2.302758	.4984923
	3	−.6698223	.687579	−0.97	0.330	−2.017452	.6778078
	_cons	−2.120132	1.214402	−1.75	0.081	−4.500317	.2600527

다음은 모형에서 공변량 DETC의 역할을 평가하는 것이다. [표 4−16]을 보면 4개의 월드 통계량 모두 유의하지 않음을 알 수 있다. 따라서 공변량 DETC를 모형에서 제거한 뒤, 재적합시켜 [표 4−17]의 결과를 얻었다. 이를 산출하는 Stata 명령은 다음과 같다.

[Stata 명령]

```
.mlogit me symptd pd hist bse
```

[표 4−17] 변수 DETC를 제거한 모형의 결과

```
. mlogit  me symptd pb hist bse
```

Multinomial logistic regression	Number of obs	=	412
	LR chi2(8)	=	99.16
	Prob > chi2	=	0.0000
Log likelihood = −353.01904	Pseudo R2	=	0.1231

me		Coef.	Std. Err.	z	P>|z|	[95% Conf.	Interval]
0		(base outcome)					
1	symptd	2.230428	.4519582	4.94	0.000	1.344606	3.11625
	pb	−.2825439	.071349	−3.96	0.000	−.4223855	−.1427024
	hist	1.29663	.4293032	3.02	0.003	.4552112	2.138049
	bse	1.22096	.5210419	2.34	0.019	.1997363	2.242183
	_cons	−4.019192	1.145927	−3.51	0.000	−6.265167	−1.773216
2	symptd	1.153122	.3513753	3.28	0.001	.464439	1.841805
	pb	−.1577922	.0711783	−2.22	0.027	−.297299	−.0182853
	hist	1.061324	.4526774	2.34	0.019	.1740928	1.948556
	bse	.9603821	.5072023	1.89	0.058	−.0337162	1.95448
	_cons	−2.895262	1.003603	−2.88	0.004	−4.862288	−.9282363

공변량의 계수에서 가장 큰 변화가 일어난 것은, 로짓 1에서 공변량 PB의 추정값이 12.7% 감소(−0.251에서 −0.283으로) 하였고, 그 다음 가장 큰 변화는 로짓 2에서 공변량 PB의 추정값이 6% 증가한 것이다. 또한 변수 detc를 검정하기 위한, [표 4−17]의 모형 대 [표 4−16]의 모형의 가능도비 검정값은 $G=8.5420$, 이 p−값은 "0.074"이므로, 5% 유의수준으로 가능도비 검정은 유의하지 않으므로 변수 DETC를 모형에서 제거할 수 있다.

그렇지만 변수 DETC의 기준수준인 [DETC=1]인 빈도수는 단지 '18'이므로, 변수 DETC를 두 범주로 나누어 보자. 변수 DETC의 세 범주 중 "그렇지 않다" 와 "그렇다"를 합쳐 '0'으로, "매우 그렇다"를 '1'로 하는 이분형변수 DETCD를 생성한다. 이를 산출하는 Stata 명령은 다음과 같다.

```
[Stata 명령]
. recode   detc  (1/2=0)  (3=1),  gen(detcd)
```

[표 4−18]은 이분형변수 DETCD를 사용한 결과이다. 변수 DETCD의 계수에 대한 p−값은 로짓 1에서는 '0.013', 로짓 2에서는 '0.720'이다. 그런데 변수 detcd를 검정하기 위한, [표 4−18]의 모형 대 [표 4−17]의 모형에 대한 가능도비 검정값은 $G=6.9054$, p−값은 '0.032'(자유도 2인 카이제곱 분포에 근거)이므로, 따라서 변수 DETCD는 모형에 유의하게 기여한다. 또한 [표 4−18]의 모형 대 [표 4−16]의 모형에 대한 가능도비 검정값은 $G=1.6467$이며, p−값은 '0.441'(자유도 2)이다. 이를 통하여 변수 DETC의 세 수준을 모두 사용한 모형이, 이분형 공변량 DETCD를 사용한 모형보다 낫지 않음을 알 수 있다.

[표 4-18] 변수 detc를 이분형 변수 detcd로 재기호화한 결과

ME		B 추정값	표준오차	Wald	자유도	유의확률	Exp(B)	Exp(B)의 95% 신뢰구간	
								하한	상한
Within 1 Year(1)	절편	−2.624	.926	8.021	1	.005			
	SYMPTD	2.095	.457	20.971	1	.000	8.123	3.314	19.911
	PB	−.249	.073	11.815	1	.001	.779	.676	.898
	HIST	1.310	.434	9.126	1	.003	3.706	1.584	8.669
	BSE	1.237	.525	5.543	1	.019	3.445	1.230	9.649
	DETCD	.885	.356	6.174	1	.013	2.423	1.206	4.871
Over 1 Year(2)	절편	−1.824	.855	4.550	1	.033			
	SYMPTD	1.127	.356	10.009	1	.002	3.088	1.536	6.208
	PB	−.154	.073	4.516	1	.034	.857	.743	.988
	HIST	1.063	.453	5.512	1	.019	2.896	1.192	7.034
	BSE	.956	.507	3.551	1	.060	2.601	.962	7.031
	DETCD	.114	.318	.129	1	.720	1.121	.601	2.091

Log−likelihood = −349.5663

이 두 모형([표 4−16]과 [표 4−18])을 비교할 때, 공변량의 계수에서 가장 큰 변화가 있어난 변수는 로짓 2에 있는 변수 PB(약 8% 증가, −0.168 에서 −0.154로)이다. 이는 원래의 세 수준 공변량인 DETC 대신 이분형 공변량 DETCD를 사용하여, 다른 공변량의 효과를 더 잘 조절하였음을 시사한다. 이 결과와 검정을 근거로 하여 이분형변수 DETCD를 사용하기로 결정한다.

다음 단계는 변수 PB의 척도를 평가하는 것이다. 이론상 다항 로지스틱 모형에서도 이분형 로지스틱 모형과 같은 방법으로 연속형 공변량의 척도를 점검할 수 있다.

(1) 모든 방법이 전산화되어 있지는 않지만, 최근 다항 로지스틱 회귀분석용 패키지를 사용할 수 있는 방법은 계획변수 접근방법이다.

(2) 다른 방법은 각각 이분형 로지스틱 모형을 적합시켜 다항 로지스틱 회귀모형의 적합을 근사시키는 것이다.

(예) 종속변수 y의 수준수가 3인 경우, 종속변수가 이분형일 때의 로지스틱 회귀분석용 패키지를 사용하여 $y=2$인 개체를 무시한 채 $y=1$ 대 $y=0$에 대한 모형을 적합시킨 후, 그 다음 $y=1$인 개체를 무시한 채로 $y=2$ 대 $y=0$인 모형을 적합시킨다.

이분형 로지스틱 모형을 각각 적합하여 얻은 계수들은 다항 로지스틱 모형을 적합한 계수들과 비슷하므로, 이는 개별적으로 적합시키는 접근방법이 연속형 공변량에 대한 척도를 선택하는데 유용할 수 있음을 의미한다.

다항 로지스틱 모형을 개별적인 이분형 로지스틱 모형을 사용하여 근사시킬 수 있으므로 2장에서 다룬 변수선택법을 사용하여 공변량을 선택할 수 있지만, 최종적인 추론은 가능하면 다항 로지스틱 회귀모형을 적합한 추정계수와 추정된 표준오차에 근거하여야 한다.

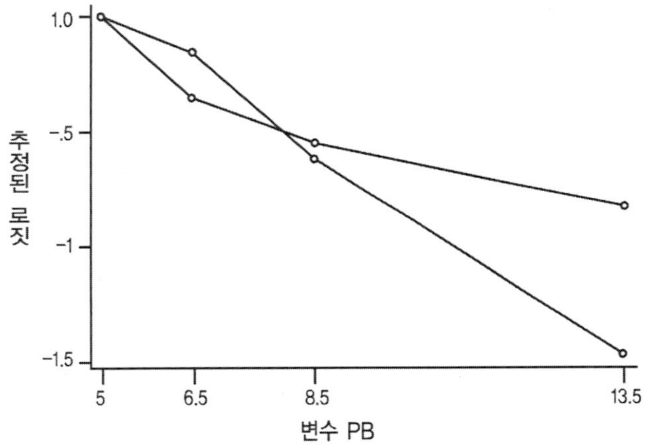

[그림 4-19] 추정된 로지스틱 회귀계수의 그래프 (Logit 1(○), Logit 2(△))

변수 PB의 척도를 평가하기 위해 우선 계획변수를 사용해 보자. 변수 PB의 값은 5~17의 자연수이며 '10'을 초과하는 개체수는 상대적으로 적다. 따라서 변수 PB를 대략 5, 6-7, 8-9, 10 이상인 사분위수(quartiles)로 나누고, 이때 PB=5를 기준수준으로 선택하면 3개의 계획변수가 생성된다. [그림 4-19]는 두 로짓함수에 대한 세 계획변수의 로지스틱 계수의 추정값이다. 설정한 모형은 물론 다른 모든 공변량을 포함한다.

[그림 4-19]를 산출하기 위하여, 변수 PB를 사등분한 새로운 변수 iPB를 생성하여야 한다. 이를 위한 Stata 명령과 그 결과는 각각 다음과 같다.

[Stata 명령과 결과]

```
. recode  pb (5=1) (6/7=2) (8/9=3) (10/17=4), gen(ipb)

. mlogit  me  symptd i.ipb  hist bse detcd
```

Multinomial logistic regression	Number of obs	=	412
	LR chi2(14)	=	106.51
	Prob > chi2	=	0.0000
Log likelihood = −349.34214	Pseudo R2	=	0.1323

me		Coef.	Std. Err.	z	P>|z|	[95% Conf. Interval]	
0		(base outcome)					
1	symptd	2.103484	.4573184	4.60	0.000	1.207156	2.999812
	ipb						
	2	−.1592352	.347093	−0.46	0.646	−.8395249	.5210546
	3	−.62785	.38549	−1.63	0.103	−1.383397	.1276966
	4	−1.482975	.4784005	−3.10	0.002	−2.420623	−.5453273
	hist	1.277214	.4314609	2.96	0.003	.4315667	2.122862
	bse	1.223304	.5276343	2.32	0.020	.1891599	2.257448
	detcd	.9818298	.3570199	2.75	0.006	.2820837	1.681576
	_cons	−6.161191	1.087351	−5.67	0.000	−8.29236	−4.030023
2	symptd	1.13647	.3562388	3.19	0.001	.4382546	1.834685
	ipb						
	2	−.3348182	.3859069	−0.87	0.386	−1.091182	.4215454
	3	−.5585917	.4123499	−1.35	0.176	−1.366783	.2495994
	4	−.8304333	.4450808	−1.87	0.062	−1.702776	.0419091
	hist	1.038278	.4522576	2.30	0.022	.1518692	1.924686
	bse	.96873	.5068286	1.91	0.056	−.0246359	1.962096
	detcd	.1462003	.317668	0.46	0.645	−.4764175	.768818
	_cons	−3.732502	.8686643	−4.30	0.000	−5.435053	−2.029952

[그림 4−19]의 두 로짓함수에 대한 다각선(polygon)을 통해 로짓들이 PB에 대해 선형임을 분명히 알 수 있다. 추가로, 변수 변환을 하여 개별적으로 이분형 로지스틱 모형을 적합하여 변수 PB의 척도를 점검할 수 있다.

반응변수 y가 이분형인 경우와 마찬가지로, 모형 설정의 다음 단계는 모형 내에 교호작용항을 포함할 지를 평가하는 것이다. ME 자료에서 변수들의 각 조합으로 임상적으로 의미 있는 교호작용항을 만들 수 있지만, 10개의 교호작용중 모형에 유의하게 기여하는 것은 하나도 없으므로, 따라서 [표 4−18]을 최종모형으로 채택한다.

[표 4-20] MLE와 ILR의 비교

		계수		표준오차	
Logit	변수	MLE	ILR	MLE	ILR
1	SYMPTD	2.095	2.091	0.4574	0.4651
	PB	−0.249	−0.243	0.0725	0.0738
	HIST	1.310	1.385	0.4336	0.4683
	BSE	1.237	1.363	0.5254	0.5339
	DETCD	0.885	0.853	0.3562	0.3655
	Constant	−2.624	−2.765	0.9264	0.9422
2	SYMPTD	1.127	1.153	0.3564	0.3566
	PB	−0.154	−0.154	0.0726	0.0726
	HIST	1.063	1.098	0.4528	0.4593
	BSE	0.956	0.953	0.5073	0.5097
	DETCD	0.114	0.099	0.3182	0.3191
	Constant	−1.824	−1.838	0.8551	0.8600

개별적인 이분형 로지스틱 모형을 적합한 Begg & Gray(1984) 방법을 설명하기 위해, [표 4−20]은 [표 4−18]의 모형을 재적합하여 최대가능도 방법으로 구한 결과이다. [표 4−20]의 ILR열은 개별적인 이분형 로지스틱 방법으로 구한 추정계수들과 추정된 표준오차들이며, MLE열은 다항 로지스틱 회귀모형의 최대가능도 추정량과 그 표준오차들이다.

[표 4−20]의 ILR열과 MLE열에 나타난 값들을 비교하면, Begg & Gray가 제안한 개별적 방법으로 구한 값들이 MLE에 근거한 값들의 좋은 근사값임을 알 수 있다. 그러므로 다항 로지스틱 회귀모형의 기능이 없는 패키지를 이용하여, 개별적인 이분형 로지스틱 모형 접근방법을 대안으로 사용할 수 있다.

이분형이 아닌 다항 로지스틱 모형의 문제점은, 어느 공변량이 어떤 로짓함수에서는 유의하지만 다른 로짓함수에서는 그렇지 않을 때 발생한다. 모수의 수를 최소화한다는 원칙에서 모형을 설정한다면, 특정 로짓함수에서는 계수를 '0'으로 놓고 다른 로짓함수에 대해서는 계수를 추정해야만 한다. 다항 로지스틱 회귀분석용 패키지를 사용하여 이런 전략을 적용할 수 있을 지 모르겠지만, 개별적 로지스틱 회귀 접근방법을 이용하면 가능하다. 이때 모든 모형 설정에서 변수를 선택하는데 임상적인 고려는 중요한 요인이 된다.

마지막으로 개별적인 이분형 로지스틱 모형 접근방법을 사용하면, 3장에서 언급한 변수 선택법을 패키지를 사용하여 각각의 로짓함수에 적용할 수 있다.

4.4 적합도의 평가와 진단통계량

설정한 모형을 사용하여 추론하기 전에, 전반적인 모형의 적합과 각 개체가 모형의 적합에 어느 정도 기여하는 지를 평가하여야 한다. 다항 로지스틱 모형에서 종속변수가 다분형일 때 이분형인 경우보다 더 많은 어려움이 발생한다. 이분형 로지스틱 모형인 경우 단지 하나의 예측값 $\pi(\mathrm{x}) = \mathrm{P}(y=1|\boldsymbol{x})$ 만 있지만, 종속변수의 범주의 수가 '3'인 경우 두 예측값 즉, 범주 '1'과 범주 '2'에 속할 확률 $\pi_1(\mathrm{x}) = \mathrm{P}(y=1|\boldsymbol{x})$, $\pi_2(\mathrm{x}) = \mathrm{P}(y=2|\boldsymbol{x})$ 가 존재한다. Lesaffre(1986)와 Lesaffre & Albert(1989)는 로지스틱 모형의 적합도 검정과 진단을 다항 로지스틱 회귀모형으로 확장하였지만, 그러나 현재 통계 패키지를 사용하여 이 방법들을 적용하는 것이 그리 쉽지는 않다. 따라서 이 방법들의 기능이 기존 패키지에 추가될 때까지는 Begg & Gray(1984)가 제시한 개별적 로지스틱 모형 접근방법을 사용하여 적합도를 평가하고 진단통계량을 산출한다.

즉, 종속변수 y의 범주의 수가 '3'인 경우, 두 로지스틱 모형의 적합을 평가한 뒤 그 결과를 종합하여 다항 로지스틱 모형의 적합에 대한 결론을 내린다. 결과를 종합하는 과정에서 각 로짓함수에 대한 공변량패턴의 영향이 큰 지 또는 작은 지를 신중히 검토해야 한다. 특히 오직 한 로짓함수에만 영향이 있는 공변량패턴을 분석에서 제거하기 전에 임상적인 면을 충분히 고려하여야 한다. 왜냐하면, 이 절차는 이분형 로지스틱 모형과 비교하여 단지 계산을 더 할 뿐이기 때문이다.

[표 4-18]의 다항 로지스틱 회귀모형의 적합을 평가하자. [표 4-21]은 개별적 이분형 로지스틱 모형 접근방법으로 각 로짓함수의 적합도 통계량을 요약한 것이다.

로짓 1은 유방조영검사를 받은 경험이 없는 여성들(ME=0)과 이 검사를 받은 지 일년 이내의 여성들(ME =1)을 비교한 로지스틱 모형이며,

로짓 2는 유방조영검사를 받은 경험이 없는 여성들(ME=0)과 이 검사를 받은 지 일년 이상 경과된 여성들(ME=2)을 비교한 것이다.

이 통계량들은 모형 내의 변수들로 구성된 공변량패턴을 사용하여 계산되었으며, 로짓 1에는 $J=74$개의 공변량패턴이, 로짓 2에는 $J=75$개의 공변량패턴이 존재한다.

[표 4-21] 적합도통계량

Logit	HL($\widehat{C}$)	Pearson(X^2)	Stukel(S)
1	12.20(0.142)	67.84(0.483)	1.02(0.601)
2	9.62(0.293)	68.83(0.733)	1.86(0.393)

[표 4-21]의 처음 열에 있는 Hosmer-Lemeshow 통계량은 각각 12.20(자유도=8, p-값=0.142), 9.62(자유도=8, p-값=0.293)이며, 둘째 열에는 공변량패턴을 근거로 계산한 피어슨 카이제곱 통계량이 있다. p-값들은 3장에서 다룬 정규근사를 사용하여 계산되었다. 두 로짓의 검정통계량에 대응하는 p-값이 크기 때문에, 모형이 전반적으로 잘 적합되었다고 할 수 있다.

[표 4-22] 개별적 로지스틱 회귀모형에 근거한 통계량

Data / P#	Logit 1		Logit 2		
	4	63	62	63	66
SYMPTD	0	1	1	1	1
PB	6	9	9	10	10
HIST	0	0	1	0	0
BSE	0	1	1	0	1
DETCD	0	1	0	0	1
Yj	1	11	3	1	2
m_j	2	18	3	1	19
$\widehat{\pi}_j$	0.015	0.345	0.496	0.098	0.237
C_j	0.543	1.733	0.956	0.264	0.999
$\triangle\chi_j^2$	33.585	7.037	3.818	9.490	2.534
$\triangle D_j$	5.820	6.586	5.268	4.781	3.014
h_j	0.016	0.198	0.200	0.027	0.282

3장(식 (3.13), (3.16), (3.18), (3.19))에서 정의한 레버리지(h_j)와 진단통계량(C_j, $\triangle\chi_j^2$, $\triangle D_j$)을 두 로지스틱 모형에서 개별적으로 공변량패턴에 근거하여 산출하였다. 3장에서

설명한 그래프를 사용하여, 하나 이상의 진단통계량에 대해 큰 값을 갖는 패턴을 식별하였으며, 자세한 내용은 [표 4-22]에 있다. 표의 패턴번호 "P#"는 개별적인 로지스틱 모형의 공변량패턴을 임의로 지정한 값이며, 공변량패턴이 작성된 순서에 따라 달라진다. 패턴번호는 진단통계량들을 평가하는데 필요하다.

(1) 로짓 1에 대한 진단통계량을 살펴보면, 공변량패턴 4에 대한 $\triangle\chi_j^2$이 매우 크다. 왜냐하면, 관측확률 (Y_j/m_j)이 '0.5'이지만, 확률의 추정값이 작기 때문에 피어슨 잔차가 매우 크게 된다. 편차 잔차는 매우 크지는 않지만, 역시 유의하다고 판단한다. 레버리지 h_j가 작은 주된 이유는 C_j의 값이 그리 크지 않기 때문이다. 공변량의 임상적인 해석에 근거하여 공변량패턴 4의 두 개체를 제거하지 않는다.

(2) 로짓 1에 대한 공변량패턴 63을 보면 모형의 적합성을 평가하는데 새로운 점을 발견할 수 있다. 이 패턴에서 변수 SYMPTD, HIST, BSE, DETCD에 대한 반응을 소위 최빈반응(modal response)이라 한다. 이 변수들의 값은 각각SYMPTD=1, HIST=0, BSE=1, DETCD=1이다. 실제로 로짓 1을 적합하는데 사용한 338명 중 149명이 이 변수들에 대해 특별한 반응값을 가진다. 이 개체들 중 반응을 다르게 하는 유일한 변수는 척도화한 변수 PB이며, 공변량패턴 63에서 PB=9이다. 이 공변량패턴에 대한 $C_j = 1.733$ 이며 이는 매우 크다. 이는 상당한 크기의 레버리지 값과 피어슨 카이제곱의 크기로 인해 3장의 식 (3.16)의 표현과 일치한다. 모형을 더 개선하려는 노력도 없이 평범한 반응형태를 보이는 18명에 대한 자료를 버리고 싶지는 않다. 반면에 공변량들에 대한 다른 추가적인 정보는 없다. 변수 PB와 다른 주효과에 대한 모든 교호작용을 추가하여도 로짓 1을 유의하게 개선하지는 못한다. 패턴 63과 비슷한 최빈반응을 가진 7개의 공변량패턴이 더 있으며, 이때 PB의 값은 5-12에 걸쳐 있어서 패턴 63에 대한 PB=9는 극단적인 값은 아니다.

로짓 2에 대한 진단통계량들을 논하기 전에, 로짓 1의 공변량패턴 63을 통해 진단통계량이 왜 개별적인 개체가 아니라 오히려 모형 내 주효과들의 공변량패턴에 의해 계산되어야 하는 이유를 알 수 있다. 만일 공변량패턴 63에 해당하는 18명을 개별적으로 고려한다면 전혀 다른 상황이 펼쳐진다. 첫째 18명 각각의 레버리지는 0.198/18 =0.011이 된다. 반응이 있는 11명에 대해 각각의 진단통계량은 $\triangle\chi^2 = 1.92$, $C = 0.021$ 이며, 이는 어느 정도의 적합결여를 보여주지만 추정된 계수들에 대해 영향이 없음을 나타낸다. 반응이 없는 7명에 대해 $\triangle\chi^2 = 0.533$, $C = 0.006$ 이며, 이는 적절한 모형임을 의미한다. 따라서 만약 각 개체에 대해 자료를 평가하면, 모형의 적합과 계수의 추정에 대한 영향력의 평가를 왜곡할 수도 있다.

(3) [표 4−22]의 로짓 2에 대한 진단통계량들을 살펴보면, 패턴 63은 잘 적합되지 않음을 알 수 있다. 두 이분형 로지스틱 모형은 서로 다른 데이터 세트를 이용함으로 두 모형에 대한 패턴은 동일하지는 않다. 패턴 63의 경우 관측된 확률은 '1.0'이지만, 로지스틱 확률의 추정값은 매우 작기 때문에 잔차가 크다. 또한 레버리지의 값이 작으면, $\triangle\chi^2$ 이 크더라도 영향력의 효과가 완화된다. 로짓 1에 대한 패턴 4의 경우와 같이 관측결과가 모형과 상반되는 것이 문제이다.

(4) 공변량패턴 66에서 C의 값이 가장 크다. 이 패턴은 로짓 1의 적합에서 다룬 최빈반응을 나타낸다. 로짓 2에 사용된 총 308명 중 115명이 최빈반응의 형태를 갖는다. 패턴 66에 대해 PB =10임을 유의하라. C의 값이 공변량패턴 62에서 두 번째로 크다. 이 경우 4개의 이분형 공변량에서 이와같은 값을 가진 개체는 단지 3명이며, 이 세 명 모두 PB=9이다. 두 공변량패턴에서 $\triangle\chi^2$과 레버리지의 값이 적당히 크므로 영향력이 있다.

[표 4−22]에서 C의 값이 가장 큰 패턴의 PB는 '9' 또는 '10'이다. 이 범위의 PB값을 가진 개체들의 반응은 로지스틱 모형이 수용하기가 쉽지 않다. 로짓 1 또는 로짓 2에 PB와 관련된 교호작용항들을 추가하여도 더 이상 모형은 좋아지지 않는다.

이 시점에서 더 이상 자료를 분석할 필요는 없으며, [표 4−18]의 모형을 더 개선할 수 없을 듯 하다. 영향력 있는 세 공변량패턴의 영향을 탐지하기 위해 로짓 1의 공변량패턴 63과 로짓 2의 공변량패턴 62와 66에 대응하는 40개의 개체를 제거한다.

[표 4−18]과 [표 4−23]의 추정값을 비교하면, 로짓 1에 나타난 계수의 크기는 크게 변하지 않았다. 가장 큰 변화로 PB의 값이 13% 증가하였다. 그러나 로짓 2에서 5개의 계수들 중 3개가 눈에 띌 만큼 변했다. 공변량 PB의 계수는 '−0.154'에서 '−0.080'으로 즉, 48% 증가하였고, 공변량 HIST의 계수는 '1.063'에서 '0.606'으로(43%감소), DETCD는 '0.114'에서 '0.477'으로 318%나 증가하였다. 이를 통해 40명의 개체를 제거함으로써 ME=2 대 ME=0의 승산비의 추정값에 현저한 변화가 있음을 알 수 있다.

제거한 40명 개체들은 정상이므로, 그들을 분석에서 제거할 임상적인 근거는 없다. 따라서 모형 적합과 진단통계량들에 근거한 최종모형은 [표 4−18]이고, 이 모형에 근거한 승산비와 95% 신뢰구간은 [표 4−24]에 있다.

[표 4-23] 추정된 계수와 Wald 통계량

Logit	변수	계수	표준오차	z	$p>\|z\|$
1	SYMPTD	2.125	0.4633	4.59	0.001
	PB	−0.216	0.0854	−2.53	0.011
	HIST	1.243	0.4418	2.82	0.005
	BSE	1.271	0.5310	2.39	0.017
	DETCD	0.883	0.3691	2.39	0.017
	Constant	−2.892	1.0416	−2.78	0.005
2	SYMPTD	1.191	0.3610	3.30	0.001
	PB	−0.080	0.0786	−1.02	0.307
	HIST	0.606	0.4952	1.22	0.221
	BSE	1.081	0.5123	2.11	0.035
	DETCD	0.477	0.3404	1.40	0.161
	Constant	−2.664	0.9556	−2.79	0.005
		Log−likelihood = −313.7473			

[표 4-24] 승산비와 95% 신뢰구간

	Mammogram Within One Year versus Never			Mammogram Over One Year Ago versus Never		
변수	승산비	95% 신뢰구간		승산비	95% 신뢰구간	
SYMPTD	8.12	3.314,	19.911	3.09	1.536,	6.208
PB2	1.65	1.239,	2.189	1.36	1.024,	1.810
HIST	3.71	1.584,	8.669	2.90	1.191,	7.033
BSE	3.44	1.230,	9.649	2.60	0.962,	7.031
DETCD	2.42	1.206,	4.871	1.12	0.601,	2.091

[표 4-24]에 의하면, 유방조영검사를 받지 않은 범주(ME=0)에 비해 받은 범주의 승산이 증가함을 알 수 있다. 두 그룹의 승산비들을 비교하면, 유방 조영 검사를 최근 일년 이내에

받은 적이 있는 범주(ME=1)가 더 큰 값을 가진다(즉, 왼쪽의 승산비가 오른쪽 승산비들 보다 크다). 5개 공변량들의 값이 커지면, 모두 이 검사를 받을 가능성이 증가함을 보여준다.

"유방암의 증상 없이는 유방조영검사를 받을 필요가 없다."라는 질문에 동의하지 않는 여성들에 비해 동의하는 여성들이, 최근 일년 이내에 이 검사를 받은 비율이 8.1배 가량, 일년이 지나 받은 비율이 3.1배정도 된다. 공변량 SYMPTD에 대한 두 신뢰구간 모두 '1.0'을 포함하지 않으므로, 두 승산비는 모두 유의하다.

유방암에 대한 가력(家歷)이 있는 여성들(HIST=1)은 가력이 없는 여성들(HIST=0)에 비해, 이 검사를 최근 일년 내에 3.7배, 일년이 지나 받은 비율이 2.9배 정도이다. 역시 두 신뢰구간 모두 '1.0'을 포함하지 않으므로 유의함을 알 수 있다.

유방암 자가검사를 배운 적이 있는 여성들은(BSE=1) 그렇지 않은 여성들(BSE=0)에 비해 이 검사를 최근 일년 내에 3.4배, 일년이 지나 받은 비율이 2.6배정도이다. 후자의 경우 승산비의 값이 '0.96'과 '7.03'사이에 있으므로, 유방조영검사가 새로운 유방암 환자를 발견할 수 있다는 믿음은 변함없지만 그 크기는 조금 작아졌다.

[표 4−18]의 공변량 PB의 계수는 음이므로, 이는 PB가 크면 클수록 유방조영검사에 대한 이득의 믿음이 적어짐을 의미한다. 이런 경우 점수가 2점 증가함에 따른 승산비를 구해보면, 이 승산비는 '1'보다 작으며 "적은 믿음"이 "유방조영검사를 덜 사용" 하는 것과 유의하게 연관되어 있다. 모형 내의 다른 모든 공변량에 대한 승산비의 추정값이 '1.0'보다 크므로, 따라서 공변량 PB에 대한 승산비를 같은 방향으로 하기 위하여, 효과를 2점 감소(−2.0의 변화)로 추정한다. 일년 이내 유방조영검사를 받은(ME=1) 승산비의 추정값이 '1.65'라는 의미는 공변량 PB의 2점 감소에 대해 유방조영검사를 일년 이내 받은(ME=1) 승산이 1.65배 증가함을 의미한다. 마찬가지로 유방조영검사를 받은 지 일년 이상 경과된 것(ME=2)에 대한 추정된 승산비가 '1.36'이라는 의미는 공변량 PB가 2점 감소할 때 승산비가 1.36배 증가함을 의미한다.

[표 4−24]를 산출하기 위하여 새로운 변수 $pb2 = -\frac{1}{2} \times pb$를 생성하여야 하며, 이를 위한 Stata 명령은 다음과 같다.

```
[Stata 명령]
.gen pb2 = pb*(−1/2)
.mlogit me symptd pb2 hist bse detcd, rrr
```

다항 로지스틱 회귀모형을 적합할 때 실제로 겪는 어려움은 각 공변량에 대한 다중

(multiple) 승산비가 존재하는 것이다. 이 때문에 복잡해진다. 반면에 종속변수를 다분형으로 가정하면 연구하려는 과정을 더 완벽히 설명할 수 있다. 예를 들어, 종속변수의 세 범주를 두 범주("경험 있음" 대 "경험 없음")로 통합한다면, [표 4-24]에 나타난 승산비들의 단계적 변화를 표현할 수 없다. 통계적 관점에서 로짓들의 추정계수들이 통계적으로 서로 동일하지 않는 한 절대로 종속변수의 범주들을 합해서는 안 된다. [표 4-18] 모형의 경우 두 로짓의 동일성을 검정하는 다변량 월드 통계량(W)은 '10.87'이며, 이에 해당하는 p-값은 '0.054'이다. 따라서 종속변수의 두 범주를 하나로 합해서는 안 된다.

결론적으로 다항 로지스틱 회귀모형을 적합하고 결과를 해석함은 이분형 로지스틱 모형과 똑같은 형태를 갖지만, 차이점은 각 공변량에 대한 다중 승산비를 통해 각 로짓들을 비교할 수 있다는 것이다.

4.5 복습(다항 로지스틱 회귀모형의 예)

반응변수 y가 셋 이상의 범주를 가질 때 이분형 로지스틱 모형을 확장한 다항 로지스틱 회귀모형을 가정할 수 있는데, 이 모형은 반응변수 y와 몇 개의 독립변수들 사이의 관계를 예측한다고 설명한 바 있다. 독립변수들의 공변량패턴에 대해 반응변수 y의 도수들이 다항분포를 한다고 가정했기 때문에 다항이라고 표기한다. 결혼 상태, 사회경제적 측정, 심리학적 측정간의 관계를 알아보기 위해 다항 로지스틱 회귀모형을 사용할 수 있으며, 만일 종속변수가 순서형(예: 정도 심함, 보통, 최소)이면, 특별한 형태의 순서형 로지스틱 회귀모형을 사용하여야 한다(Agresti, 1990).

SPSS, Stata 등에서는 이분형 로지스틱 모형, 다항 로지스틱 모형을 분석하는 기능이 있으며, 심지어 다항 로지스틱 모형 절차를 이용하여 이분형 회귀모형을 분석할 수도 있다. 두 절차의 특징은 다음과 같다. Stata에서는 두 절차 모두 각 공변량패턴에 대하여 예측값, 잔차, 진단통계량, Hosmer-Lemeshow 통계량을 산출한다. 반면에 SPSS 이분형 로지스틱 절차에서는 각 개체에 대해 예측확률, 잔차, 진단통계량 등을 산출하고, SPSS 다항 로지스틱 회귀 절차에서는 동일한 공변량패턴을 갖는 부 모집단(subpopulation)을 만들어 이 공변량패턴에 대하여 예측빈도, 피어슨 잔차, 적합도 통계량을 산출한다. 또한 다항 로지스틱 회귀 절차를 통해 일대일 대응인 사례-대조 연구에서 생성한 자료를 분석할 수 있다. 사례-대조 연구는 의학에서 사건의 독립변수들을 식별하기 위해 자주 사용된다.

4.5.1 로짓모형

종속변수 y의 범주수가 2이면, 오직 하나의 로짓이 존재한다. 왜냐하면 기존의 로짓 $\ln\left(\frac{\text{P(사건발생)}}{1-\text{P(사건발생)}}\right)$의 역인 $\ln\left(\frac{1-\text{P(사건발생)}}{\text{P(사건발생)}}\right)$ 를 사용하여도, 독립변수들의 부호는 바뀌지만 동일한 회귀계수들을 갖기 때문이다.

로짓은 각 범주와 기준범주를 비교하므로, 만일 종속변수가 J개의 범주를 가지면, 중복되지 않은 로짓수는 $J-1$ 이 된다. 만일 i번째 범주에 대한 기준범주가 1이면, 모형은 다음과 같다.

$$\ln\left(\frac{\text{P(범주}i\text{)}}{\text{P(범주1)}}\right) = \beta_{i0} + \beta_{i1}x_1 + \beta_{i2}x_2 + \cdots + \beta_{ip}x_p \quad \text{for } i = 2, \cdots, J$$

여기에서 첫 아래 첨자는 로짓, 두 번째 아래 첨자는 변수를 의미하며, 각 로짓에 대해 여러 그룹의 계수를 얻는다.

(예) 종속변수의 범주의 수가 '3'인 경우, 두 그룹의 '0'이 아닌 계수들을 산출할 것이며, 각 그룹의 계수들은 처음 그룹과 마지막 두 그룹을 비교하는 값이 된다.

4.5.2 기준범주 로짓의 예

다항 로지스틱 회귀모형의 예로 1992년 미국 대통령 선거를 보자. 대통령 선거 자료인 VOTER 자료(n=1847)는, 총사회조사(General Social Survey)에서 1992년에 미국 대통령 선거에 투표한 유권자들을 조사한 자료이다(VOTER 자료는 부록 참조). 이 연구의 목적은 대통령 선거에 투표한 유권자들의 성향을 파악하기 위한 것이며, 종속변수인 PC는 세 수준(3명의 후보)을 가진다.

1992년 미국 대선 자료 VOTER

변수명	변수 설명	변수값 설명/코드
ID	ID 코드	1 ~ 1847
PC	92년 대선후보	1 = 부시
		2 = 패롯
		3 = 클린턴
AGE	연령	22 ~ 89

변수명	변수 설명	변수값 설명/코드
agegp	연령대	1 = 35세 미만 2 = 35 ~ 44세 3 = 45 ~ 64세 4 = 65세 이상
educatn	피 교육연수	3 ~ 20
edugp	최종학력(학력)	0 = 고등학교 미만 1 = 고등학교 2 = 초급대 3 = 대학교 4 = 대학원
gender	성별	1 = 남자 2 = 여자

[그림 4-25]의 데이터 편집기에서 자료를 입력한 후 메뉴의

Statistics > Summaries, tables and tests > Tables

> Two-way tables with measures of association

을 선택([그림 4-26])하면 [그림 4-27]의 교차 분석 대화상자가 열린다. [그림 4-27]의 대화상자에 "행변수"에 성별 gender, "열변수"에 대선후보 PC를 각각 선택하고, within-row relative freguencies를 선택하면 [표 4-28]를 얻는다.

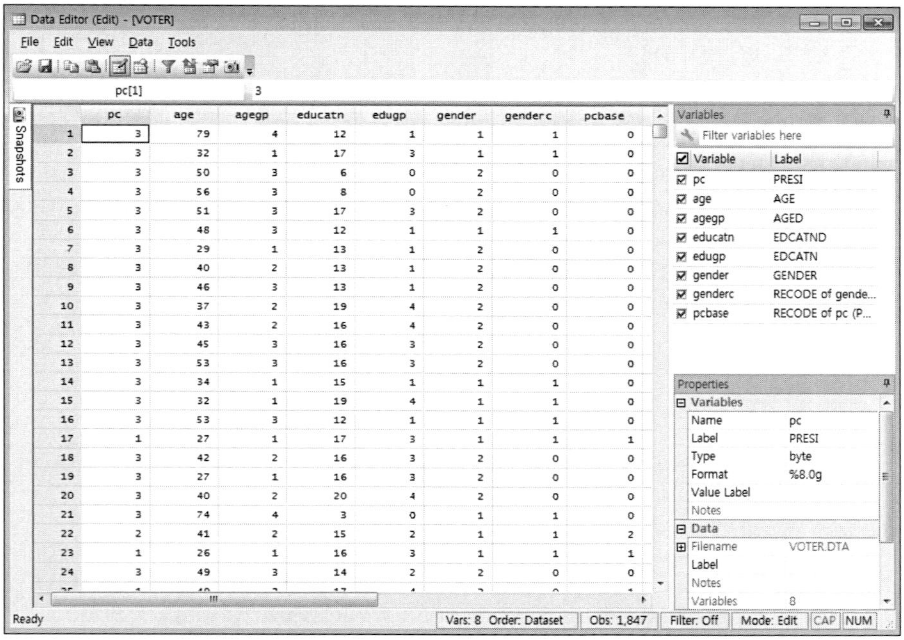

[그림 4-25] Voter 자료

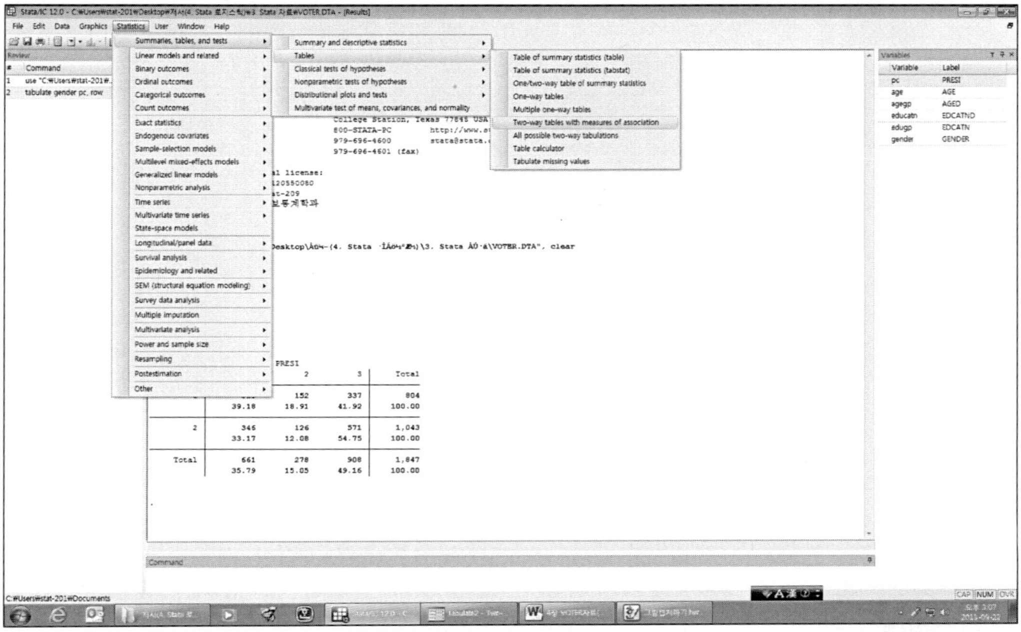

[그림 4-26] 메뉴의 선택

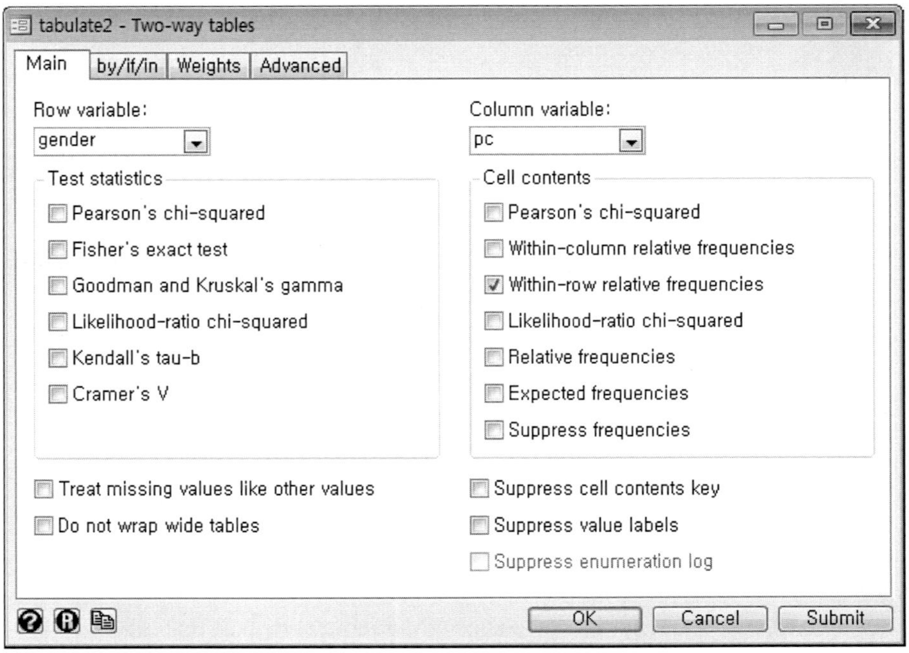

[그림 4-27] 교차 분석

[표 4-28] 성별 응답자의 교차분석 결과

GENDER	PC			Total
	1	2	3	
남성 1	315 39.18	152 18.91	337 41.92	804 100.00
여성 2	346 33.17	126 12.08	571 54.75	1,043 100.00
Total	661 35.79	278 15.05	908 49.16	1,847 100.00

[표 4-28]은 성별 GENDER와 대선후보 선택 PC에 따른 유권자들의 교차표인데, 행에 나타난 백분율에 따르면 남성의 42%, 여성의 55%가 Clinton을 선택하였다. 성별 GENDER와 대선후보 선택 PC 사이의 관계를 알기 위해 다항 로지스틱 회귀모형을 사용하자. 종속변수가 세 개의 범주이므로, Clinton을 기준범주로 성별 GENDER를 하나의 독립변수로 삼아 두 로짓을 만들 수 있다. 즉,

$$g_1 = \ln\left(\frac{\mathrm{P(Bush)}}{\mathrm{P(Clinton)}}\right) = \beta_{10} + \beta_{11}(\text{여성})$$

$$g_2 = \ln\left(\frac{\mathrm{P(Perot)}}{\mathrm{P(Clinton)}}\right) = \beta_{20} + \beta_{21}(\text{여성})$$

Stata에서는 요인(factor)의 처음 수준을 기준수준으로 하며, 총사회조사에서는 남성을 '1', 여성을 '2'로 입력하였기 때문에 남성이 기준수준이 된다. 여기에서 여성을 기준수준으로 변경하여 보자. 이를 위하여 gender=2를 0으로 변환한 새로운 변수 genderc를 생성한다.

[Stata 명령]

```
.recode gender(2=0), gen(genderc)
```

(1) 모형의 적합

[그림 4-29]의 데이터 편집기에서 먼저 자료를 열고, 메뉴에서

Statistics > Categorical outcomes > Multinomial logistic regression

를 선택하면 [그림 4-30]의 다항 로지스틱 회귀분석 대화상자가 열린다.

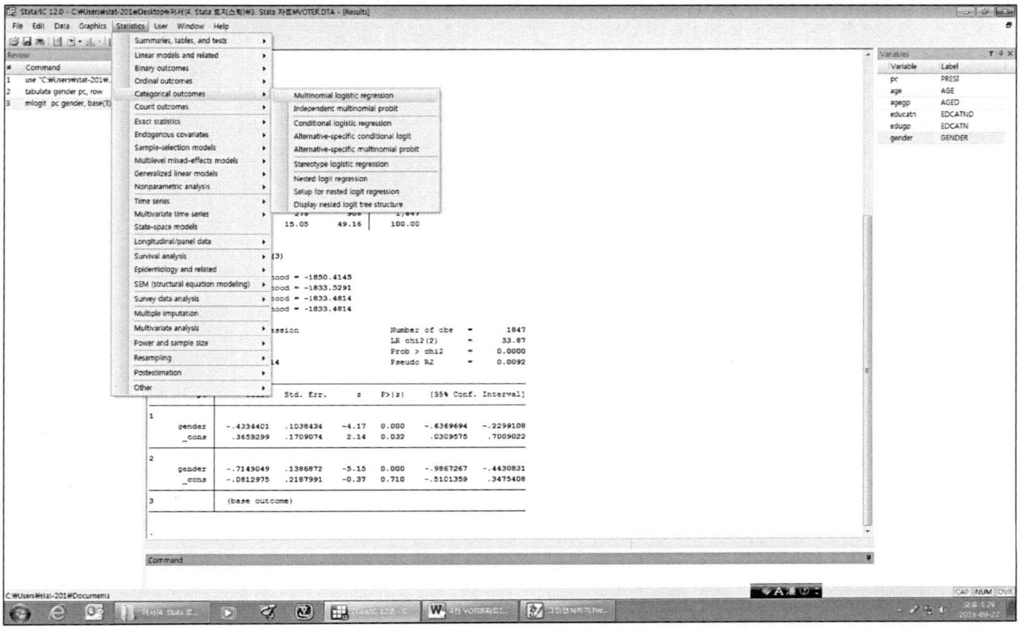

[그림 4-29] 다항 로지스틱 회귀모형의 선택

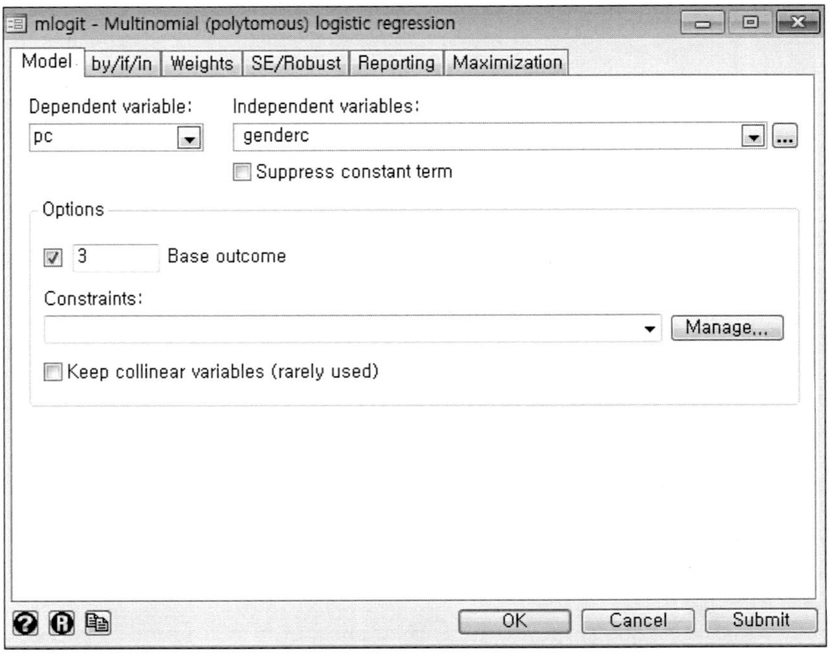

[그림 4-30] 다항 로지스틱 회귀모형 대화상자

[그림 4-30] 대화상자에서 "종속변수"에 대선후보 PC, "독립변수"에 변환된 성별 genderc를 각각 지정하고, 그리고 중간에 있는 Options에 체크한 후 Base outcome = 3을 기입한다.

[표 4-31] 절편과 성별을 포함하는 모형의 모수 추정값

```
. mlogit pc genderc, baseoutcome(3)
Iteration 0:    log likelihood = -1850.4145

Multinomial logistic regression                 Number of obs   =      1847
                                                LR chi2(2)      =     33.87
                                                Prob > chi2     =    0.0000
Log likelihood = -1833.4814                     Pseudo R2       =    0.0092
```

pc		Coef.	Std. Err.	z	P>|z|	[95% Conf.	Interval]
1	genderc	.4334401	.1038434	4.17	0.000	.2299108	.6369694
	_cons	−.5009504	.0681285	−7.35	0.000	−.6344798	−.3674211
2	genderc	.7149049	.1386872	5.15	0.000	.4430831	.9867267
	_cons	−1.511107	.0984267	−15.35	0.000	−1.70402	−1.318194
3		(base outcome)					

[표 4-31]의 로지스틱 회귀계수들을 이용하여, 두 모형을 로짓의 식으로 각각 표현하면

$$g_1 = \ln\left(\frac{\mathrm{P(Bush)}}{\mathrm{P(Clinton)}}\right) = -0.50 + 0.433(\text{남성})$$

$$g_2 = \ln\left(\frac{\mathrm{P(Perot)}}{\mathrm{P(Clinton)}}\right) = -1.51 + 0.715(\text{남성})$$

이며, 이때 성별=0은 여성, 성별=1은 남성을 나타낸다. 또한 위의 식에서 절편항들은 단순히 여성들에 대한 로짓이다.

> (예) 처음 절편항은 여성들이 Clinton을 선출할 확률에 대한 Bush를 선택할 확률의 비에 로그를 취한 값, $\ln(346/571) = -0.501$ 이다.

남성에 관한 계수는 로짓과 성별 사이의 관계를 나타낸다. 기울기들이 양수이며 통계적

으로 '0'이 아니므로, 남성이 여성에 비해 클린턴보다 부시 또는 패롯을 더 선호하는 것을 알 수 있다. 실제로 승산비를 추정하면, 여성에 비해 남성이 클린턴보다 부시를 지지할 정도가 $\exp(0.433) = 1.543$, Perot을 지지할 정도가 $\exp(0.715) = 2.044$배가 됨을 알 수 있다.

(2) 임의의 두 범주의 비교

[표 4-31]의 계수들은 Clinton을 기준범주로 하여 독립변수 gender$c$와 로짓사이의 관계를 나타낸 것이다. 추가로 Bush 대 Perot에 대한 비교를 하려면, 이미 추정된 두 계수들의 차이

$$\ln\left(\frac{P(\text{Bush})}{P(\text{Perot})}\right) = \ln\left(\frac{P(\text{Bush})}{P(\text{Clinton})}\right) - \ln\left(\frac{P(\text{Perot})}{P(\text{Clinton})}\right)$$

를 이용하며, 만약 로짓 차이를 간단히 구하고 싶으면, Perot을 기준범주로 하도록 자료를 수정하여 로짓에 대한 계수를 구하면 된다.

(3) 공변량 교육년수 educatn의 추가

[표 4-32] 성별 genderc와 교육년수 educatn에 대한 모수 추정

```
. mlogit pc genderc  educatn, baseoutcome(3)

Multinomial logistic regression          Number of obs   =      1847
                                         LR chi2(4)      =     36.43
                                         Prob > chi2     =    0.0000
Log likelihood = -1832.2013              Pseudo R2       =    0.0098
```

pc		Coef.	Std. Err.	z	P>|z|	[95% Conf. Interval]	
1	genderc	.4330471	.1038637	4.17	0.000	.2294781	.6366161
	educatn	.0027354	.0143361	0.19	0.849	−.0253629	.0308337
	_cons	−.5389617	.2106041	−2.56	0.010	−.9517381	−.1261853
2	genderc	.7155262	.138815	5.15	0.000	.4434538	.9875985
	educatn	.0237922	.0149594	1.59	0.112	−.0055276	.0531121
	_cons	−1.847916	.2348619	−7.87	0.000	−2.308237	−1.387595
3		(base outcome)					

대선 후보의 선출과 관련이 있는 지를 분석하기 위해, 이미 독립변수 성별 genderc가 있는 모형에 공변량 피교육년수 educatn를 추가하여 추가된 변수가 유의한 지를 살펴보자. 다항 로지스틱 대화상자 [그림 4-30]을 연 후, "종속변수"에 대선후보 PC, "독립변수"에 성별 genderc, 피교육년수 educatn를 각각 지정하고 실행하면 [표 4-32]의 성별 genderc와 피교

육년수 educatn에 대한 모수 추정의 결과를 얻는다.

이를 통하여 피교육년수 educatn를 모형에 추가하여도 성별에 대한 추정값들은 크게 변하지 않았고, 두 로짓에서 공변량 피교육년수 educatn가 통계적으로 유의하지 않음을 알 수 있다. 그렇다면 변수 피교육년수 educatn가 대선 후보를 선택하는데 중요한 독립변수가 아니라는 의미인가? 반드시 그렇지는 않다. 피교육년수가 후보자를 선택하는데 선형이 아닌 형태로 관련될 가능성이 있을 수 있다. 이를 검정하기 위해 실제 피교육년수 educatn 대신 5가지 수준의 최종학력 edugp(0=중졸이하, 1=고졸, 2=전문대졸, 3=대졸, 4=대학원졸)으로 구분하여 보자.

[그림 4-30]의 다항 로지스틱 대화상자를 연 뒤, '독립변수'에 변수 성별 genderc와 최종학력 edugp을 선택하고 실행하면 [표 4-33]의 결과를 얻는다.

[표 4-33] 절편, 성별, 최종학력을 포함한 모형의 모수 추정

```
. mlogit  pc  genderc  i.edugp,  baseoutcome(3)

Multinomial  logistic  regression              Number  of  obs    =       1847
                                               LR  chi2(10)       =      74.86
                                               Prob  >  chi2      =     0.0000
Log  likelihood  =  −1812.9865                 Pseudo  R2         =     0.0202
```

<table>
<tr><th>pcbase</th><th></th><th>Coef.</th><th>Std. Err.</th><th>z</th><th>P>|z|</th><th colspan="2">[95% Conf. Interval]</th></tr>
<tr><td>0</td><td colspan="7">(base outcome)</td></tr>
<tr><td rowspan="7">1</td><td>genderc</td><td>.4581922</td><td>.1047093</td><td>4.38</td><td>0.000</td><td>.2529658</td><td>.6634187</td></tr>
<tr><td>edugp</td><td></td><td></td><td></td><td></td><td></td><td></td></tr>
<tr><td>1</td><td>.5856672</td><td>.1785762</td><td>3.28</td><td>0.001</td><td>.2356643</td><td>.9356702</td></tr>
<tr><td>2</td><td>.6296575</td><td>.2552691</td><td>2.47</td><td>0.014</td><td>.1293393</td><td>1.129976</td></tr>
<tr><td>3</td><td>.6228426</td><td>.1982634</td><td>3.14</td><td>0.002</td><td>.2342535</td><td>1.011432</td></tr>
<tr><td>4</td><td>.1984902</td><td>.227726</td><td>0.87</td><td>0.383</td><td>−.2478446</td><td>.644825</td></tr>
<tr><td>_cons</td><td>−1.003064</td><td>.1705328</td><td>−5.88</td><td>0.000</td><td>−1.337302</td><td>−.6688257</td></tr>
<tr><td rowspan="7">2</td><td>genderc</td><td>.7601255</td><td>.1403827</td><td>5.41</td><td>0.000</td><td>.4849803</td><td>1.035271</td></tr>
<tr><td>edugp</td><td></td><td></td><td></td><td></td><td></td><td></td></tr>
<tr><td>1</td><td>1.334296</td><td>.3179661</td><td>4.20</td><td>0.000</td><td>.711094</td><td>1.957498</td></tr>
<tr><td>2</td><td>1.553955</td><td>.3862775</td><td>4.02</td><td>0.000</td><td>.7968645</td><td>2.311045</td></tr>
<tr><td>3</td><td>1.305231</td><td>.3384335</td><td>3.86</td><td>0.000</td><td>.6419131</td><td>1.968548</td></tr>
<tr><td>4</td><td>.5017181</td><td>.3933665</td><td>1.28</td><td>0.202</td><td>−.2692661</td><td>1.272702</td></tr>
<tr><td>_cons</td><td>−2.689997</td><td>.3137192</td><td>−8.57</td><td>0.000</td><td>−3.304875</td><td>−2.075118</td></tr>
</table>

[표 4−33]을 통해 변수 최종학력 edugp에 관한 모수 추정값들에 관해 흥미로운 패턴을 발견할 수 있다.

(i) 네 번째 모수 추정값은 대학원을 졸업한 사람들(edugp=4)과 중졸 이하의 사람들(edugp=0)을 비교하는 것을 의미한다. 두 로짓에 대한 계수가 '0'이라는 귀무가설을 기각할 수 없다(p−값이 각각 0.383, 0.202). 즉, 중졸 이하의 사람들과 대학원을 졸업한 사람들이 서로 다른 후보를 선택할 것이라고 말할 수 없다는 것이다.

(ii) 다음 나머지 세 추정값은 최종학력이 고졸, 전문대졸, 대졸인 사람들에 관한 것이다. 각 로짓 내의 세 개의 모수 추정값들의 크기가 비슷하며, 모두 통계적으로 유의함을 알 수 있다. 투표 성향에 대해 이 세 그룹들은 서로 비슷하지만 대학원을 졸업한 사람들과는 다르다. 학력과 투표 성향사이의 관계가 선형이 아니라는 사실은 놀랄만한 일은 아니며, 미국에서 저학력 수준의 사람과 고학력 수준의 사람들이 민주당을 선호한다는 것은 널리 알려진 사실이다. 따라서 현재의 변수 최종학력 edugp에서 중졸 이하 및 대학원 졸업자를 '0', 나머지 수준을 '1'로 입력하여 새로운 변수를 만드는 것도 시도할 만하다.

(4) 가능도비 검정

[표 4−31]과 [표 4−33]을 이용하여 [표 4−34]를 얻을 수 있고, SPSS에서는 다항 로지스틱 대화상자의 하단에 있는 "통계량"을 선택한 후, "우도비 검정"을 선택하여 실행하면 된다.

[표 4-34] 절편, 성별, 학력을 포함한 모형의 가능도비 검정

효과	축소모형의 Log 가능도	카이제곱	자유도	유의확률
절편	−1850.41	.000	0	.
성별	−1833.48	33.87	2	.000
학력	−1812.99	40.99	8	.000

[표 4−34]는 공변량 성별 gender와 학력 edugp을 포함한 최종모형에서 개별적 효과를 나타내는 가능도비 검정이다. 개별적 효과에 대한 검정은 특정한 변수에 대한 효과가 최종모형에서 제거되었을 때 −2(로그 가능도)의 변화된 값에 근거한다. 만일 특정한 효과에 대한 모든 계수들이 '0'이면, 이 변화량은 제거된 효과의 자유도를 갖는 카이제곱 분포를

따른다.

[표 4-34]로부터 두 변수 성별 gender와 학력 edugp 모두 투표자의 선택에 통계적으로 관련이 있음을 알 수 있다. 만일 절편, 성별, 학력으로부터 변수 학력을 제거하여도 역시 유의한 변화가 있다. [표 4-34]의 가능도비 검정은 앞에 제시된 표들의 월드 통계량에 근거한 검정보다 더 효율적이다. 왜냐하면 계수값이 클 경우 월드 통계량은 때때로 귀무가설을 기각하지 못하기 때문이다(Hauck & Donner, 1977). [표 4-33]의 월드 검정법은 로짓 내 각 범주에 대해 검정하는 반면에, 가능도비 검정은 변수 효과에 대한 전반적인 검정을 하는 것이다. 명령문 창에서 . lincom 을 사용하여 모수의 선형결합에 대해 검정할 수 있다.

[표 4-35] 모형적합 정보

모형	Log 우도	카이제곱	자유도	유의확률
절편 만	−1850.41			
최종모형	−1812.99	74.856	10	.000

[표 4-33]을 정리한 [표 4-35]로부터 절편항 만을 갖는 모형과 최종모형에 대한 각각의 −2(로그 가능도)의 값들을 볼 수 있다. 두 값 사이의 차이는 "카이제곱"이라고 명명된 열에서 찾을 수 있다. 만일 관측된 p−값이 작으면 공변량 성별 gender와 학력 edugp에 대한 모든 계수들이 '0'이라는 귀무가설을 기각한다. 즉, 최종모형이 절편항 만을 포함한 모형보다 낫다고 결론지을 수 있다.

지금까지 투표성향에 대해 공변량인 성별 gender 및 학력 edugp의 효과를 검사하였다. 이 두 변수는 후보자 선호에 유의하게 관련되어 있음을 알 수 있다. 변수들의 효과를 개별적으로 보았지만 성별과 학력사이의 교호작용을 고려하지 않았다. 만일 학력의 효과가 성별에 따라 다르다면, 성별과 학력사이에 교호작용 효과가 있다고 말한다.

(예) 성별과 학력의 교호작용이 존재한다면, [표 4-33]의 결과보다 고학력의 여성들이 Clinton을 훨씬 더 선호할 가능성도 있을 것이다.

변수 성별 gender와 학력 edugp의 교호작용 효과를 판정하기 위해 가능도비 검정을 사용하자. 이를 위한 Stata 명령은 다음과 같다.

```
[Stata 명령]
.mlogit pc genderc i.edugp genderc##i.edugp, baseoutcome(3)
.estimates store A
.m,logit pc genderc i.edugp, baseoutcome(3)
.estimates store B
.lrtest A
.mlogit pc genderc, baseoutcome(3)
.estimates store C
.lrtest B
```

위의 명령을 실행한 결과를 [표 4−36]에 정리하였다.

[표 4−36] 교호작용 성별*학력에 대한 가능도비 검정

효과	축소모형의 Log우도	카이제곱	자유도	유의확률
절편	−1850.41			
성별	−1833.48	33.87	2	0.000
학력	−1812.99	40.99	8	0.000
성별*학력	−1809.80	6.37	8	0.605

[표 4−36]을 통해 교호작용 '성별*학력'을 모형에서 제거하였을 때, −2(로그 가능도)의 변화량이 교호작용의 계수가 '0'이라는 귀무가설을 기각할 만큼 충분히 크지 않다. 절편항과 성별 gender, 학력 edugp의 주효과를 모형에 포함시키고, 성별과 학력의 교호작용을 제거하더라도 모형의 적합을 변화시키지 않는다.

(5) 예측확률과 기대도수의 계산

로지스틱 회귀모형의 계수를 이용하여 유권자 한 명이 세 후보 각각에게 투표할 확률을 예측할 수 있다.

(예) 학사학위를 소지한 남성이 각 후보에게 투표할 확률을 구하라.

풀이 ([표 4−33]과 [표 4−39] 참조)

성별 gender=1이고 학력 edugp=3인 개체에 대하여 두 로짓은 각각

$$g_1 = \beta_0 + \beta_1 x_1 + \beta_2 x_2 = -1.003 + 0.458 + 0.623 = 0.078$$

$$g_2 = \beta_0 + \beta_1{}' x_1 + \beta_2{}' x_2 = -2.690 + 0.760 + 1.305 = -0.625$$

이므로, 각 그룹에 대한 예측확률은 다음과 같다.

$$P(\text{그룹}_i) = \frac{\exp(g_i)}{\sum_{k=1}^{3} \exp(g_k)} \quad \text{for } i = 1, 2$$

따라서 학사학위를 소지한 남성이 각 후보에 투표할 확률의 추정값은

$$P(\text{Bush}) = \frac{e^{0.078}}{1 + e^{0.078} + e^{-0.625}} = 0.413$$

$$P(\text{Perot}) = \frac{e^{-0.625}}{1 + e^{0.078} + e^{-0.625}} = 0.205$$

$$P(\text{Clinton}) = 1 - P(\text{Bush}) - P(\text{Perot}) = 0.382.$$

이며, 추정된 확률에 근거하여 학사학위 소지자인 남성 160명 중 Bush에 66.1명, Perot에 32.7명, Clinton에 61.1명이 투표한다고 예측한다.

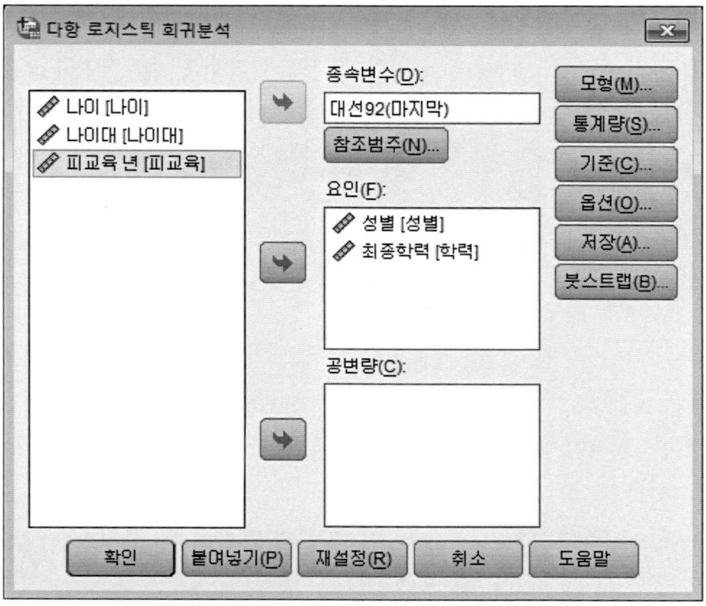

[그림 4-37] 다항 로지스틱 회귀분석

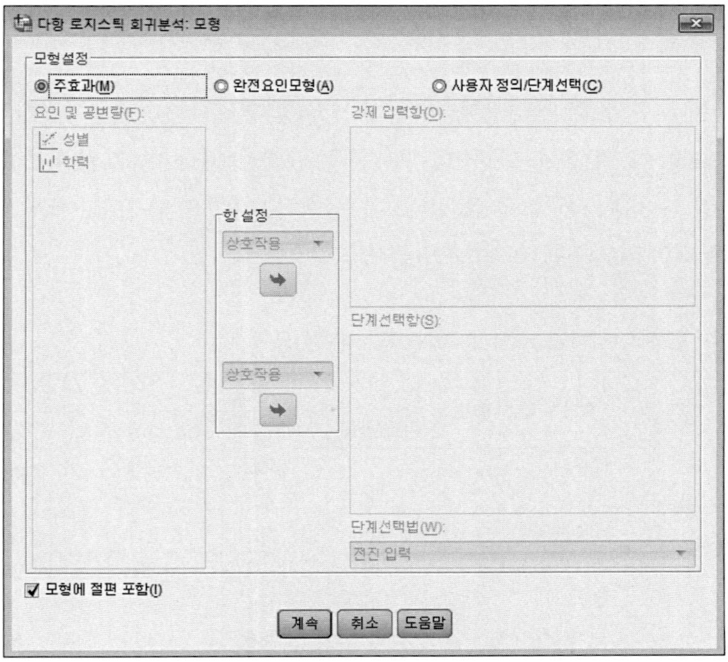

[그림 4-38](1) 다항 로지스틱 회귀분석: 모형

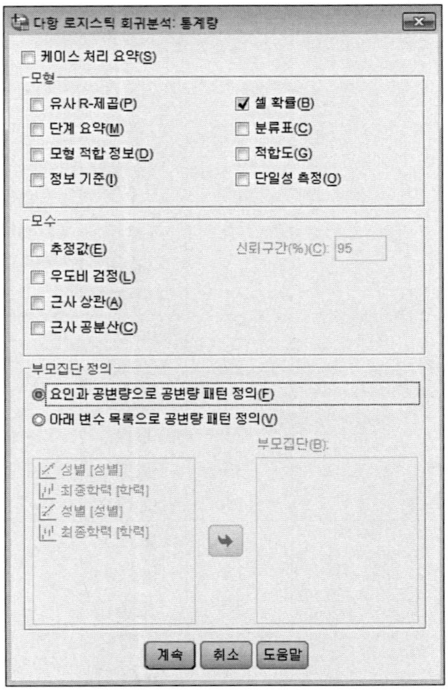

[그림 4-38](2) 다항 로지스틱 회귀분석: 통계량

참고 SPSS를 이용하여, 예측빈도와 피어슨 잔차를 구한다.

다항 로지스틱 회귀분석 대화상자([그림 4-37])를 연 뒤 종속변수 pc(대선92) 와 요인 gender(성별), edugp(학력)을 입력한 후, '모형'을 선택하면 다시 [그림 4-38](1) 대화상자가 열린다. [그림 4-38](1)에서 '주효과(M)'를 선택하고 [그림 4-38](2)에서는 '셀 확률'을 선택한 후, 실행하면 [표 4-39]의 결과가 출력된다.

[표 4-39] 요인이 성별과 학력인 모형의 관측빈도, 예측빈도와 잔차

최종학력	성별	92년 대선후보	빈도			%	
			관측빈도	예측빈도	Pearsan 잔차	관측빈도	예측빈도
고등학교 미만	남자	부시	27	27,902	-.210	32.5	33.5
		페롯	6	6,985	-.389	7.2	8.4
		클링턴	50	48,114	.419	60.2	58.0
	여자	부시	28	27,098	.201	26.4	25.6
		페롯	6	5,015	.450	5.7	4.7
		클링턴	72	73,886	-.399	67.9	69.7
고등학교	남자	부시	158	162,701	-.476	39.0	40.2
		페롯	89	86,103	.352	22.0	21.3
		클링턴	158	156,197	.184	39.0	38.6
	여자	부시	191	186,299	.425	35.2	34.4
		페롯	70	72,897	-.365	12.9	13.4
		클링턴	281	282,803	-.155	51.8	52.2
초대학교	남자	부시	22	21,965	.010	39.3	39.2
		페롯	17	13,856	.974	30.4	24.7
		클링턴	17	20,179	-.885	34.2	36.0
	여자	부시	26	26,035	-.009	34.2	34.3
		페롯	9	12,144	-.984	11.8	16.0
		클링턴	41	37,821	.729	53.9	49.8
대학교	남자	부시	71	66,108	.785	44.4	41.3
		페롯	27	32,743	-1.125	16.9	20.5
		클링턴	62	61,149	.138	38.8	38.2
	여자	부시	75	79,892	-.681	33.2	35.4
		페롯	35	29,257	1.138	15.5	12.9
		클링턴	116	116,851	-.113	51.3	51.7
대학원	남자	부시	37	36,325	.140	37.0	36.3
		페롯	13	12,314	.209	13.0	12.3
		클링턴	50	51,361	-.272	50.0	51.4
	여자	부시	26	26,675	-.155	28.0	28.7
		페롯	6	6,686	-.275	6.5	7.2
		클링턴	61	59,639	.294	65.6	64.1

[표 4-39]에서 학사학위를 소지한 남성들의 공변량패턴을 보면, 이들 중 71명이 Bush, 27명이 Perot, 62명이 Clinton에 실제로 투표하였음을 알 수 있다. 또한 각 셀에 대해 피어슨 잔차가 산출되었다. 피어슨 잔차는 관측빈도와 예측빈도 차이를 표준편차로 나눈 값으로, 모형이 얼마나 관측자료를 잘 설명하는 지를 평가할 때 사용된다. 만일 특정한 셀에 대한 피어슨 잔차의 절대값이 '2'보다 크면, 모형이 잘 적합되지 않은 식별 가능한 이유가 있는 지를 조사해야 하는데, [표 4-39]의 잔차 중 특별히 큰 것은 없다.

(6) 분류표

각 개체를 얼마나 잘 분류하였는 지 조사하기 위해 관측그룹과 예측그룹을 비교한다. 이를 위하여, SPSS 다항 로지스틱 회귀분석: 통계량 대화상자를 연 뒤 [그림 4-40]에서 '분류표'를 선택한 후 실행하면, [표 4-41]의 분류표가 출력된다.

참고 SPSS를 이용하여, 분류표를 작성한다.

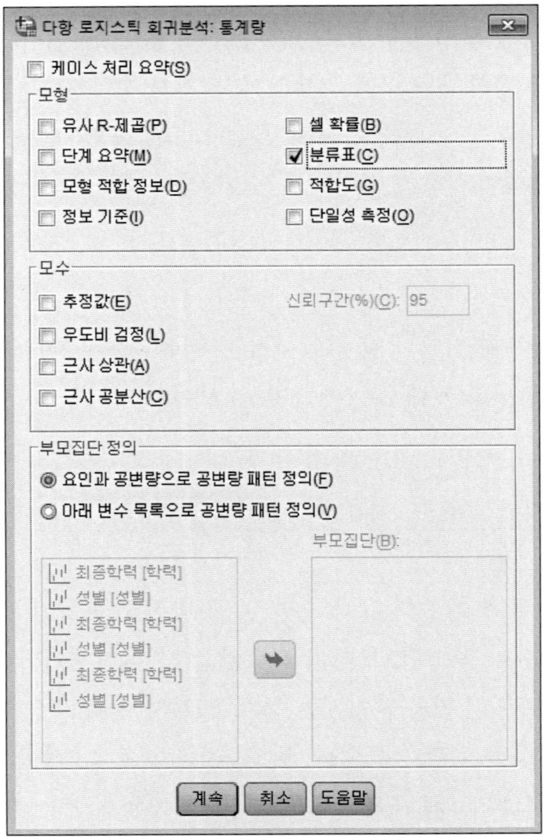

[그림 4-40] 다항 로지스틱 회귀분석: 통계량

[표 4-41] 분류표

관측수준	예측수준			
	부시	페롯	클링턴	분류정확 %
부시	251	0	410	38.0
페롯	133	0	145	.0
클링턴	237	0	671	73.9
전체 %	33.6	0	66.4	49.9

[표 4-41]에 의하면, Bush를 선택한 661명 중 251명(38%) 만이 주어진 모형에 의해 정확하게 분류되었다. Perot 투표자의 경우 정확히 분류된 사람은 한 명도 없으며, Clinton의 지지자 중 대략 3/4이 정확하게 식별되었다. 전반적으로 투표자의 약 절반이 정확하게 분류되었다. 그렇다면 이는 모형이 잘 적합되지 않았음을 의미하는가? 반드시 그렇지만은 않은 듯하다. 왜냐하면, 설정한 모형은 올바르지만 분류가 형편없을 수 있기 때문이다. 이 예와 같이 모형이 얼마나 잘 적합하는 지에 관계없이, 크기가 서로 다른 그룹들이 있을 때 개체들은 크기가 더 큰 그룹으로 분류될 가능성이 많다. 요약하면, 분류표는 흥미로운 정보를 제공하지만, 설정한 모형이 자료를 얼마나 잘 설명하는 지에 관하여는 많은 정보를 제공하지 못한다.

(7) 적합도검정

설정한 모형이 관측 자료를 얼마나 잘 적합시키는 지 살펴보자. 피어슨 카이제곱 통계량은 다차원분류에서 관측도수와 기대도수(예측빈도) 사이의 차이를 평가하며, 통상 다음 식으로 표현된다.

$$\chi^2_{\text{Pearson}} = \sum_{\text{모든 셀}} \frac{(\text{관측도수} - \text{기대도수})^2}{\text{기대도수}} \quad \text{or} \quad \sum_{j=1}^{J} \frac{(\text{관측도수} - \text{기대도수})^2}{\text{분산}}$$

만일 피어슨 카이제곱 통계량의 값이 크면, 모형이 잘 적합하지 못함을 의미하며, 또한 관측된 유의수준(p-값)이 작으면, 모형이 관측값을 잘 적합시킨다는 귀무가설을 기각한다. 적합도의 또 다른 측도인 편차 카이제곱 통계량 D는, 현재 가정한 모형을 포화모형(즉, 모든 주효과와 교호작용을 포함한 모형)과 비교하여 −2(로그 가능도)의 변화를 보는 것이다. 만일 모형이 잘 적합되면, 로그 가능도 값의 차이는 작고 관측된 p-값은 커진다. 만약 표본의 크기가 크면, 두 적합도 통계량의 크기는 서로 비슷하다고 알려져 있으며, 두 통계량에 대한 자유도는 공변량패턴의 수 J, 독립 로짓의 수, 추정할 모수의 수에 따라 달라진다.

> (예) 두 독립변수는 J=10개의 공변량패턴을 형성하며, 모든 공변량패턴의 관측빈도가 '0'보다 크다고 하자. 또한 로짓의 수가 '2'이며 추정할 모수의 수는 '12'라고 할 때, 자유도는(만약 각 로짓 내의 공변량패턴의 수가 동일한 경우) (관측된 공변량패턴의 수)×(독립 로짓의 수) − (추정할 모수의 수)=(10×2) − 12 = 8이 된다.

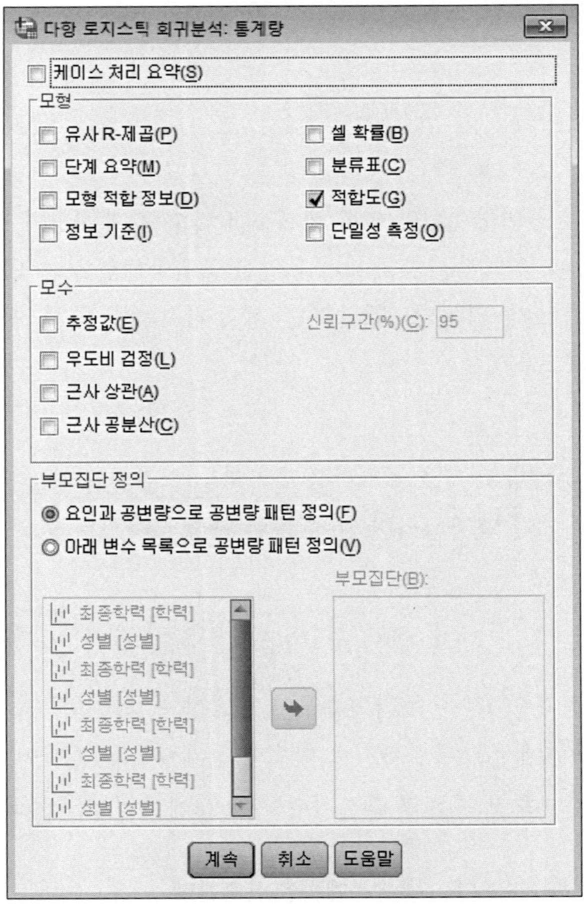

[그림 4-42] 다항 로지스틱 회귀분석: 통계량

참고 SPSS를 이용하여 적합도 통계량을 산출한다.

다항 로지스틱 회귀분석: 통계량 대화상자를 연 뒤, [그림 4-42]의 '적합도'를 선택하고 실행하면, [표 4-43]의 적합도 통계량이 산출된다. [표 4-43]을 통해 모형이 잘 적합된다는 귀무가설을 기각할 수 없다. [표 4-36]의 교호작용(성별*학력)의 카이제곱 값은 [표 4-43]에 나타난 편차 카이제곱 값과 동일하며, 이는 우연이 아니다(편차 카이제곱 통계량은 포화모형과 두 변수만 있는 모형간의 로그 가능도의 변화에 −2배 한 값이기 때문임). [표 4-36]에 대한 포화모형은 성별, 학력, 성별*학력을 포함한 것이다. 포화모형에서 [표 4-36]의 교호작용항을 제거하였을 때, −2(로그 가능도)의 변화에 유의할 필요가 있다.

[표 4-43] 성별, 학력을 포함한 모형의 적합도

	카미제곱	자유도	유의확률
피어슨	6,327	8	.611
편차	6,374	8	.605

적합도통계량은 각 공변량패턴에 속한 개체수가 다수일 때 사용해야 한다. 만약 공변량이 범주형이 아닌 경우 즉 대부분의 개체가 유일한 공변량패턴을 가지면, 적합도 통계량은 카이제곱 분포를 따르지 않는다. 왜냐하면 셀들에 대한 기대값들이 작기 때문이다(Hosmer−Lemeshow, 2000).

(8) 잔차의 검토

잔차와 다양한 진단통계량의 검토는 모형을 평가하는데 중요한 역할을 한다. 모형에 대한 진단통계량을 산출하거나 검사하려면, 이항 또는 다항 로지스틱 모형 절차에서 각각 구할 수 있다.

(9) 유사 R^2통계량

회귀모형에서의 결정계수 R^2은 독립변수들이 설명하는 종속변수의 변동 비율을 의미한다. 로지스틱 회귀모형에서도 마찬가지로 비슷한 통계량을 산출하여 자료의 설명력을 나타낸다. SPSS에서는 다음 세 종류의 결정계수를, Stata에서는 McFadden의 R^2을 산출한다.

참고 SPSS를 이용하여 유사 R−제곱 통계량을 산출한다

다항 로지스틱 회귀분석: 통계량 대화상자에서 '유사 R−제곱'을 선택하고 실행하면, [표 4-44]의 유사 R−제곱 통계량이 출력된다.

[표 4-44] Pseudo R^2 통계량

Cox와 Snell	.040
Nagelkerke	.046
McFadden	.020

이중, McFadden의 R^2은

$$R_L^2 = 1 - \frac{\ln L(\hat{\beta})}{\ln L(0)}$$

이며, 여기에서 $L(\hat{\beta})$는 절편항과 p개의 공변량이 있는 현재 모형의 가능도함수, $L(0)$는 단지 절편항만 있는 모형의 가능도함수이며, ln은 자연대수를 나타낸다(3장의 3.1.5절 참조).

연습문제 4장

1. 종속변수 y의 수준수가 3, 공변량의 수가 $p(\geq 2)$이다. 이때 서로 독립인 n개의 관측값에 대한 가능도함수와 로그 가능도함수가 각각

$$L(\boldsymbol{\beta}) = \prod_{i=1}^{n} \left[\pi_0(x_i)^{y_{0i}} \, \pi_1(x_i)^{y_{1i}} \, \pi_2(x_i)^{y_{2i}} \right]$$

$$l(\boldsymbol{\beta}) = \ln L(\boldsymbol{\beta}) = \sum_{i=1}^{n} \left\{ y_{1i}\, g_1(x_i) + y_{2i}\, g_2(x_i) - \ln\left(1 + e^{g_1(x_i)} + e^{g_2(x_i)}\right) \right\}$$

일 때(여기에서 $\sum_{j=0}^{2} y_{ji} = 1 \text{ for } i = 1, 2, \cdots, n$ 임), 로그 가능도 함수 $l(\boldsymbol{\beta})$를 $2(p+1)$개의 모수에 대해 각각 편미분하여, 다음 가능도방정식이 성립함을 보여라(본문의 식 (4.5) 참조).

$$\sum_{i=1}^{n} x_{ki}\,(y_{1i} - \pi_1(\underline{x_i}) = 0$$

$$\sum_{i=1}^{n} x_{ki}\,(y_{2i} - \pi_2(\underline{x_i}) = 0 \text{ for } k = 0, 1, \cdots, p \text{ and } x_{0i} = 1$$

2. 본문 [표 4-1]의 ME 자료(n=412)에서 종속변수 ME=2인 경우를 제거하고,

종속변수: ME
공변량 : symptd, pb, hist, bse, detcd

로 하여, 다음 질문에 답하라.

(1) 이분형 로지스틱 모형을 적합하여 구한 계수의 추정값과 표준오차가 [표 4-20] logit 1의 ILR 열의 값과 동일함을 보여라.

(2) Hosmer-Lemeshow 적합도 통계량과 피어슨 카이제곱 통계량의 값을 각각 산출하여, [표 4-21] logit 1의 값과 동일함을 보여라.

(3) j-번째 공변량 패턴에 대한 예측값 $\widehat{\pi}_j$, 모자행렬의 대각선원소 h_j, 그리고 진단통계량 $(C_j, \Delta\chi_j^2, \Delta D_j)$을 구하여, [표 4-22] logit 1의 값과 동일함을 보여라.

3. 본문 [표 4−1]의 ME 자료(n=412)에서 종속변수 ME=1인 경우를 제거하고,

종속변수: ME
공변량 : symptd, pb, hist, bse, detcd

로 하여, 다음 질문에 답하라.

(1) 이분형 로지스틱 모형을 적합하여 구한 계수의 추정값과 표준오차가 [표 4−20] logit 2의 ILR 열의 값과 동일함을 보여라.

(2) Hosmer−Lemeshow 적합도 통계량과 피어슨 카이제곱 통계량의 값을 각각 산출하여, [표 4−21] logit 2의 값과 동일함을 보여라.

(3) j−번째 공변량 패턴에 대한 예측값 $\widehat{\pi}_j$, 모자행렬의 대각선원소 h_j, 그리고 진단통계량 $(C_j, \triangle\chi_j^2, \triangle D_j)$을 구하여, [표 4−22] logit 2의 값과 동일함을 보여라.

4. 학생들이 어떤 과목을 선호하고, 또한 학생들의 연령(AGE)과 과목교수방법(TeachingMethod)이 과목의 선호도에 어떤 영향을 미치는 지 알아보고자 한다. 연령이 10~13세인 30명의 아동들에게 강의식 또는 토론식 방법을 통하여 과학(SCIENCE), 수학(MATH), 국어(ARTS)를 가르치고 있다. 학년말에 아동들에게 어떤 과목을 선호하는지를 설문 조사하였다. 이런 경우 반응변수의 수준은 어떤 순서가 없는 명목형이므로, 다항 로지스틱 회귀모형을 사용한다. 과목선호도 자료를 이용하여 다음에 답하라.

변수 코드

변수	변수 의미	변수값 의미
Subject	과목선호도	과학, 수학, 국어
TeachingMethod	과목교수방법	강의식, 토론식
Age	연령	10 ~ 13

(1) 공변량이 TeachingMethod, Age이고, 종속변수가 Subject인 다항 로지스틱 회귀모형을 가정하여 적합한 식을 적고, 유사 R^2을 산출하라.

(2) 공변량 TeachingMethod, Age의 유의성을 검정하기 위한 가능도비 검정을 하라.

(3) 모수 추정값의 분산−공분산 행렬과 예측값을 구하라.

(4) 공변량 Age를 명목형변수라고 가정하여 가변수를 사용하여, (1)을 분석하라.

과목선호도 자료

일련번호	Subject	Age	TeachingMethod
1	math	10	discuss
2	science	10	discuss
3	science	10	discuss
4	math	10	lecture
5	math	10	discuss
6	science	10	lecture
7	math	10	discuss
8	math	11	lecture
9	arts	11	lecture
10	science	11	discuss
11	arts	11	lecture
12	math	11	discuss
13	science	11	lecture
14	science	11	discuss
15	arts	11	lecture
16	science	12	lecture
17	science	12	lecture
18	science	12	discuss
19	arts	12	lecture
20	math	12	discuss
21	math	12	discuss
22	arts	12	lecture
23	arts	13	discuss
24	math	13	discuss
25	arts	13	lecture
26	arts	13	lecture
27	math	13	discuss
28	science	13	discuss
29	math	13	lecture
30	arts	13	lecture

제5장

순서 로지스틱 회귀모형

이 단원에서는 종속변수가 순서형인 경우, 순서 로지스틱 회귀모형(ordinal logistic regression model)을 설정하여 모형의 유의성을 검정하고 공변량들의 중요성을 평가한다.

■ 순서형변수

자료를 이용하여 충분한 정보를 얻고 결론내리기 위해, 분석하려는 변수(들)를 검사하여야 한다. 변수의 중요한 특징으로 측정수준(measurement level)이 있다. 많은 변수들은 은행잔고 또는 연령과 같이 숫자로 표시되며, 주어진 구간 내의 임의의 값을 가진다. 더 나아가 변수의 차이는 측정 범위 내에서 서로 동일하다고 가정한다.

(예) 은행잔고의 경우 2,000(원)과 3,000(원)의 차이는 14,000과 15,000의 차이와 동일하다.

이런 변수들을 척도변수(scale variable)라고도 한다. 회귀모형은 이런 형태의 변수를 모형화하기 위한 통계적 기법이다.

그러나 이것과는 다른 형태의 변수들이 있다. 5개의 수준이 있는 신용계좌상태(credit account status)의 변수를 보자. 즉, 이 변수의 수준은 해당 날짜에 갚음, 만기일 30일 이내 상환, 만기일 60일 이내 상환, 만기일 90일 이내 상환, 상환 불능이다. 이 경우 각 범주에 순서가 있다. 즉, '해당 날짜에 갚음'은 '만기일 30일 이내 상환'보다 신용상태가 좋고, 마찬가지로 '만기일 30일 이내 상환'은 '만기일 60일 이내 상환'보다는 좋지만, 그러나 그 차이가 항상 동일하다고 할 수 없다. 예를 들면, '만기일 90일 이내 상환'과 '상환 불능'의 차이와 '만기일 30일 이내 상환'과 '60일 이내 상환' 사이의 차이는 비록 각각 근접하는 범주라 하더라도 서로 다르다. 이런 변수를 순서형변수(ordinal variables)라 한다.

(예) 순서형변수로 병세의 정도(없음, 다소 있음, 심각함), 일 성취도(부적절, 만족함, 우수함), 정치 후보자에 대한 의견(강력 반대, 반대, 찬성, 강력 찬성)을 들 수 있다. 또 다른 예로 심리학적 측정과 순위점수(rank score)를 들 수 있다.

어떤 경우에는 경계효과(threshold effects)로 인해 연속형변수를 순서형변수로 나타낼 수도 있다. 이런 형태의 예로 "교육 년수"를 측정한 변수가 있다. 시간은 분명히 연속이지만, 교육적인 중대시점이 있음을 착안하면 시간과 교육의 성취도 개념과의 관계는 달라진다. 중등교육을 마치고 즉 학교교육 12년 후 졸업장을 취득하기 때문에, 교육 년 수 12년과 11년 사이의 차이는 11년과 10년 사이의 차이보다 크다고 볼 수 있다.

5.1 순서형 종속변수의 회귀모형

종속변수가 순서형일 때 일반적인 회귀모형은 잘 맞지 않는다. 왜냐하면, 이 모형은 반응(종속)변수가 구간형인 경우에 적당하기 때문이다. 따라서 종속변수가 순서형일 때, 회귀모형은 자료 내의 관계를 정확히 찾아내지 못할 수 있다. 특히 회귀모형은 종속변수의 범주에 민감하다. 순서형변수에서 중요한 점은 각 범주들 간에 순서가 있다는 것이며, 만일 이웃하는 범주들을 하나의 큰 범주로 합하더라도 모형의 변화가 적어야 하며, 합하기 전의 범주를 사용한 모형과 합한 범주를 사용한 모형이 서로 비슷해야 한다. 그러나 회귀모형은 종속변수의 범주화에 민감하기 때문에, 범주들을 병합하기 전의 모형은 병합 후의 모형과 판이하게 달라질 수 있다.

이런 제한 때문에 순서형 종속변수를 다루는 몇 가지 방법들이 제공되었으며, 이 중 하나는 범주들 사이의 균등하지 않는 거리(차이)를 설명하기 위해 연속형 점수(score)를 부여하는 방법이다. 예를 들어, 신용계좌상태의 범주들을 연속형인 위험척도(risk scale)로 대응시킨 다음 각 범주들의 점수를 보자.

범주	점수	범주에 속할 확률
해당 날짜에 갚음	0	0.80
30일 이내 상환	1	0.07
60일 이내 상환	3	0.07
90일 이내 상환	7	0.05
상환 불능	20	0.01

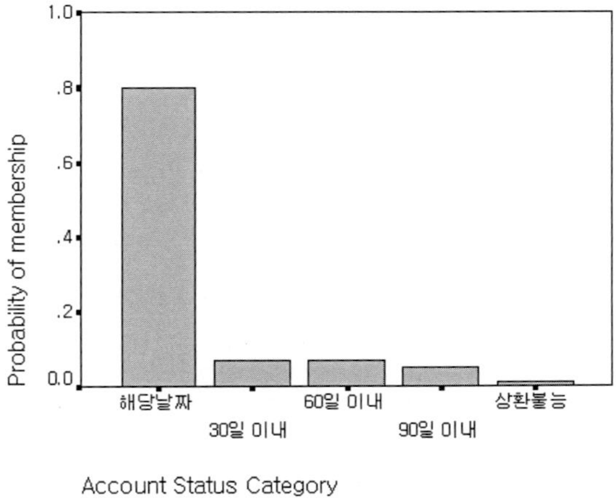

[그림 5-1](1) 범주를 연속점수로 대응

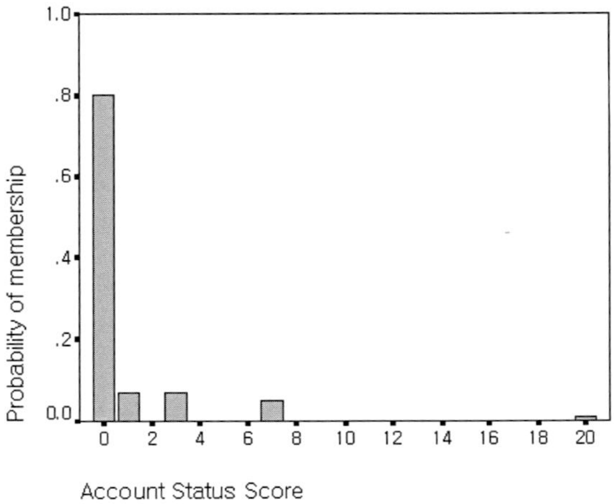

[그림 5-1](2) 범주를 연속점수로 대응

[그림 5-1]은 이런 대응관계를 나타낸 그래프이다. 일단 종속변수의 각 범주에 점수를 부여하면 기존의 회귀모형을 사용할 수 있지만, 이 방법의 문제점은 각 범주에 어떤 값을 부여할 지를 모른다는 점이며, 또한 사전에 적당한 값을 알 수 없다는 것이다. 만일 잘못된 값을 부여한다면, 설정한 모형은 옳지 않으며 예측값들은 정확하지 않을 것이다.

회귀모형을 일반화한 다른 모형은 일반화 선형모형(generalized linear model)으로, 이 모형은 범주들에 대한 누적확률을 예측한다. 이 모형을 이용하여 순서형 종속변수 y에 대응하는 범주 또는 그보다 낮은 범주에 속할 확률을 추정할 수 있으므로, 따라서 각 범주에 속할 확률을 추정할 수 있다.

(예) 모형에 독립변수가 없을 때 예측값은 각 범주에 속하는 전체 확률에만 근거하므로, 처음 범주에 대한 예측누적확률은 0.80이고, 두 번째 범주에 대한 예측누적확률은 0.80 +0.07 =0.87이다. 세 번째 예측누적확률은 0.80 +0.07 +0.07 =0.94이며, 나머지 예측누적확률도 마찬가지이다. 또한 마지막 범주에 대한 예측누적확률은 항상 '1.0'이다. 왜냐하면 모든 개체는 마지막 범주 또는 그보다 낮은 범주에 속하기 때문이다. 따라서 마지막 범주에 대한 예측누적확률은 불필요하다([그림 5-2]의 누적확률 참조).

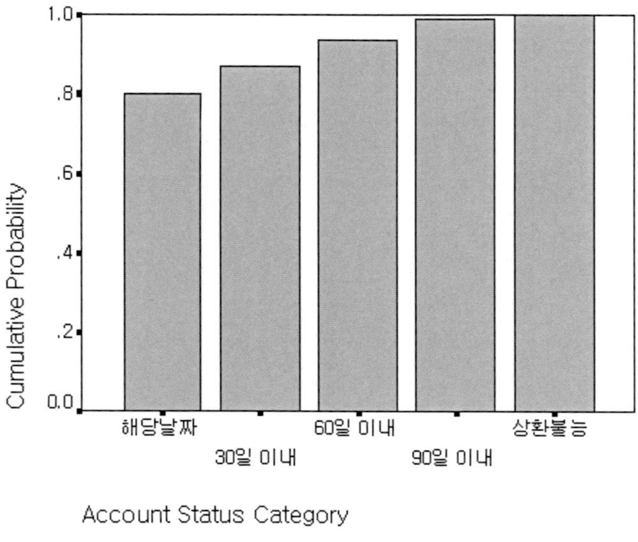

[그림 5-2] 순서범주에 대한 누적확률

5.2 모형의 형태

순서형 종속변수 y를 다룰 순서 로지스틱 회귀모형 중의 하나인 비례승산모형(proportional odds model)을 살펴보자. 이 모형은 $y \le k$과 $y > k$의 확률을 비교하며, 다음과 같이 표현된다.

$$\begin{aligned} c_k(\boldsymbol{x}) &= \ln\left[\frac{\mathrm{P}(y \le k|\boldsymbol{x})}{\mathrm{P}(y > k|\boldsymbol{x})}\right] \\ &= \ln\left[\frac{\pi_0(\boldsymbol{x}) + \pi_1(\boldsymbol{x}) + \cdots + \pi_k(\boldsymbol{x})}{\pi_{k+1}(\boldsymbol{x}) + \pi_{k+2}(\boldsymbol{x}) + \cdots + \pi_K(\boldsymbol{x})}\right] \\ &= \alpha_k + \boldsymbol{x}'\boldsymbol{\beta}, \quad k = 0, 1, \cdots, K-1 \end{aligned} \tag{5.1}$$

여기에서

$\pi_k(x) = P(y = k/x)$는 공변량 $x_{p\times1}$가 주어졌을 때 결과변수 y가 k일 확률,

α_k는 k번째 로짓에 대한 절편항,

$\beta_{p\times1}$는 공변량 벡터 $x_{p\times1}$의 회귀계수

를 각각 나타내며, 종속변수 y는 $0, 1, 2, \cdots, K$ 중 어느 한 값을 가진다. 특별히 $K = 2$인 경우, 식 (5.1)은 $y = 0$ 대 $y = 1$의 확률의 비로 표현되므로 통상적인 이분형 로지스틱 모형이다.

모형을 적합시키는 방법을 다음 두 단계를 통하여 살펴보자.

1단계

식 (5.1)을 이용하여 종속변수 y가 특정한 범주에 속할 확률을 다음과 같이 유도한다.

$$\pi_0(\boldsymbol{x}) = \mathrm{P}(y = 0|\boldsymbol{x}) = \frac{\exp(\alpha_0 + \beta'\boldsymbol{x})}{1 + \exp(\alpha_0 + \beta'\boldsymbol{x})} \tag{5.2}$$

$$\begin{aligned} \pi_1(\boldsymbol{x}) &= \mathrm{P}(y \leqq 1|\boldsymbol{x}) - \mathrm{P}(y = 0|\boldsymbol{x}) \\ &= \frac{\exp(\alpha_1 + \beta'\boldsymbol{x})}{1 + \exp(\alpha_1 + \beta'\boldsymbol{x})} - \frac{\exp(\alpha_0 + \beta'\boldsymbol{x})}{1 + \exp(\alpha_0 + \beta'\boldsymbol{x})} \end{aligned}$$

$$\cdots$$

$$\pi_{K-1}(\boldsymbol{x}) = \frac{\exp(\alpha_{K-1} + \beta'\boldsymbol{x})}{1 + \exp(\alpha_{K-1} + \beta'\boldsymbol{x})} - \frac{\exp(\alpha_{K-2} + \beta'\boldsymbol{x})}{1 + \exp(\alpha_{K-2} + \beta'\boldsymbol{x})}$$

$$\pi_K(x) = 1 - \pi_0(x) - \cdots - \pi_{K-1}(x)$$

2단계

$(K+1)\times 1$ 벡터 $\boldsymbol{z}=(z_0,\cdots,z_K)'$ 는, 종속변수 y의 값에 따라 $y=k$일 때

$$\begin{cases} z_k = 1 \\ z_j = 0 \quad \text{for} \quad j \neq k \end{cases}$$

으로 놓으면, 이때 변수 $\boldsymbol{z}$는 단지 한 성분의 값이 '1'이 된다. 따라서 n개의 독립인 관측값 $(y_i,\ \boldsymbol{x_i}),\ i=1,\cdots,n$에 대한 가능도함수 L은

$$L(\boldsymbol{\beta},\boldsymbol{\alpha}) = \prod_{i=1}^{n}\left[\pi_0(\boldsymbol{x_i})^{z_{0i}}\pi_1(\boldsymbol{x_i})^{z_{1i}}\times\cdots\times\pi_K(\boldsymbol{x_i})^{z_{Ki}}\right] \quad \text{for} \quad z_i = \begin{pmatrix} z_{0i} \\ z_{1i} \\ \cdots \\ z_{Ki} \end{pmatrix}$$

이며, 여기에서 회귀계수 $\beta_{p\times 1}$는 p개 독립변수의 기울기, $\alpha_{K\times 1}$는 K개의 절편항이다. 가능도함수 L에 로그를 취한 로그 가능도함수 $l(\boldsymbol{\beta},\boldsymbol{\alpha})$는

$$l(\boldsymbol{\beta},\boldsymbol{\alpha}) = \sum_{i=1}^{n}\left[z_{0i}\ln[\pi_0(\boldsymbol{x_i})] + z_{1i}\ln[\pi_1(\boldsymbol{x_i})] + \cdots + z_{Ki}\ln[\pi_K(\boldsymbol{x_i})]\right] \tag{5.3}$$

이므로, 모수 $(\boldsymbol{\beta},\boldsymbol{\alpha})$에 대한 최대가능도 추정량 $(\hat{\boldsymbol{\beta}},\hat{\boldsymbol{\alpha}})$은 식 (5.3)을 모수 $(\boldsymbol{\beta},\boldsymbol{\alpha})$에 대해 편미분한 $(K+p)$개의 방정식을 '0'으로 놓고 구하면 된다.

모수 $(\boldsymbol{\beta},\boldsymbol{\alpha})$의 최대가능도 추정량 $(\hat{\beta},\hat{\alpha})$를 구한 후, 공변량 x에서 종속변수 y가 k일 확률을 추정하면

$$\widehat{\pi_k}(x) = \frac{\exp(\widehat{\alpha_k}+\hat{\beta}'x)}{1+\exp(\widehat{\alpha_k}+\hat{\beta}'x)} - \frac{\exp(\widehat{\alpha_{k-1}}+\hat{\beta}'x)}{1+\exp(\widehat{\alpha_{k-1}}+\hat{\beta}'x)} \quad \text{for}\ k=1,2,\ldots,K-1$$

이며, 또한 식(5.3)을 모수 (β,α)에 대해 이차 편미분하여 얻은 행렬에 음수를 곱하여 정보행렬을 얻고, 그 역행렬을 구하여 추정된 계수의 공분산행렬을 추정한다.

순서 로지스틱 모형을 가정하여 그 승산비를 구하기 위하여, 순서형 종속변수 y를 생성하여 보자. 순서형 종속변수를 생성하는 방법으로 연속형 변수를 몇 개의 범주(강력 반대에서 강력 찬성에 이르는 범주)로 나누어 순서형 종속변수 로 변환하는 방법이 있고, 또한 몇 개의 변수들을 합하여 순서형 종속변수를 생성할 수도 있다.

(예) 건강 상태 또는 질병의 정도를 들 수 있는데, 이들은 신생아의 Apgar 점수같은

각 개인의 여러 임상지표값을 이용한 것이다. Apgar 점수는, 각각 0,1,2 를 가지는 다섯 개의 변수들의 합으로 구성된다.

사용할 자료는 저체중아 자료(lowbwt 자료)이며, 출생체중(BWT)을 세 절단점(2500g, 3000g, 3500g)으로 구분하여 네 범주를 만들었다. 이 예는 순서형변수의 범주가 '낮음' '중간' '높음'인 일반적인 순서형변수는 아니며, 여기에서는 연속형 종속변수 BWT를 네 범주로 나누어 순서형 종속변수를 생성하였다. 이제 연속형 종속변수를 범주화시켜 어떻게 비례승산모형을 적용할 지를 알아보자. 우선 종속변수 BWT를 이용하여 다음과 같이 순서형 종속변수 BWT4N을 생성한다.

BWT $\leq$2500 이면 BWT4N=0

2500<BWT $\leq$3000 이면 BWT4N=1

3000<BWT $\leq$3500 이면 BWT4N=2

BWT>3500 이면 BWT4N=3

만약 종속변수 BWT4N의 기준범주를 저체중으로 한다면 이 입력방법이 적절하지만, 그러나 만일 가장 무거운 신생아를 기준범주로 하려면, 다음과 같이 입력방법을 감소하는 순서로 만든다.

BWT$\leq$2500 이면 BWT4=3

2500<BWT$\leq$3000 이면 BWT4=2

3000<BWT$\leq$3500 이면 BWT4=1

BWT>3500 이면 BWT4=0

이렇게 코딩된 변수 BWT4와 임신기간 산모의 흡연상태 SMOKE를 교차분석한 내용이 [표 5-3]이다.

[표 5-3] 변수 BWT4와 산모의 흡연상태 SMOKE의 교차분석표

출생체중 범주		흡연상태		계
		아니오(0)	예(1)	
BWT4	0: BWT>3500	35	11	46
	1: 3000<BWT$\leq$3500	29	17	46
	2: 2500<BWT$\leq$3000	22	16	38
	3: BWT$\leq$2500	29	30	59
계		115	74	189

만약 다항 로지스틱 모형을 가정하였다면, 변수 BWT4= k 대 BWT4= 0에 대한 산모 흡연 SMOKE의 승산비는

$$\widehat{\mathrm{OR}}(1,0) = \frac{17\times 35}{29\times 11} = 1.87$$

$$\widehat{\mathrm{OR}}(2,0) = \frac{16\times 35}{22\times 11} = 2.31$$

$$\widehat{\mathrm{OR}}(3,0) = \frac{30\times 35}{29\times 11} = 3.29$$

이며, 이때 $\widehat{\mathrm{OR}}(k,0)$은 변수 BWT4= k 대 BWT4= 0에 대한 산모 흡연 SMOKE의 승산비이다. 승산비가 '1.87'에서 '3.29'로 증가함은 임신 중 흡연한 산모들이 점점 더 저체중 신생아를 출산할 승산이 증가함을 의미한다.

이제, 비례승산모형을 가정하여

$$\begin{cases} \text{종속변수} & BWT4 \\ \text{공변량} & SMOKE \end{cases}$$

를 적합하여 보자. 이를 실행하기 위한 Stata 명령과 그 결과가 [표 5-4]에 있다.

[Stata 명령]

```
. recode bwt (0/2500=3) (2500/3000=2) (3000/3500=1) (3500/6000=0),
 gen(bwt4)

. ologit  bwt4 smoke
```

: 연속형 종속변수 bwt를 순서형 종속변수 bwt4로 변환하여, 순서 로지스틱 모형을 적합하라는 명령이다.

[표 5-4] 비례승산모형의 적합결과

```
Iteration 0:    log likelihood = -259.65219

Ordered logistic regression                 Number of obs   =       189
                                            LR chi2(1)      =      7.96
                                            Prob > chi2     =    0.0048
Log likelihood =  -255.6725                 Pseudo R2       =    0.0153
```

bwt4	Coef.	Std. Err.	z	P>|z|	[95% Conf.	Interval]
smoke	.7607847	.2718708	2.80	0.005	.2279278	1.293642
/cut1	−.8667339	.1937385			−1.246454	−.4870133
/cut2	.2476773	.1819283			−.1088957	.6042503
/cut3	1.116297	.1984506			.7273409	1.505253

흡연하는 여성들이 저체중아를 출산할 경향이 있으므로, 변수 SMOKE와 순서형변수 BWT4의 관련성은 양의 관계가 된다. 따라서 정상체중아에 대한 저체중아를 출산할 승산비의 추정값은

$$\widehat{OR} = \exp(0.761) = 2.14$$

이며, 이는 흡연하는 여성들이 그렇지 않은 여성들에 비해 저체중아를 출산할 승산이 2.1배임을 의미한다.

두 번째 분석으로, 비례승산모형을 가정하여

$$\begin{cases} \text{종속변수} & BWT4 \\ \text{공변량} & LWT \end{cases}$$

를 적합한 Stata 명령과 그 결과가 [표 5−5]에 있다.

[Stata 명령]

```
.ologit BWT4  LWT
```

[표 5−5] 비례승산모형의 적합결과

Iteration 0: log likelihood = −259.65219

Ordered logistic regression	Number of obs	=	189
	LR chi2(1)	=	9.01
	Prob > chi2	=	0.0027
Log likelihood = −255.14768	Pseudo R2	=	0.0173

bwt4	Coef.	Std. Err.	z	P>|z|	[95% Conf.	Interval]
lwt	−.0127375	.0043168	−2.95	0.003	−.0211983	−.0042766
/cut1	−2.831112	−2.831112			−4.012457	−1.649768
/cut2	−1.70695	−1.70695			−2.840148	.5737531
/cut3	−.8316033	−.8316033			−1.946119	.2829126

[표 5-5]의 변수 LWT에 대한 계수가 음수이므로, 변수 LWT와 변수 BWT4와는 음의 관계이다. 그런데 음의 상관관계인 공변량은 보수적이므로, 저체중아 출산의 승산에 대한 변수 LWT의 10파운드 증가의 효과는

$$\widehat{OR} = \exp(-0.013 \times 10) = 0.88$$

가 된다. 이는 산모의 체중이 10파운드 증가하면, 저체중아를 출산할 승산이 12% 감소함을 의미한다.

자, 이제 비례승산의 가정을 검토하여 보자. 스코어 검정 또는 가능도비 검정을 이용하여, 비례승산모형과 다항 로지스틱 모형을 비교함으로써 비례승산의 가정을 검토할 수 있다(SAS 패키지는 스코어 검정을 사용함). 이 검정법은 모형의 적절성을 판단하기에 충분하며, 검정법의 자유도는 다음과 같다.

$$(K+1-2) \times p = (K-1) \times p$$

여기에서, K는 종속변수의 (수준수−1), p는 공변량의 수를 각각 나타낸다,

(예) 비례승산의 가정을 검토하기 위하여, 가능도비 검정을 이용하여 비례승산모형과 다항 로지스틱 모형을 비교하라. 종속변수와 공변량은 다음과 같다.

$$\begin{cases} \text{종속변수} & BWT4 \\ \text{공변량} & SMOKE \end{cases}$$

풀이 비례승산모형과 다항 로지스틱 모형의 로그가능도함수는 각각

−255.6725, −255.4859

이므로, 가능도비 검정통계량 G는

$$G = -2[-255.6725 - (-255.4859)] = 0.373$$

가 된다. 따라서 p−값은

$$p(\chi^2(2) > 0.3730) = 0.83$$

이므로, 두 모형이 서로 다르다고 할 수 없다. 즉, 공변량 SMOKE에 대하여 두 모형을 가정한 추론은 서로 동일함을 알 수 있다.

두 모형 중 어느 모형을 선택하느냐는 모형 적절성의 평가와 어떤 승산비가 정보량이 많은 지에 달려있다.

5.3 순서 로지스틱 모형에서 모형 구축의 전략

순서 로지스틱 모형에서의 모형 구축(model building) 방법은 이항 로지스틱 모형에서의 방법과 동일하며, 그 절차는 다음과 같다.

(1) 주효과를 나타내는 공변량을 식별한다(단계적 선택법을 이용하거나, 임상적으로 중요한 변수를 선택한다).
(2) 가변수를 사용하여, 연속형 공변량의 척도를 검사한다. 이외에도, $y=k$ 대 $y=0$ $(k=1,2,\cdots,K)$의 각 이항 로지스틱 모형에서 공변량의 비선형성을 체크한다.
(3) 변수선택시 제거된 공변량들이, 모형 내에서 유의하지 않을 뿐 아니라 주효과의 교락인자가 아님을 확실히 검사하여야 한다.
(4) 평상적인 변수선택법을 이용하여, 공변량들의 교호작용 효과를 체크한다.
(5) 제한 모형과 비제한 모형을 비교하는 가능도비 검정을 실시하여, 비례승산모형과 다항 로지스틱 모형의 동일성을 검사한다.
(6) 기존의 진단 통계량들과 적합도검정법을 현 순서 로지스틱 모형에서 사용할 수 없으므로, 각각의 이항 로지스틱 모형을 가정하여 영향력이 큰 개체들을 식별한다.

부록의 저체중아 자료(n=189)를 사용하여, 순서 로지스틱 모형 중 비례승산모형을 가정한다. 종속변수 BWT4N에 유의한 영향을 주는 7개의 주효과는

공변량 AGE, LWT, RACE, SMOKE, HT, UI, PTD

이며, 이 모형을 적합한 Stata 명령과 그 결과는 [표 5-6]에 있다.

[Stata 명령]

```
. recode bwt (0/2500=1) (2500/3000=2)(3000/3500=3)
 (3500/6000=4), gen(bwt4n)
. recode  ptl (0=0) (1/3=1) , gen(ptd)
. ologit  bwt4n age lwt i.race smoke ht ui ptd
```

: 연속형 종속변수 bwt를 순서형 종속변수 bwt4n으로, 공변량 ptl을 이분형 공변량 ptd로 재기호화하여, 순서 로지스틱 모형을 적합하라는 명령

[표 5-6] 종속변수가 BWT4N인 비례승산모형

Iteration 0: log likelihood = −259.65219

Ordered logistic regression　　Number of obs = 189
　　LR chi2(8) = 48.00
　　Prob > chi2 = 0.0000
Log likelihood = −235.65042　　Pseudo R2 = 0.0924

bwt4n	Coef.	Std. Err.	z	P>|z|	[95% Conf.	Interval]
age	.0006257	.0274693	0.02	0.982	−.0532132	.0544646
lwt	.0128958	.0048733	2.65	0.008	.0033442	.0224473
race						
2	−1.470897	.4346921	−3.38	0.001	−2.322878	−.6189165
3	−.869222	.3344921	−2.60	0.009	−1.524815	−.2136296
smoke	−.9877202	.3149787	−3.14	0.002	−1.605067	−.3703732
ht	−1.194	.6122474	−1.95	0.051	−2.393983	.0059824
ui	−.9129658	.404487	−2.26	0.024	−1.705746	−.1201859
ptd	−.8219579	.4173651	−1.97	0.049	−1.639979	−.0039373
/cut1	−.4952642	.8798418			−2.219722	1.229194
/cut2	.5160991	.8816967			−1.211995	2.244193
/cut3	1.803489	.8913855			.0564054	3.550572

임상적으로 중요한 공변량 AGE 뿐 아니라, 임상적으로도 중요하고 가능도비검정의 p-값이 0.046인 공변량 HT도 모형에 포함하였다. 공변량 AGE와 LWT의 척도를 검사하기 위하여 세 개의 이분형 로지스틱 모형을 각각 가정한 결과, 로짓함수가 선형임을 확인하였다. 또한 사분위 가변수를 이용하여 공변량 LWT의 척도를 검사한 결과, 3개의 계수 추정값이 서로 비슷하여 나머지 세 사분위수를 모두 합한 이분형 변수로 재코드화를 시도하였다. 공변량 LWT 대신 재코드화된 이분형 변수를 분석한 결과, 로그 가능도값이 조금 작아지고 공변량 HT의 계수는 18%나 변하여, 따라서 원래의 연속형 공변량 LWT를 그대로 보존하여 사용하였다.

다음 작업으로 교호작용의 효과를 검사한 결과, 공변량 LWT와 HT의 교호작용 만이 유일하게 유의하였다. 이때 가능도비 검정의 p-값이 0.044, 월드검정의 p-값이 0.062이었지만, 공변량 HT의 계수 추정값이 $\widehat{\beta_{HT}}=-5.648$, 그 표준오차가 $\widehat{SE}(\widehat{\beta_{HT}})=2.5353$으로 수치적으로 불안정하여, 공변량 LWT와 HT의 교호작용을 포함하지 않았다.

이제, [표 5-6]에 제시된 모형의 비례승산가정을 검정하여 보자. 비례승산모형과 다항 로지스틱 모형을 비교하기 위한 가능도비 검정의 검정통계량 G는

$$G = -2[(-235.65) - (-224.78)]$$
$$= 21.74$$

이고, 자유도는

$$(K-1) \times p = (3-1) \times 8 = 16$$

이므로, 이때의 근사 p-값은

$$p[\chi^2(16) \geq 21.7452] = 0.152$$

이다. 따라서 비례승산모형의 가정이 성립하지 않는다고 말할 수 없다.

모형의 적합과 개체들의 영향력을 평가하기 위하여, 종속변수 BWT4N=0를 기준범주로 하는 세 개의 이항 로지스틱 모형을 각각 적합하였다. 세 이항 로지스틱 모형 중 적어도 어느 한 모형에서 개체번호 98, 132, 133, 138, 188에서 Cook의 거리통계량이 $C_j = \Delta\hat{\beta} > 1$ 이어서, 이 개체들을 면밀히 검사하였지만 아무런 이상을 찾지 못하였다. 이 5명의 개체를 모두 제거하고 모형을 적합한 결과, 변수 8개 중 3곳에서 20%이상의 계수 추정값의 변화를 보였다. 그렇지만 만약 모형에서 5명의 개체를 제거하면, 변수 BWT4N과 HT의 이원 교차표에서 빈도수가 0인 칸을 발견할 수 있고, 또한 만약 빈도수가 0인 칸이 있으면, 다항 로지스틱 모형을 적합할 수 없고 더 나아가 비례승산모형의 가정을 검정할 수 없다. 그 결과, 5명의 개체를 제거하지 않기로 결정하여, [표 5-6]을 최종모형으로 결론지었다. 정상체중아 출산을 기준으로 저체중아를 출산할 승산비와 그 신뢰구간의 추정값이 [표 5-7]에 실려 있다.

[Stata 명령]

```
. recode bwt (0/2500=3) (2500/3000=2) (3000/3500=1)
        (3500/6000=0),   gen(bwt4)
. recode  ptl (0=0) (1/3=1), gen(ptd)
. gen age10=age/10
. gen lwt10=lwt/10
. ologit  bwt4 age10 lwt10 i.race smoke ht ui ptd, or
```

: 연속형 종속변수 bwt를 순서형 종속변수 bwt4로, 공변량 ptl을 이분형 공변량 ptd로 재기호화하고, 공변량 age10와 lwt10을 생성하여 연령은 10년 단위 체중은 10 파운드 단위에 대한 승산을 구함

[표 5-7] [표 5-6]의 비례승산모형에서 구한 저체중아 vs 정상체중아를 출산할 승산비와 95% 신뢰구간의 추정값

Iteration 0: log likelihood = −259.65219

Ordered logistic regression		Number of obs	=	189
		LR chi2(8)	=	48.00
		Prob > chi2	=	0.0000
Log likelihood = −235.65042		Pseudo R2	=	0.0924

bwt4	Coef.	Std. Err.	z	P>|z|	[95% Conf.	Interval]
age	.9937625	.2729799	−0.02	0.982	.5800471	1.702558
lwt	.8790112	.0428371	−2.65	0.008	.7989371	.9671108
race						
2	4.35314	1.892276	3.38	0.001	1.856915	10.205
3	2.385055	.797782	2.60	0.009	1.238164	4.594291
smoke	2.685106	.8457513	3.14	0.002	1.448275	4.978194
ht	3.300257	2.020574	1.95	0.051	.9940355	10.95705
ui	2.491702	1.007861	2.26	0.024	1.127707	5.50549
ptd	2.27495	.9494846	1.97	0.049	1.003945	5.155059
/cut1	−1.803489	.8913856			−3.550572	−.0564053
/cut2	−.5160991	.8816967			−2.244193	1.211995
/cut3	.4952643	.8798418			−1.229194	2.219722

[표 5-7]의 승산비는 다음 과정을 통하여 구한다.

(1) 만약 [표 5-6]의 계수 추정값에 지수함수를 취하면, 저체중아가 기준범주가 되어 정상체중아 vs 저체중아를 출산할 승산비를 산출한다.

(2) 만약 계수 추정값이 양이면, 공변량과 반응변수 간의 관계가 양의 상관을 나타낸다. 그런데 이 예에서는 정상체중아가 기준범주인 저체중아 vs 정상체중아를 출산할 승산비를 구할 목적이므로, [표 5-6]의 종속변수 bwt4n 대신 bwt4를 사용하거나 또는 [표 5-6]의 계수 추정값에 음수(−)를 곱한 후 지수함수를 취하여 [표 5-7]의 결과를 얻는다.

분석결과에 의하면, 변수 AGE와 LWT의 효과를 조절한 후 변수 RACE, SMOKE, HT, UI, PTD 모두 정상체중아를 기준으로 저체중아를 출산할 승산을 증가시켰고, 이때 공변량 HT(p−값은 0.051) 만 제외하고, 나머지 모든 공변량들은 5% 유의수준에서 유의하였다.

5.4 예를 통한 분석

마지막으로 다음의 연봉 만족도 자료에 대하여, 비례승산모형을 가정하여 Stata, SAS와 SPSS를 각각 사용하여 분석하여 보자.

1. 자료 이름 : 연봉 만족도 자료
2. 크기 : n=14 observations, 2 variables
3. 출처 : 성웅현(2001), p199
4. 변수 코드

변수 이름	변수 의미	변수값 의미
y	평가 결과	1=불만족 2=보통 3=만족
Income	회사원의 연봉(단위=백만원)	

5. 연봉 만족도 자료

y	income
1	15
1	30
2	20
1	16
1	20
2	40
2	30
1	40
3	45
3	49
3	55
2	56
1	24
2	31

각 패키지의 명령과 그 결과의 일부가 다음과 같으니, 참고하기 바란다.

(1) Stata 명령과 결과

```
. ologit y income
. predict p1 p2 p3

Iteration 0:    log likelihood = −14.853219

Ordered logistic regression                    Number of obs   =        14
                                               LR chi2(1)      =      8.83
                                               Prob > chi2     =    0.0030
Log likelihood = −10.437491                    Pseudo R2       =    0.2973
```

y	Coef.	Std. Err.	z	P>|z|	[95% Conf.	Interval]
income	.1406696	.0582077	2.42	0.016	.0265847	.2547545
/cut1	4.068246	1.877313			.3887794	7.747712
/cut2	6.880171	2.636552			1.712625	12.04772

	y	income	p1	p2	p3
1.	1	15	.8763382	.1152538	.008408
2.	1	30	.4621121	.4725176	.0653703
3.	2	20	.7781389	.2050172	.0168439
4.	1	16	.8602697	.1300646	.0096657
5.	1	20	.7781389	.2050172	.0168439
6.	2	40	.1738565	.6040292	.2221144
7.	2	30	.4621121	.4725176	.0653703
8.	1	40	.1738565	.6040292	.2221144
9.	3	45	.0943291	.5398156	.3658554
10.	3	49	.0560111	.4408291	.5031598

(2) SAS 명령과 결과

```
Data ologit;
Input y income;
Cards;
1       15
1       30
2       20
1       16
1       20
```

```
2        40
2        30
1        40
3        45
3        49
3        55
2        56
1        24
2        31
Run;

Proc Logistic ORDER=DATA;
Model y=income;
Output Out =yhat  Pred=p;
Run;

Proc Print; Run;
```

The LOGISTIC Procedure

Model Information

Data Set	WORK.OLOGIT
Response Variable	y
Number of Response Levels	3
Number of Observations	14
Link Function	Logit
Optimization Technique	Fisher's scoring

Score Test for the Proportional Odds Assumption

Chi−Square	DF	Pr > ChiSq
0.1232	1	0.7256

Model Fit Statistics

Criterion	Intercept Only	Intercept and Covariates
AIC	33.706	26.875
SC	34.985	28.792
−2 Log L	29.706	20.875

Testing Global Null Hypothesis: BETA=0

Test	Chi−Square	DF	Pr > ChiSq
Likelihood Ratio	8.8315	1	0.0030

Score	7.0459	1	0.0079
Wald	5.9382	1	0.0148

Analysis of Maximum Likelihood Estimates

Parameter	DF	Estimate	Standard Error	Chi−Square	Pr > ChiSq
Intercept	1	4.0681	1.8817	4.6741	0.0306
Intercept2	1	6.8799	2.6014	6.9946	0.0082
x	1	−0.1407	0.0577	5.9382	0.0148

The LOGISTIC Procedure

Odds Ratio Estimates

Effect	Point Estimate	95% Wald Confidence Limits	
x	0.869	0.776	0.973

Association of Predicted Probabilities and Observed Responses

Percent Concordant	82.5	Somers' D	0.698
Percent Discordant	12.7	Gamma	0.733
Percent Tied	4.8	Tau−a	0.484
Pairs	63	c	0.849

obs	y	income	_LEVEL_	p
1	1	15	1	0.87633
2	1	15	2	0.99159
3	1	30	1	0.46212
4	1	30	2	0.93462
5	2	20	1	0.77813
6	2	20	2	0.98315
7	1	16	1	0.86026
8	1	16	2	0.99033
9	1	20	1	0.77813
10	1	20	2	0.98315

(3) SPSS 명령과 결과

(ⅰ) [그림 1−15]의 SPSS 메뉴상자에서

분석(A) > 회귀분석(R) > 순서(D)

를 선택한다.

(ⅱ) 다음 그림의 [순서 회귀분석] 상자에서 종속변수 y와 공변량 income을 각각 넣은 후,

[순서 회귀분석] 상자의 출력결과를 눌러 [출력결과] 상자에서 응답확률 추정을 선택한 후 계속, 확인을 눌러 실행하면 된다.

[순서 회귀분석] 상자

[순서 회귀분석: 출력결과] 상자

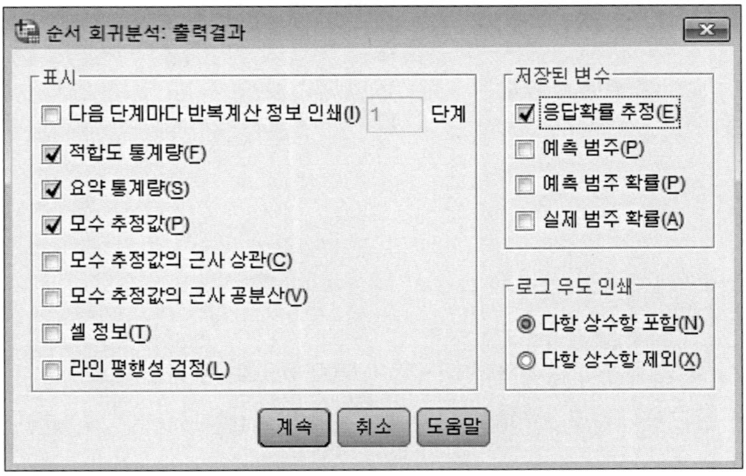

적합도

	GOF 카이제곱	자유도	GOF 유의확률
Pearson	10.918	19	.927
편차	12.557	19	.860

링크 함수: 로짓.

모형 적합도 정보

모형	-2 log 우도	MFI 카이제곱	자유도	MFI 유의확률
절편 만	25.548			
최종	16.716	8.831	1	.003

링크 함수: 로짓.

Pseudo R-제곱

Cox와 Snell	.468
Nagelkerke	.532
McFadden	.297

링크 함수: 로짓.

모수 추정값

		B 추정값	표준 오차	Wald	자유도	PAR 유의확률	95% 신뢰구간 하한	95% 신뢰구간 상한
한계치	[Y = 1]	4.068	1.882	4.674	1	.031	.380	7.756
	[Y = 2]	6.880	2.601	6.995	1	.008	1.781	11.979
위치	X	.141	.058	5.938	1	.015	2.753E-02	.254

링크 함수: 로짓.

y	income	EST_1	EST_2	EST_3
1	15.00	.88	.12	.01
1	30.00	.46	.47	.07
2	20.00	.78	.21	.02
1	16.00	.86	.13	.01
1	20.00	.78	.21	.02
2	40.00	.17	.60	.22
2	30.00	.46	.47	.07
1	40.00	.17	.60	.22
3	45.00	.09	.54	.37
3	49.00	.06	.44	.50

위에서 보여준 각 패키지의 결과를 간략히 나열한다.

(1) 가능도비 검정통계량의 값은 8.83, p-값이 0.0030으로 세 패키지 모두 같은 결과를 보였고, 또한 월드통계량도 5.938로 모두 같은 결과(Stata는 5.938 의 제곱근인 2.42로 나타남)를 보였다.

(2) 유사 R-제곱은 Stata와 SPSS에서 각각 0.2973을 산출하였다.

(3) 두 절편항의 추정값은 4.068, 6.880으로 모두 동일하였지만, 공변량 income 의 추정값은 SPSS와 Stata는 0.1407, SAS는 −0.1407로 가정한 모형에 의해 부 호만 다르게 표현되었다.

(4) 비례승산의 가정을 검정하기 위한 SAS의 스코어 검정(Score Test) 결과는 다음과 같았다.

Chi−Square	DF	Pr > ChiSq
0.1232	1	0.7256

(5) 공변량 income=15일 때, P(y=1), P(y=2), P(y=3)의 추정값은 각각

.8763382 .1152538 .008408

이며(SPSS, Stata), SAS에서는 위의 값 대신 종속변수 y의 누적확률의 추정 값을 산출하여 SPSS, Stata와 동일한 결과를 보였다.

연습문제 5장

1. 저체중아 자료를 이용하여 [표 5−6]을 얻기 위한 다음 질문에 답하라.

(1) 변수 BWT를 변환하여, 4개의 범주를 가진 변수 BWT4N

$$BWT4N = \begin{cases} 1 \ \text{if} & BWT \le 2500 \\ 2 \ \text{if} & 2500 < BWT \le 3000 \\ 3 \ \text{if} & 3000 < BWT \le 3500 \\ 4 \ \text{if} & BWT > 3500 \end{cases}$$

을 생성하라.

(2) 종속변수 BWT4N

공변량 AGE, LWT, RACE, SMOKE, HT, UI, PTD

로 하는 비례승산모형을 가정하여 [표 5−6]을 구하라(단, 이때 공변량 RACE는 세 수준을 가진 범주형 변수이다).

(3) (2)의 모형에서, 공변량 HT의 유의성을 검정하기 위한 가능도비 검정의 p−값을 구하라.

(4) (2)의 모형에서, 비례승산모형과 다항 로지스틱 모형을 비교하기 위한 가능도비 검정을 하라(비례승산가정을 검정하기 위함).

(5) 저체중아 자료의 처음 10개의 관측값에 대하여, P(y=1), P(y=2), P(y=3)의 추정값을 각각 산출하라.

2. 저체중아 자료를 이용하여 다음 절차에 따라 [표 5−7]를 구하라.

(1) 변수 BWT를 변환하여, 4개의 범주를 가진 변수 BWT4

$$BWT4 = \begin{cases} 3 \text{ if } & BWT \le 2500 \\ 2 \text{ if } & 2500 < BWT \le 3000 \\ 1 \text{ if } & 3000 < BWT \le 3500 \\ 0 \text{ if } & BWT > 3500 \end{cases}$$

을 생성하라.

(2) 공변량 AGE를 10년 단위로, 공변량 LWT를 10파운드 단위로 하기 위하여, 변수변환한 공변량 AGE10, LWT10을 각각 구하라.

(3) 종속변수 BWT4

공변량 AGE10, LWT10, RACE, SMOKE, HT, UI, PTD

로 하는 비례승산모형을 가정하여 [표 5−7]을 구하라(단, 이때 공변량 RACE는 세 수준을 가진 범주형 변수이다).

(4) 세 수준의 명목형 변수 RACE에 대하여, 가변수 RACE_2와 RACE_3의 승산비 추정값이

RACE_2 = 4.35
RACE_3 = 2.39

임을 보이고, 그 신뢰구간을 각각 유도하라.

3. 미국 북동부 해안에 서식하는 전체 성인 도롱뇽의 숫자가 지난 몇 년 동안 점점 줄어들고 있다고 믿는 생물학자가 있다. 따라서 부화한 도롱뇽이 생존한 시간(Survival)과 해수의 독성(ToxicLev)간의 관련성을 조사하려 하며, 물론 지역적인 효과(Region)도 공변량으로 선택한다. 생존시간 Survival은 10일 미만은 '1'로 10일부터 30일까지는 '2'로 31일부터 60일까지는 '3'으로 코드화한다(도롱뇽 자료는 MINITAB에서 인용함).
도롱뇽 자료(n=73)를 이용하여 다음에 답하라.

변수 코드

변수	변수 의미	변수값
Survival	도롱뇽의 생존시간	1, 2, 3
Region	지역	1, 2
ToxicLev	해수의 독성 수준	30 ~ 72

(1) 공변량이 Region, ToxicLev이고, 종속변수가 Survival 인 순서 로지스틱 회귀모형을 가정하여 적합한 식을 적고, 유사 R^2을 산출하라.

(2) 두 공변량 Region과 ToxicLev의 유의성을 검정하기 위한 가능도비 검정을 하라.

(3) 공변량 Region와 ToxicLev의 승산비의 추정값을 각각 구하라.

(4) (1)의 모형에서, 비례승산모형과 다항 로지스틱 모형을 비교하기 위한 가능도비 검정을 하라(비례승산가정을 검정하기 위함).

(5) 도롱뇽 자료의 처음 10개 관측값에 대하여, P(y=1), P(y=2), P(y=3)의 추정값을 각각 산출하라.

도롱뇽 자료

일련번호	Survival	Region	Toxic Level
1	1	2	62.00
2	1	1	46.00
3	2	2	48.50
4	3	1	32.00
5	2	2	63.50
6	1	2	41.25
7	2	1	40.00
8	3	2	34.25
9	2	2	34.75
10	1	1	46.25
11	2	2	43.50
12	2	1	46.00
13	2	2	42.50
14	1	1	53.00
15	1	1	43.50
16	1	2	56.00
17	2	2	40.00
18	1	1	48.00
19	2	2	46.50
20	2	1	72.00
21	2	1	31.00
22	1	2	48.00
23	2	1	36.50
24	2	1	43.75
25	2	2	34.25
26	2	2	41.25
27	2	1	41.75
28	2	1	45.25
29	2	2	43.50
30	2	1	53.00

일련번호	Survival	Region	Toxic Level
31	3	2	38.00
32	2	1	59.00
33	2	2	52.50
34	2	1	42.75
35	2	1	31.50
36	2	1	43.50
37	2	1	40.00
38	2	2	40.50
39	2	1	60.00
40	3	2	57.50
41	2	2	48.75
42	2	2	44.50
43	1	2	49.50
44	2	1	33.75
45	2	2	43.50
46	2	1	48.00
47	3	2	34.00
48	1	2	50.00
49	3	1	35.00
50	1	2	49.00
51	2	1	43.50
52	3	1	37.25
53	3	1	39.00
54	3	2	34.50
55	2	2	47.50
56	1	1	42.00
57	2	1	45.50
58	2	1	38.50
59	2	2	36.50
60	2	1	37.50
61	3	2	38.50
62	2	1	47.00
63	2	1	39.75
64	1	2	60.00
65	2	1	41.00
66	2	2	41.00
67	3	2	30.00
68	2	1	45.00
69	2	1	51.00
70	2	1	35.25
71	1	1	40.50
72	2	1	39.50
73	3	1	36.00

제6장

대응된 사례-대조 연구

사례-대조 연구는 조사대상자들을 질병이 있는 개체들(사례)과 질병이 없는 개체들(대조)로 나누어 위험요인(risk factor)에 관한 정보를 수집함으로써, 가능성 있는 위험요인과 질병간의 관계를 연구하는 틀을 제공하여 준다. 질병이 있는 개체들과 질병이 없는 개체들의 위험요인에 대한 정보를 이용하여, 위험요인과 질병간의 관계를 분석할 수 있을 것이다.

전형적인 사례-대조 연구의 예로, Doll & Hill(1952)은 런던에서 18개월 동안 649명의 남성 폐암 환자들(사례)과 649명의 폐암에 걸리지 않은 남성들(대조)을 조사하였다. 이 연구에서 하루 담배 흡연량이 많으면 많을수록 폐암에 걸릴 위험이 증가함을 명백히 보여주었다.

사례-대조 연구(case-control study)는 아마 연구의 계획단계에서 제일 많이 사용하는 기법일 것이다. 왜냐하면, 코호트 연구(cohort study)보다 연구수행시간이 훨씬 짧고, 비용이 적게 들기 때문이다.

교락인자(confounder)의 효과를 조절하기 위한 기법으로, 계획단계에서의 랜덤화(randomization)와 층화(stratification)가 해법일 수 있다. 층화된 계획의 한 형태로 대응된 사례-대조 연구를 들 수 있다(Kleinbaum, 1994). 대응(matching)이란 두 개 혹은 그 이상의 그룹을 비교하려는 연구의 계획단계에서 수행하는 절차이다. 각 개체들을 반응변수와 관련이 있다고 예상하는 변수들에 근거하여 대응시킨다. 즉, 각 사례에 비슷한 특성값을 가지는(대응변수(matching variable)라 함) 하나 또는 둘 이상의 대조를 대응시키는 기법이다. 물론 각 층 마다 사례의 수와 대조의 수가 동일할 필요는 없지만, 대부분의 대응계획은 사례 하나에 M = 1~5개의 대조를 대응시킨다. 이런 경우를 1-M 대응연구라 한다. 예를 들어, 1-1 대응계획의 각 층에는 사례와 대조가 각각 한 개로 두 개의 개체를 가진다. 각 사례-대조 층(쌍)에 대하여 대응변수가 아닌 다른 위험요인(risk factor 또는 unmatched variables)에 관한 정보를 수집한다. 대응계획의 장단점은 다음과 같다(Chap T.Le, 2003).

(1) 직접 측정하기 어려운 교락인자들의 효과를 대응을 통하여, 조절할 수 있다.
(2) 대응변수의 특별한 함수형태를 고려할 필요가 없기 때문에, 대응 방법은 쉽게 교락인자들의 효과를 조절할 수 있다.
(3) 단점으로, 보기드믄 특성을 가진 개체들은 대응이 어려워 정보의 손실이 발생할 수 있다.
(4) 사례와 대조 개체들이 어떤 공변량 C에 대하여 대응되었을 때, 대응변수 C의 효과를 더 이상 연구할 수 없다.

(예) 각 개인들의 거주환경요인을 조절하기 위하여, 거주지역을 대응변수로 하여 개체들을 대응시킨다.

이 단원에서는 대응된 사례-대조 연구에 대하여 공부한다. 1-1 대응계획이 가장 보편적이므로 자세히 다루고, 1-M 대응연구에 관하여도 설명한다.

층화된 표본을 다루기 위해 모형의 층화 변수에서 생성한 계획변수(또는 가변수)를 이용하는 방법이 있다. 이 접근 방법은 각 층 내의 개체수가 많은 경우에 사용한다. 그렇지만 전형적인 대응연구에는 각 층 내의 개체수가 그리 많지는 않다. 예를 들어, n개의 사례-대조층의 1-1 대응연구에는 각 층 내에는 단지 두개의 개체만이 있을 뿐이다. 따라서 p개의 공변량을 가진 층화 모형에서 절편항, p개의 기울기 모수 및 $(n-1)$개의 층을 나타내는 가변수의 회귀계수를 추정하면 된다.

(예) n = 100(50개의 1:1 대응 집합)

종속변수 y

대응변수 C

대응되지 않은 공변량 x_1, x_2, x_3, x_4

일 때, 종속변수 y와 공변량 간의 관계를 로지스틱 모형을 가정하여 적어라(단, 교호작용의 효과는 없다고 가정함).

풀이 $$\ln\frac{\pi(\underline{x})}{1-\pi(\underline{x})} = \alpha + \sum_{i=2}^{50}\gamma_i v_i + \beta_1 x_1 + \beta_2 x_2 + \beta_3 x_3 + \beta_4 x_4 + \epsilon$$

여기에서

γ_i는 기준층 v_1에 대한 i-번째 층의 효과,

β_i는 공변량 x_i에 대한 효과

를 각각 나타낸다.

최대가능도법의 최적화성질은 모수들의 수가 고정되었을 때 표본크기를 크게 함으로써 유지된다. 만약 층을 나타내는 변수의 회귀계수의 추정에 관심이 없다면, 로지스틱 모형의 회귀계수들의 최대가능도 추정량을 위한 가능도함수를 구하여 조건 추론방법을 사용할 수 있다.

6.1 조건 로지스틱 회귀모형

이 절에서는 조건 로지스틱 회귀모형(conditional logistic regression model)을 다루기로 한다. 일반적으로 로지스틱 모형이나 다항 로지스틱 모형에서는 모수의 추정값을 구하기 위하여 조건없는 최대가능도법(unconditional maximum likelihood method)을 사용하였다. 그

렇지만 추정할 모수의 수가 많은 대응된 자료를 분석하기 위해서는 조건 최대가능도법을 이용하여 모수들을 추정한다.

1-1 대응계획으로 만든 K개의 층에 대하여, 대응변수 C와 대응되지 않은 공변량 $x_1, x_2, \cdots, x_p$ 가 있다고 하자. 이때, k번째 층에서 한 개체가 사건을 경험할 확률은

$$\mathrm{P}\,(\mathrm{y}=1|\mathbf{x}) \;=\; \pi_{\mathrm{k}}(\mathbf{x}) \;=\; \frac{\exp\left(\alpha_k + \sum_{i=1}^{p}\beta_i x_i\right)}{1+\exp\left(\alpha_k + \sum_{i=1}^{p}\beta_i x_i\right)} \tag{6.1}$$

이며, 여기에서 α_k는 대응변수에 근거한 k번째 층의 효과이며, β_i는 대응되지 않은 공변량 x_i의 회귀계수를 각각 나타낸다.

대조군이 어떤 사건을 경험할 승산에 대한 사례군이 그 사건을 경험할 승산의 비에 로그를 취한 값은 다음과 같다.

$$\ln\left(\frac{\text{사례군이 사건을 경험할 승산}}{\text{대조군이 사건을 경험할 승산}}\right) = \sum_{i=1}^{p}\beta_i D_i \tag{6.2}$$

여기에서 β_i는 대응되지 않은 공변량 x_i의 회귀계수, D_i는 사례와 대조간의 독립변수 x_i의 차이를 나타낸다. 로지스틱 모형의 회귀계수는 대응된 경우와 그렇지 않은 경우 모두 같은 의미로 해석할 수 있다. 다음 예를 통하여 그 절차를 살펴보자.

(예) 종속변수 y와 관련이 있는 공변량(독립변수) c, x가 있다. 이 때 변수 c를 대응변수로 하여, 1-1 사례-대조 계획으로 만든 층 중 하나가 다음과 같다.

	x	y
대조	x_1	$y_1=0$
사례	x_2	$y_2=1$

이때 k번째 층의 조건 가능도함수 $L_k(\beta)$는 k번째 층 내에서 $y_1+y_2=1$인 조건하에서 관측된 자료의 확률이며, 다음과 같이 표현된다.

$$L_k(\beta) = \frac{\mathrm{P}(\mathrm{y}_1 = 0|\mathrm{x}_1)\mathrm{P}(\mathrm{y}_2 = 1|\mathrm{x}_2)}{\mathrm{P}(\mathrm{y}_1 = 0|\mathrm{x}_1)\mathrm{P}(\mathrm{y}_2 = 1|\mathrm{x}_2) + \mathrm{P}(\mathrm{y}_2 = 0|\mathrm{x}_2)\mathrm{P}(\mathrm{y}_1 = 1|\mathrm{x}_1)} \tag{6.3}$$

$$= \frac{\exp(\beta x_2)}{\exp(\beta x_1) + \exp(\beta x_2)}$$

여기에서

$$\mathrm{P}(\mathrm{y} = 1|\mathrm{x}) = \pi_{\mathrm{k}}(\mathrm{x}) = \frac{\exp(\alpha_k + \beta x)}{1 + \exp(\alpha_k + \beta x)}$$

α_k는 k번째 층의 대응변수 c의 효과

β는 공변량 x의 회귀계수

를 각각 나타낸다. K개 층의 전체 조건 가능도함수 $L(\beta)$는 각 층의 가능도함수의 곱인

$$L(\beta) = \prod_{k=1}^{K} L_k(\beta) \tag{6.4}$$

이므로, 회귀계수 β의 조건 최대가능도 추정량은 식 (6.4)를 최대화하는 값을 나타낸다. 식 (6.3)을 다시 표현하면

$$L_k(\beta) = \frac{\exp\{\beta(x_2 - x_1)\}}{1 + \exp\{\beta(x_2 - x_1)\}} \tag{6.5}$$

이므로, 이는 바로 절편항 β_0의 값이 '0'이고, 공변량은 사례의 값에서 대조의 값을 뺀 $x_k^* = x_2 - x_1$ 를 갖는 기존의 로지스틱 모형을 나타낸다. 따라서 전체 층의 조건 가능도함수 $L(\beta)$는

$$L(\beta) = \prod_{k=1}^{K} L_k(\beta) = \prod_{k=1}^{K} \frac{\exp(\beta x_k^*)}{1 + \exp(\beta x_k^*)} \tag{6.6}$$

이고, 이는 다음과 같이 표현할 수 있다.

$$L(\beta) = \prod_{k=1}^{K} \left(\frac{\exp(\beta x_k^*)}{1 + \exp(\beta x_k^*)} \right)^{y_i} \left(\frac{1}{1 + \exp(\beta x_k^*)} \right)^{1 - y_k} \tag{6.7}$$

식 (6.7)은 $y_i = 1$일 때 식 (6.6)이 되므로, 만약 조건 로지스틱 모형을 다루는 기능이 없다면, 모든 k에 대해 $y_k = 1$로 놓아 SAS의 proc Logistic 또는 SPSS 이분형 로지스틱 회귀절차를 사용할 수 있다. 식 (6.6)과 (6.7)을 통하여 조건 최대가능도 추정량과 그 표준오차를

구하기 위하여, 표본의 크기는 사례-대조 쌍의 수로, 절편항은 없고 공변량으로는 그 차이인 x_k^*를, 종속변수의 값은 $y_k = 1$ 로 자료를 변환하여 기존의 패키지를 사용하면 된다.

Stata에서는 변수의 변환 과정 없이 조건 로지스틱 모형의 명령문을 그냥 사용하면 된다.

[Stata 명령]

```
. clogit low lwt smoke, group(pair_n)
```

$$\begin{cases} \text{종속변수 } low \\ \text{대응되지 않은 공변량 } lwt\ smoke \\ \text{사례}-\text{대조 층을 나타내는 변수 } pair\_n \end{cases}$$

를 사용하여, 조건 로지스틱 모형을 적합하라는 명령이다.

6.2 예를 통한 분석

변수 LOW, AGE, LWT, FTV 등을 포함한 데이터 세트인 lowm11 자료(low birth weight data (paired))를 열어서 사용하기로 한다. 이 자료는 저체중아를 낳은 어머니와 그렇지 않은 어머니로 구성된 56개의 쌍으로 구성되었다. 대응변수로는 AGE를 사용하였고, 변수들은 다음과 같다.

[표 6-1] 변수 코드

변수	변수 의미	변수값 의미
LOW	저출산 체중	0=Birth Weight $\geq$ 2500g l=Birth Weight < 2500g
AGE	산모의 연령	
LWT	최근 월경시 산모의 체중	
RACE	인종	1=White, 2=Black, 3=Other
SMOKE	임신 중 흡연상태	1=Yes, 0=No
PTD	미숙아 출산 경험	0=None, 1=Yes
HT	고혈압 경험	1=Yes, 0=No
UI	자궁 감염상태	1=Yes, 0=No

아래의 [그림 6-2]는 Stata 데이터 편집기로 lowm11 자료의 일부분을 열거한 것이고, 자료의 크기는 $n = 112$이다.

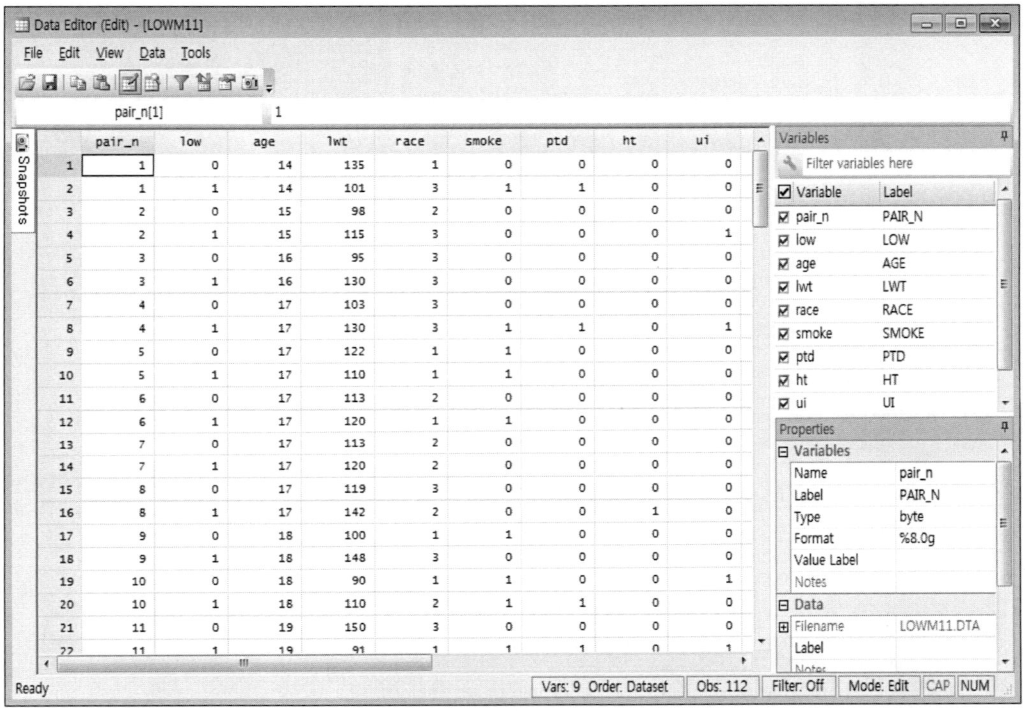

[그림 6-2] 사례-대조 쌍에 대한 데이터 세트의 일부분

이제 Stata를 이용하여 조건 로지스틱 회귀분석을 시행하여 보자. 결과를 산출하기 위하여 메뉴에서

Statistics > Categorical outcomes > Conditional logistic regressions

을 선택하면 [그림 6-4] 대화상자가 열린다.

[그림 6-4] 대화상자에서 "종속변수"에 변수 LOW, "독립변수"에 공변량 lwt i.race smoke ptd ht ui를 지정한 후, Ok를 누르면 [표 6-5]의 결과가 산출된다.

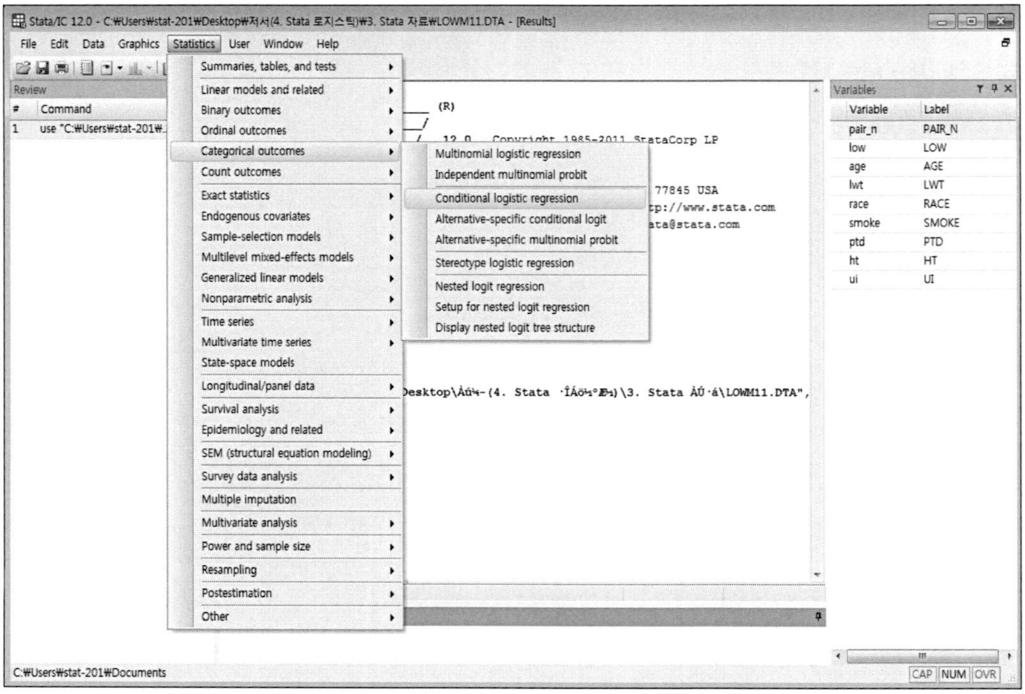

[그림 6-3] 조건 로지스틱 모형의 선택

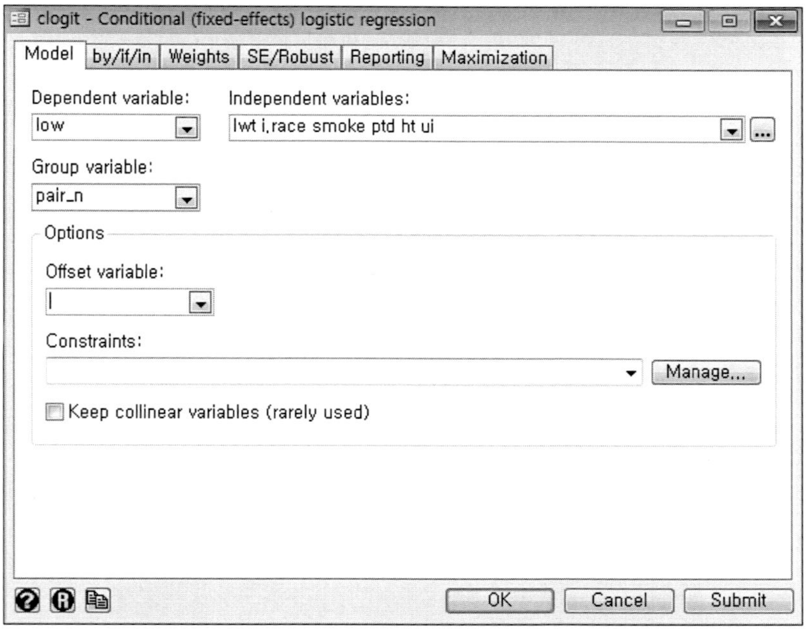

[그림 6-4] 조건 로지스틱 회귀모형

[표 6-5] 모수 추정값

```
. clogit low lwt i.race smoke ptd ht ui, group(pair_n)
```

Conditional(fixed-effects) logistic regression	Number of obs	=	112
	LR chi2(7)	=	26.04
	Prob > chi2	=	0.0005
Log likelihood = −25.794271	Pseudo R2	=	0.3355

low	Coef.	Std. Err.	z	P>|z|	[95% Conf.	Interval]
lwt	−.0183757	.0100806	−1.8	0.068	−.0381333	.0013819
race						
2	.5713643	.689645	0.83	0.407	−.7803149	1.923044
3	−.0253148	.6992044	−0.0	0.971	−1.39573	1.345101
smoke						
ptd	1.400656	.6278396	2.23	0.026	.1701131	2.631199
ht	1.808009	.7886502	2.29	0.022	.2622828	3.353735
ui	2.361152	1.086128	2.17	0.030	.2323796	4.489924
_cons	1.401929	.6961585	2.01	0.044	.0374836	2.766375

여기에서 변수 race 대신 i.race 라고 표기한 이유는, 변수 race의 수준수가 3이므로 두 가변수를 생성하라는 명령이다. 변수 race에 지시변수표기법을 사용하면, 두 개의 가변수 race2, race3를 생성하게 된다. 가변수 RACE2 는 흑인이면 '1', 그렇지 않으면 '0', 가변수 RACE3은 기타이면 '1', 그렇지 않으면 '0'으로 표기한다. [표 6-6]에 가변수의 표기가 주어졌다.

[표 6-6] 인종 구별 코딩

	RACE2	RACE3
White	0	0
Black	1	0
Other	0	1

[표 6-5]의 Stata 명령과 동일한 SAS와 SPSS 명령문은 다음과 같으니, 참고하기 바란다.

[SAS 명령]

```
Data cond;  Input
  PAIR_N   LOW   AGE  LWT  RACE  SMOKE  PTD  HT  UI  IRACE_2  IRACE_3 /
  PAIR_N2  LOW2  AGE2  LWT2  RACE2  SMOKE2  PTD2  HT2  UI2  IRA_22  IRA_32 ;
  LWTNEW=LWT2-LWT;    RANEW2=IRA_22-IRACE_2;   RANEW3=IRA_32-IRACE_3;
  SMNEW=smoke2-smoke; PTDNEW=PTD2-PTD;  HTNEW=HT2-HT; UINEW = Ui2-Ui; Y =1;
Cards;
  1    0    14   135   1    0    0    0    0    0    0
  1    1    14   101   3    1    1    0    0    0    1
  2    0    15    98   2    0    0    0    0    1    0
  2    1    15   115   3    0    0    0    0    0    1
-----------------------------------------------------------
  55   0    32   121   3    0    0    0    0    0    1
  55   1    32   105   1    1    0    0    0    0    0
  56   0    35   170   1    0    1    0    0    0    0
  56   1    34   187   2    1    0    1    0    1    0
Run;

Proc Logistic;
  Model y= LWTNEW RANEW2 RANEW3 SMNEW PTDNEW HTNEW UINEW /Noint;
Run;
```

[SPSS 명령]

아래의 [그림 6-7]은 SPSS 데이터 편집기로 데이터 세트의 일부분을 열거한 것이다. 주어진 자료에서 대응된 쌍에 대한 자료들의 차이를 계산한 수정된 자료가 [그림 6-8] 데이터 편집기에 있는 "plowbwtm-2"이다.

[그림 6-8]은 대응된 쌍의 자료들과 그 변수들의 차이를 보여준다. 이제 SPSS를 이용하여 조건 로지스틱 회귀분석을 시행하여 보자. SPSS로 대응 사례-대조 자료의 조건 로지스틱 회귀분석을 하기 위해서는 사례-대조 각 쌍에 대하여 공변량값의 차이를 새로운 공변량으로 하고 각 쌍에 대해 새로운 종속변수 $Low = 1$(기존의 종속변수명인 LOW를 그대로 사용하였다)을 생성하여 기존의 로지스틱 분석절차를 그대로 사용할 수 있다고 이미 언급하였다. 이때 가능도함수에서 절편항을 추정할 수 없으므로, SPSS에서는 절편항이 없는 모형의 옵션으로 [그림 6-12]의 모형에 절편 포함을 선택하지 않았다.

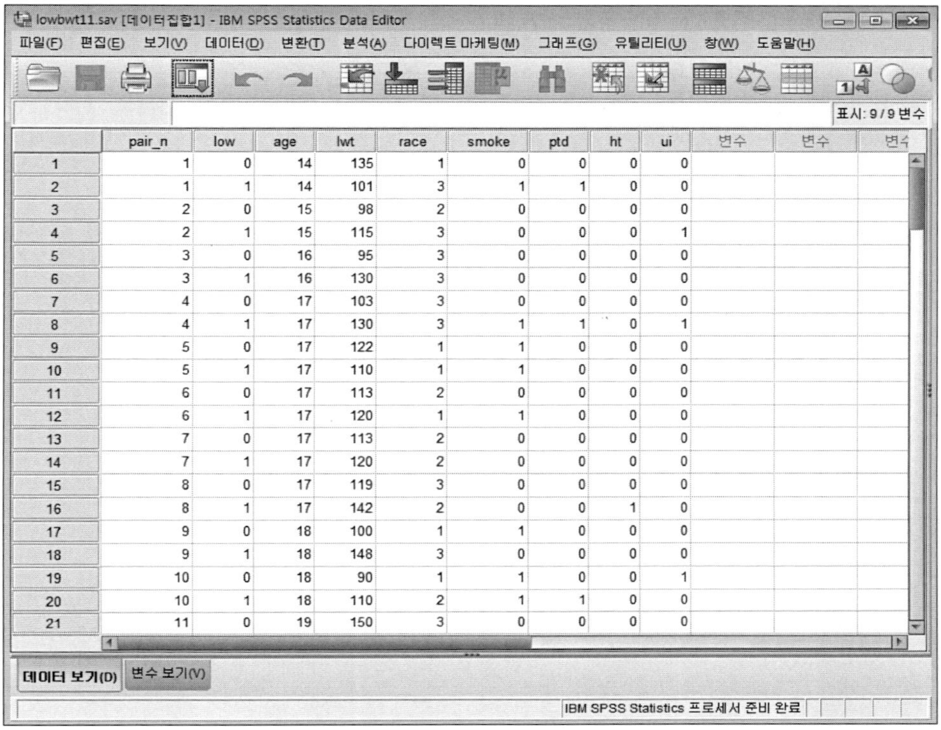

	pair_n	low	age	lwt	race	smoke	ptd	ht	ui
1	1	0	14	135	1	0	0	0	0
2	1	1	14	101	3	1	1	0	0
3	2	0	15	98	2	0	0	0	0
4	2	1	15	115	3	0	0	0	1
5	3	0	16	95	3	0	0	0	0
6	3	1	16	130	3	0	0	0	0
7	4	0	17	103	3	0	0	0	0
8	4	1	17	130	3	1	1	0	1
9	5	0	17	122	1	1	0	0	0
10	5	1	17	110	1	1	0	0	0
11	6	0	17	113	2	0	0	0	0
12	6	1	17	120	1	1	0	0	0
13	7	0	17	113	2	0	0	0	0
14	7	1	17	120	2	0	0	0	0
15	8	0	17	119	3	0	0	0	0
16	8	1	17	142	2	0	0	1	0
17	9	0	18	100	1	1	0	0	0
18	9	1	18	148	3	0	0	0	0
19	10	0	18	90	1	1	0	0	1
20	10	1	18	110	2	1	1	0	0
21	11	0	19	150	3	0	0	0	0

[그림 6-7] 사례-대조 쌍에 대한 데이터 세트의 일부분

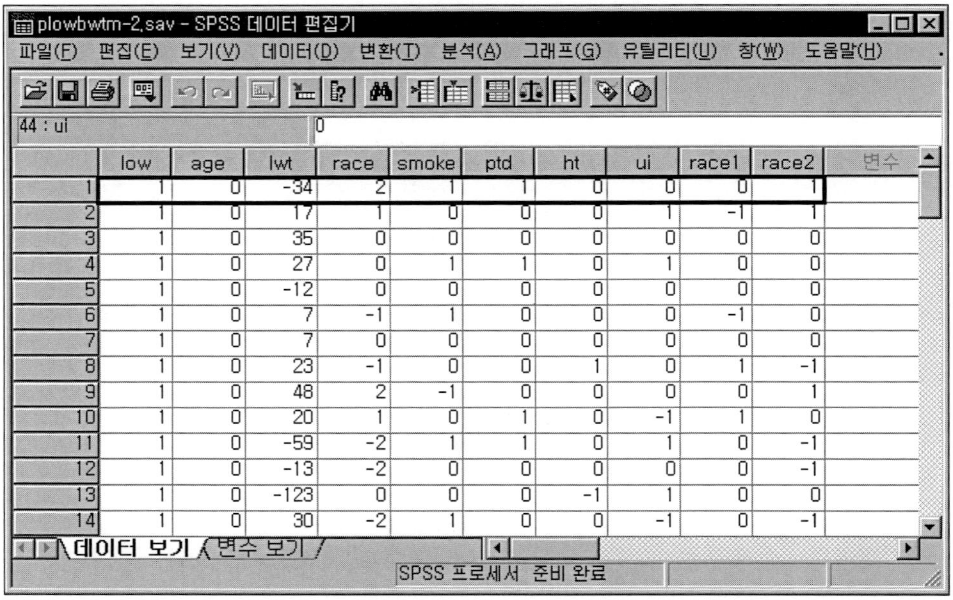

	low	age	lwt	race	smoke	ptd	ht	ui	race1	race2
1	1	0	-34	2	1	1	0	0	0	1
2	1	0	17	1	0	0	0	1	-1	1
3	1	0	35	0	0	0	0	0	0	0
4	1	0	27	0	1	1	0	1	0	0
5	1	0	-12	0	0	0	0	0	0	0
6	1	0	7	-1	1	0	0	0	-1	0
7	1	0	7	0	0	0	0	0	0	0
8	1	0	23	-1	0	0	1	0	1	-1
9	1	0	48	2	-1	0	0	0	0	1
10	1	0	20	1	0	1	0	-1	1	0
11	1	0	-59	-2	1	1	0	1	0	-1
12	1	0	-13	-2	0	0	0	0	0	-1
13	1	0	-123	0	0	0	-1	1	0	0
14	1	0	30	-2	1	0	0	-1	0	-1

[그림 6-8] 사례-대조 쌍에 대한 자료값의 차이

SPSS 결과를 출력하기 위해서 먼저 [그림 6-9] 데이터 편집기 메뉴에서

분석(A) > 회귀분석(R) > 다항 로지스틱(M)...

을 선택하면 [그림 6-10] 대화상자가 열린다.

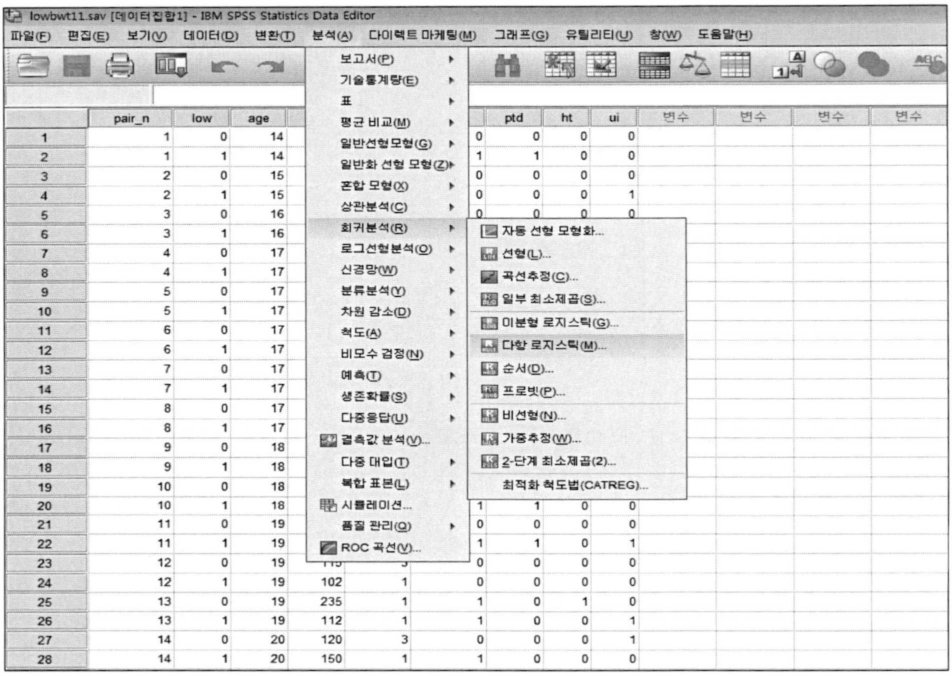

[그림 6-9] 다항 로지스틱 선택

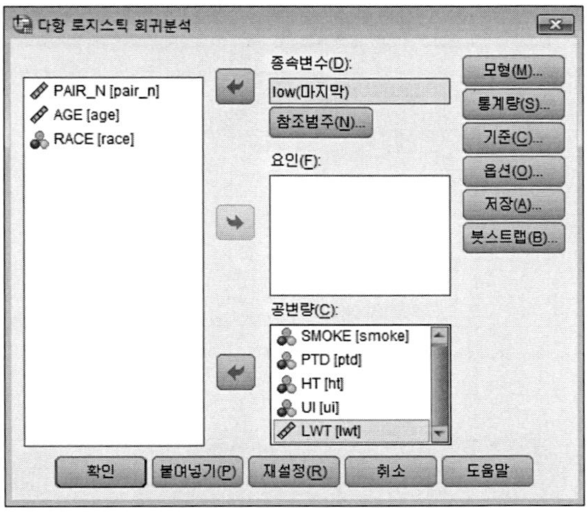

[그림 6-10] 다항 로지스틱 회귀분석

[그림 6−10] 대화상자에서 “종속변수(D):”에 변수 LOW, “공변량(C):”에 변수 SMOKE, PTD, HT, UI, RACE1, RACE2, LWT를 지정한다. [그림 6−11] 통계량 대화상자에서 “단계요약(M)”, “우도비 검정(L)”, “추정값(E)” 등에 체크하고, [그림 6−12] 모형설정 대화상자에서 “주효과”를 선택한 후 실행하면 된다.

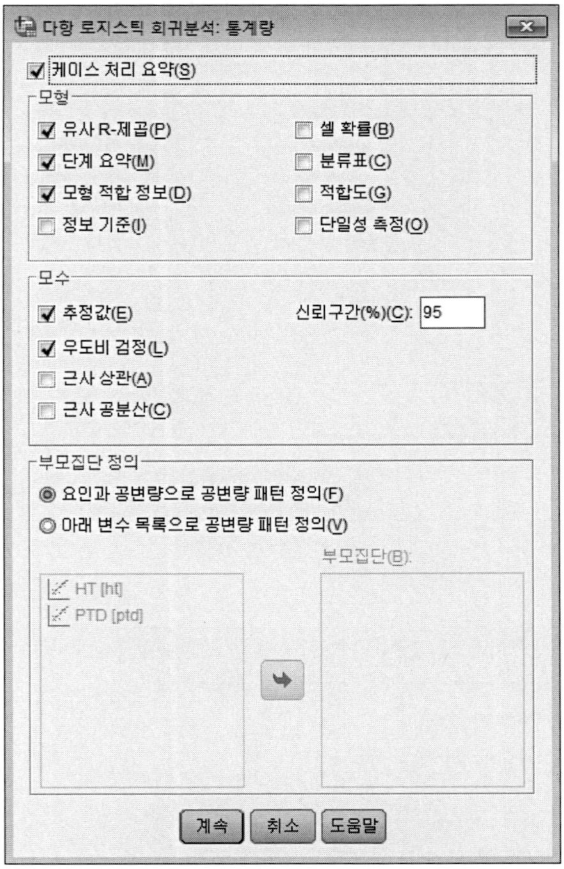

[그림 6−11] 통계량

따라서, 새로 생성한 변수 Low (= 1) 를 종속변수로, 각 쌍의 공변량의 차이인 여섯 개의 변수를 공변량으로 하여, 절편이 없는 로지스틱 회귀모형을 적합하라는 명령을 수행하게 된다.

만약 Stata 패키지를 이용하여 공변량 값에 대한 승산비를 구하려면, [그림 6−4]에서 Reporting 탭을 선택한 후 Report odds ratios 항에 표기한 후 Ok를 누르면([그림 6−13] 참조), [표 6−5]의 공변량들에 대한 승산비의 추정값을 얻을 수 있다.

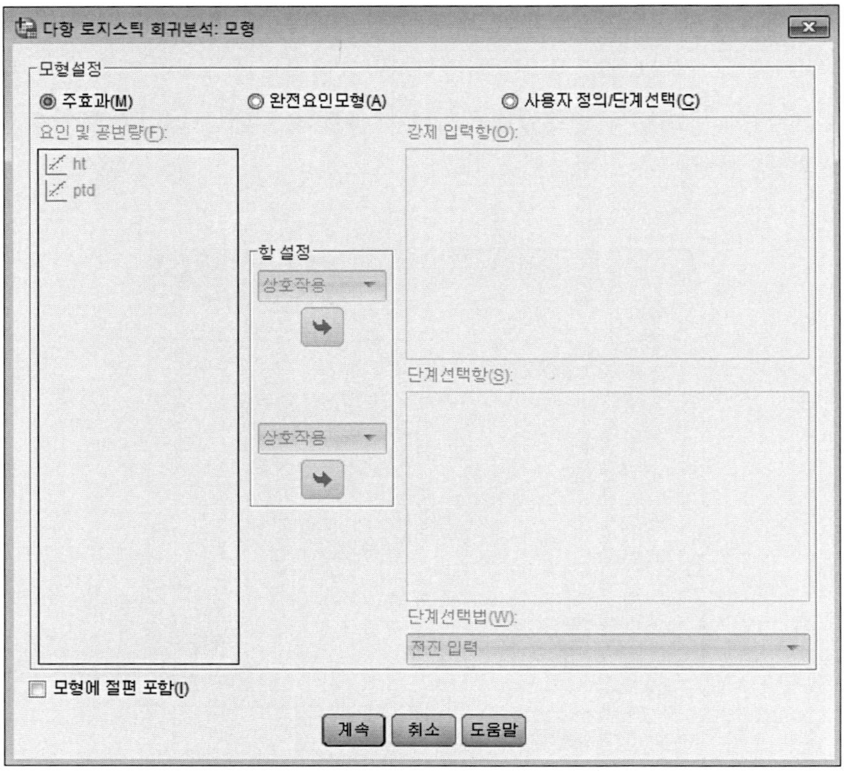

[그림 6-12] 모형설정

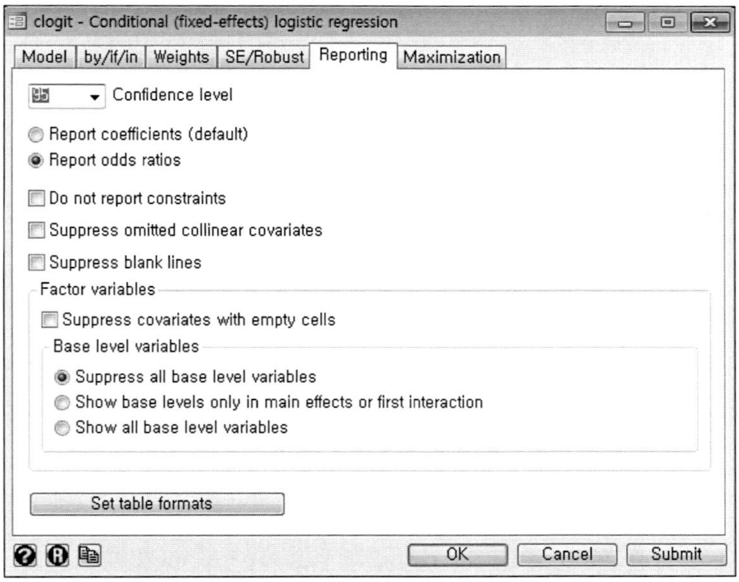

[그림 6-13] 신뢰수준과 승산비의 선택

사례-대조 자료에 대한 모수 추정값들은 [표 6-5]에 주어졌다. 결과를 보면, 명목형 변수 RACE 만이 10% 유의수준에서 유의하지 않았다. 따라서, 변수 RACE를 제거하기 위한 가능도비 검정을 수행한 결과 검정통계량 G와 그 p-값이 각각

$$G = 0.885$$
$$p\text{-값} = 0.642$$

이었다. 그렇지만, 변수 RACE가 모형 내의 다른 변수들에 대한 교락인자 여부를 판단하기 위하여 [표 6-5]에서 변수 RACE를 제외한 모형의 결과를 [표 6-14]에 제시하였다. [표 6-5]과 [표 6-14]의 계수추정값들을 비교한 결과, 변수 LWT의 계수 변화가 16.7%이지만 표본크기에 비하여 크지 않다고 판단하여 변수 RACE를 제거하기로 결정하였다.

[표 6-14] 변수 RACE를 제거한 모형의 모수 추정값

```
. clogit low lwt smoke ptd ht ui, group(pair_n)

Conditional (fixed-effects) logistic regression   Number of obs   =      112
                                                  LR chi2(5)      =    25.16
                                                  Prob > chi2     =   0.0001
Log likelihood = -26.236872                       Pseudo R2       =   0.3241
```

low	Coef.	Std. Err.	z	P>|z|	[95% Conf.	Interval]
lwt	−.0150834	.0081465	−1.85	0.064	−.0310503	.0008834
smoke	1.479564	.5620191	2.63	0.008	.3780272	2.581102
ptd	1.670594	.7468062	2.24	0.025	.206881	3.134308
ht	2.329361	1.002549	2.32	0.020	.3644009	4.294322
ui	1.344895	.693843	1.94	0.053	−.0150127	2.704802

다음 단계는 유의한 교호작용을 하는 변수들을 식별하는 것이다. 다음 교호작용의 효과 각각을 [표 6-14]의 주효과 모형과 비교하는 가능도비 검정통계량 G와 그 p-값을 [표 6-15]에 실었다.

(1) 모형 내의 5개 공변량에서 두 개씩 짝지은 10개의 교호작용의 효과
(2) 대응변수 Age와 공변량 간의 5개 교호작용의 효과

[표 6-15]에 의하면, 유의수준 10%에서 어떤 교호작용의 효과도 유의하지 않으므로 모형에 교호작용의 효과를 포함하지 않기로 한다. 두 교호작용 PTD×HT와 HT×UI는 각각 빈도수가 '0'인 방이 있으므로, 모형을 적합시킬 수 없다.

[표 6-15] 교호작용 효과를 검정하기 위한 가능도비 검정통계량 G와 그 p-값

Interaction	G	p
AGE×LWT	0.50	0.477
AGE×SMOKE	0.01	0.910
AGE×PTD	0.05	0.818
AGE×HT	0.35	0.557
AGE×UI	1.12	0.290
LWT×SMOKE	0.18	0.671
LWT×PTD	0.06	0.800
LWT×HT	0.03	0.868
LWT×UI	0.03	0.868
SMOKE×PTD	<0.01	>0.900
SMOKE×HT	0.39	0.532
SMOKE×UI	0.15	0.699
PTD×HT	*	*
PTD×UI	2.56	0.110
HT×UI	*	*

*:빈도수가 0인 방이 있어, 모형적합이 불가함

[표 6-14]에 의하면, 모든 공변량들의 유의성검정을 위한 검정통계량 LR과 그 p-값이

$$\text{LR chi2}(6) = 25.16$$
$$\text{p-값} = 0.0001$$

이므로, 모든 공변량들은 반응변수와 유의한 관계가 있음을 알 수 있다. −2(ln 가능도) 값의 변화를 통하여 모든 변수가 있는 모형과 하나의 공변량도 없을 뿐만 아니라 절편항 조차 없는 모형과는 유의한 차이가 있음을 보여준다.

공변량을 살펴보면, 변수 LWT 만 제외하고 모든 변수들의 계수들은 양수이다. 또한 모든 공변량들이 저체중아를 출산함에 유의한 관계가 있음을 알 수 있다. 흡연을 하면 저체중아를 출산할 승산이 4.4배, 전에 미숙아를 출산한 경험이 있는 경우 저체중아를 출산할 승산이 5.3배나 됨을 [표 6-16]에서 보여준다.

[표 6-16] 변수 RACE를 제거한 모형의 승산비 추정

```
. clogit low lw6t smoke ptd ht ui, group(pair_n) or

Conditional (fixed-effects) logistic regression    Number of obs   =      112
                                                   LR chi2(5)      =    25.16
                                                   Prob > chi2     =   0.0001
Log likelihood = -26.236872                        Pseudo R2       =   0.3241
```

low	Odds Ratio	Std. Err.	z	P>|z|	[95% Conf.	Interval]
lwt	.9850298	.0080246	−1.85	0.064	.9694268	1.000884
smoke	4.391033	2.467844	2.63	0.008	1.459403	13.21169
ptd	5.315326	3.969518	2.24	0.025	1.229836	22.97272
ht	10.27138	10.29757	2.32	0.020	1.439651	73.28252
ui	3.837782	2.662818	1.94	0.053	.9850994	14.95135

참고로, 변수선택을 위하여

$$\begin{cases} \text{종속변수} \ \ low \\ \text{대응되지 않은 공변량} \ \ lwt\ race\ smoke\ ptd\ ht\ ui \\ \text{사례}-\text{대조 층을 나타내는 변수} \ \ pair\_n \end{cases}$$

를 사용하여, 전진단계선택법과 후진단계제거법을 각각 적용하여 보자. Stata에서 조건 로지스틱 모형을 가정하여 변수선택법을 사용하는 경우, 세 수준 이상의 공변량을 자동으로 가변수로 표기하는 기능이 아직 없기 때문에 변수 race를 나타내는 가변수 race2와 race3을 생성하였다([표 6-6] 참조).

[Stata 명령]

```
. recode race (1=0) (3=0) (2=1), gen(race2)

. recode race (1=0) (2=0) (3=1), gen(race3)
```

또는 다음 명령문도 같은 결과를 산출한다.

```
.gen race2=1 if race==2
.replace race2=0 if race==1
.replace race2=0 if race==3

.gen race3=1 if race==3
.replace race3=0 if race==1
.replace race3=0 if race==2
```

전진단계선택법과 후진단계제거법을 각각 사용한 결과, 선택된 최종모형은 [표 6-17]에 있다.

[표 6-17] 전진단계선택법과 후진단계제거법의 결과

```
. sw clogit low  lwt race2 race3  smoke ptd  ht ui, group(pair_n)  pr(0.2)  pe(0.1)  forward

                    begin with empty model
p = 0.0143 <  0.1000  adding   smoke
p = 0.0163 <  0.1000  adding   ptd
p = 0.0962 <  0.1000  adding   ht
p = 0.0528 <  0.1000  adding   ui
p = 0.0641 <  0.1000  adding   lwt

Conditional (fixed-effects) logistic regression     Number of obs   =     112
                                                    LR chi2(5)      =   25.16
                                                    Prob > chi2     =  0.0001
Log likelihood = -26.236872                         Pseudo R2       =  0.3241
```

low	Coef.	Std. Err.	z	P>|z|	[95% Conf.	Interval]
lwt	1.479564	.5620191	2.63	0.008	.3780272	2.581102
smoke	1.670594	.7468062	2.24	0.025	.206881	3.134308
ptd	2.329361	1.002549	2.32	0.020	.3644009	4.294322
ht	1.344895	.693843	1.94	0.053	−.0150127	2.704802
ui	−.0150834	.0081465	−1.85	0.064	−.0310503	0008834

```
. sw clogit low  lwt race2 race3  smoke ptd  ht ui, group(pair_n)  pr(0.2)  pe(0.1)

                    begin with full model
p = 0.9711 >= 0.2000  removing race3
p = 0.3482 >= 0.2000  removing race2

Conditional (fixed-effects) logistic regression     Number of obs   =     112
                                                    LR chi2(5)      =   25.16
                                                    Prob > chi2     =  0.0001
Log likelihood = -26.236872                         Pseudo R2       =  0.3241
```

low	Coef.	Std. Err.	z	P>|z|	[95% Conf.	Interval]
lwt	−.0150834	.0081465	−1.85	0.064	−.0310503	.0008834
smoke	2.329361	1.002549	2.32	0.020	.3644009	4.294322
ptd	1.344895	.693843	1.94	0.053	−.0150127	2.704802
ht	1.479564	.5620191	2.63	0.008	.3780272	2.581102
ui	1.670594	.7468062	2.24	0.025	.206881	3.134308

변수입력을 위한 p−값 0.1, 변수제거를 위한 p−값 0.2

pr(0.2)

pe(0.1)

를 각각 사용한 결과, 다음 결론을 얻는다.

(1) 전진단계선택법 사용시 5개의 공변량

smoke, ptd, ht, ui, lwt

가 채택되었고, 이때 로그가능도 값의 차이는 25.16, p−값은 0.0001 이므로 공변량 smoke, ptd, ht, ui, lwt가 종속변수 low를 충분히 설명한다고 할 수 있다.

(2) 후진단계제거법 사용시 마찬가지로 5개의 공변량

smoke, ptd, ht, ui, lwt

가 모형에 남아있고, 이때 로그 가능도값의 차이는 25.16, p−값은 0.0001 이므로 공변량 smoke, ptd, ht, ui, lwt는 종속변수 low를 충분히 설명한다고 결론 내릴 수 있다.

■ 1−M 대응계획

1−M 대응계획은 앞에서 설명한 1−1 대응계획의 분석과 유사하다. 예를 들어, M=3인 1−3 대응계획을 고려하여 보자. M=4이상인 대응계획은 1−3 대응계획을 그대로 확장하면 그리 어렵지 않을 것이다. k번째 층에서 사례의 공변량을 x_{k1}, 대조인 경우의 공변량을 각각 x_{k2}, x_{k3}, x_{k4}로 표시하자. 이때 k번째 층의 가능도함수 $L_k(\beta)$는 다음과 같다.

$$L_k(\beta) = \frac{\exp(\beta' x_{k1})}{\exp(\beta' x_{k1}) + \exp(\beta' x_{k2}) + \exp(\beta' x_{k3}) + \exp(\beta' x_{k4})} \tag{6.8}$$

이는 각 회귀계수들의 값이 주어졌을 때 공변량의 값이 x_{k2}, x_{k3}, x_{k4} 인 세 대조에 대하여 공변량의 값이 x_{k1} 인 개체가 사례가 될 확률을 의미한다. 만약 네 개체 모두의 공변량값이 동일하다면, $L_k(\beta) = .25$ 로 이 k번째 층은 β에 대해 어떤 정보도 주지 못하게 된다. 즉 사례의 공변량값과 다른 공변량의 값을 가진 대조가 적어도 하나는 있어야 정보를 제공할 수 있게 된다.

Stata에서는 1−1 대응계획의 조건 로지스틱 명령과 동일하게, 1−3 대응계획의 자료를 분석할 수 있다. 다음 예를 보자.

(예) 다음 명령문의 의미를 설명하라.

[Stata 명령]

.clogit low lwt smoke, group(pair_n)

풀이

$$\begin{cases} \text{종속변수 } low \\ \text{대응되지 않은 공변량 } lwt\ smoke \\ \text{사례}-\text{대조 층을 나타내는 변수 } pair\_n \end{cases}$$

를 사용하여, 조건 로지스틱 모형을 적합하라는 명령이다. 이때 pair_n=1 일 때 사례인 개체(low=1) 하나에 대하여 대조인 개체(low=0) 세 개가 대응됨에 유의하여야 한다.

식 (6.8)의 오른쪽 식을 1−1 대응계획에서처럼 일반적인 로지스틱 회귀모형의 형태로 표현할 수 없다. 따라서 만약 1−M 대응계획의 조건 로지스틱 모형을 다루는 기능이 없다면, 식 (6.8)을 각 요소로 하는 가능도함수에서 최대가능도 추정량을 구하는 기능을 갖춘 추가적인 절차가 필요하게 된다.

연습문제 6장

1. 1:1 대응 자료인 lowm 11 자료를 사용하여

$$\begin{cases} \text{종속변수 } low \\ \text{사례}-\text{대조 층을 나타내는 변수 } pair\_n \end{cases}$$

인 조건 로지스틱 모형을 가정하였다.

(1) 공변량이 LWT인 일변량 조건 로지스틱 모형을 가정하였을 때, 다음을 보여라.

low	Coef.	Std. Err.	$\widehat{OR}$	[95% Conf. Interval]
lwt	−.009	.0062	0.91	(0.81, 1.03)

(단, 변수 LWT의 10파운드 증가에 대한 승산비를 나타낸다).

(2) 공변량이 UI인 일변량 조건 로지스틱 모형을 가정하였을 때, 다음을 보여라.

low	Coef.	Std. Err.	$\widehat{OR}$	[95% Conf. Interval]	(n10, n01)
ui	1.099	0.5774	3.0	(0.97, 9.30)	(12, 4)

(단, (n10, n01)는 같은 방향의 쌍의 수와 다른 방향의 쌍의 수를 각각 나타 낸다).

2. 본문 [표 6−15]를 완성하기 위하여 다음 질문에 답하라(lowm 11 자료를 사용함).
본문 [표 6−14]의 주효과 모형은 다음과 같다.

$$\begin{cases} \text{종속변수} \ \ low \\ \text{대응되지 않은 공변량} \ \ lwt\ smoke\ ptd\ ht\ ui \\ \text{사례} - \text{대조 층을 나타내는 변수} \ \ pair\_n \end{cases}$$

(1) 주효과 모형과 주효과 모형에 교호작용항 AGE*LWT를 포함한 모형을 비교하기 위한 조건 가능도비 검정통계량의 값이 G=0.50 (p−값=0.477)임을 보여라.

(2) 주효과 모형과 주효과 모형에 교호작용항 LWT*SMOKE를 포함한 모형을 비교하기 위한 조건 가능도비 검정통계량의 값이 G=0.18 (p−값=0.671)임을 보여라.

(3) 주효과 모형과 주효과 모형에 교호작용항 SMOKE*PTD를 포함한 모형을 비교하기 위한 조건 가능도비 검정통계량의 값이 G<0.01 (p−값>0.90)임을 보여라.

(4) 주효과 모형과 주효과 모형에 교호작용항 PTD*UI를 포함한 모형을 비교하기 위한 조건 가능도비 검정통계량의 값이 G=2.56 (p−값=0.11)임을 보여라.

부록

1. 저체중아 자료
2. UIS 자료
3. 대통령선거 자료

부록 1. 저체중아 자료

1. 자료 이름 : 저체중아 자료(LOW BIRTH WEIGHT DATA)
2. 크기 : n=189 observations, 11 variables
3. 출처 : 자료는 Massachusetts주 Springfield의 Baystate Medical Center에서 수집됨(1986년).
4. 저체중아 자료의 변수 코드

변수 이름	변수 의미	변수값 의미
ID	식별 번호	1−112
BWT	신생아 체중	단위=grams
LOW	신생아의 저체중 여부	0=Birth Weight ge 2500g l=Birth Weight lt 2500g
AGE	어머니의 연령	
LWT	어머니의 체중	단위=pounds
RACE	어머니의 인종	1=White 2=Black 3=Other
SMOKE	임신 중 흡연 상태	1=Yes 0=No
PTD	과거 조산 경력	0=None 1=Yes
HT	고혈압 유무	1=Yes 0=No
UI	자궁 질환 유무	1=Yes 0=No
FTV	의사의 방문 횟수	0=No 1, 2, 3 등

5. 저체중아 자료

id	low	age	lwt	race	smoke	ptl	ht	ui	ftv	bwt
1.	0	19	182	2	0	0	0	1	0	2523
2.	0	33	155	3	0	0	0	0	3	2551
3.	0	20	105	1	1	0	0	0	1	2557
4.	0	21	108	1	1	0	0	1	2	2594
5.	0	18	107	1	1	0	0	1	0	2600
6.	0	21	124	3	0	0	0	0	0	2622
7.	0	22	118	1	0	0	0	0	1	2637
8.	0	17	103	3	0	0	0	0	1	2637
9.	0	29	123	1	1	0	0	0	1	2663
10	0	26	113	1	1	0	0	0	0	2665
11.	0	19	95	3	0	0	0	0	0	2722
12.	0	19	150	3	0	0	0	0	1	2733
13.	0	22	95	3	0	0	1	0	0	2750
14.	0	30	107	3	0	1	0	1	2	2750
15.	0	18	100	1	1	0	0	0	0	2769
16.	0	18	100	1	1	0	0	0	0	2769
17.	0	15	98	2	0	0	0	0	0	2778
18.	0	25	118	1	1	0	0	0	3	2782
19.	0	20	120	3	0	0	0	1	0	2807
20.	0	28	120	1	1	0	0	0	1	2821
21.	0	32	121	3	0	0	0	0	2	2835
22.	0	31	100	1	0	0	0	1	3	2835
23.	0	36	202	1	0	0	0	0	1	2836
24.	0	28	120	3	0	0	0	0	0	2863
25.	0	25	120	3	0	0	0	1	2	2877
26.	0	28	167	1	0	0	0	0	0	2877
27.	0	17	122	1	1	0	0	0	0	2906
28.	0	29	150	1	0	0	0	0	2	2920
29.	0	26	168	2	1	0	0	0	0	2920
30.	0	17	113	2	0	0	0	0	1	2920
31.	0	17	113	2	0	0	0	0	1	2920
32.	0	24	90	1	1	1	0	0	1	2948
33.	0	35	121	2	1	1	0	0	1	2948
34.	0	25	155	1	0	0	0	0	1	2977
35.	0	25	125	2	0	0	0	0	0	2977
36.	0	21	185	1	1	0	0	0	2	2977
37.	0	19	189	1	1	0	0	0	2	2977
38.	0	23	130	1	1	0	0	0	0	2992
39.	0	21	160	1	1	0	0	0	2	3005
40.	0	18	90	1	1	0	0	0	1	3033

41.	0	21	185	2	1	0	0	0	2	3042
42.	0	19	189	1	0	0	0	0	2	3062
43.	0	23	130	2	0	0	0	0	1	3062
44.	0	21	160	1	0	0	0	0	0	3062
45.	0	18	90	1	1	0	0	1	0	3076
46.	0	18	90	1	1	0	0	1	0	3076
47.	0	32	132	1	0	0	0	0	4	3080
48.	0	19	132	3	0	0	0	0	0	3090
49.	0	24	115	1	0	0	0	0	2	3090
50.	0	22	85	3	1	0	0	0	0	3090
51.	0	22	120	1	0	0	1	0	1	3100
52.	0	23	128	3	0	0	0	0	0	3104
53.	0	22	130	1	1	0	0	0	0	3132
54.	0	30	95	1	1	0	0	0	2	3147
55.	0	19	115	3	0	0	0	0	0	3175
56.	0	16	110	3	0	0	0	0	0	3175
57.	0	21	110	3	1	0	0	1	0	3203
58.	0	30	153	3	0	0	0	0	0	3203
59.	0	20	103	3	0	0	0	0	0	3203
60.	0	17	119	3	0	0	0	0	0	3225
61.	0	17	119	3	0	0	0	0	0	3225
62.	0	23	119	3	0	0	0	0	2	3232
63.	0	24	110	3	0	0	0	0	0	3232
64.	0	28	140	1	0	0	0	0	0	3234
65.	0	26	133	3	1	2	0	0	0	3260
66.	0	20	169	3	0	1	0	1	1	3274
67.	0	24	115	3	0	0	0	0	2	3274
68.	0	28	250	3	1	0	0	0	6	3303
69.	0	20	141	1	0	2	0	1	1	3317
70.	0	22	158	2	0	1	0	0	2	3317
71.	0	22	112	1	1	2	0	0	0	3317
72.	0	31	150	3	1	0	0	0	2	3321
73.	0	23	115	3	1	0	0	0	1	3331
74.	0	16	112	2	0	0	0	0	0	3374
75.	0	16	135	1	1	0	0	0	0	3374
76.	0	18	229	2	0	0	0	0	0	3402
77.	0	25	140	1	0	0	0	0	1	3416
78.	0	32	134	1	1	1	0	0	4	3430
79.	0	20	121	2	1	0	0	0	0	3444
80.	0	23	190	1	0	0	0	0	0	3459

81.	0	22	131	1	0	0	0	0	1	3460
82.	0	32	170	1	0	0	0	0	0	3473
83.	0	30	110	3	0	0	0	0	0	3475
84.	0	20	127	3	0	0	0	0	0	3487
85.	0	23	123	3	0	0	0	0	0	3544
86.	0	17	120	3	1	0	0	0	0	3572
87.	0	19	105	3	0	0	0	0	0	3572
88.	0	23	130	1	0	0	0	0	0	3586
89.	0	36	175	1	0	0	0	0	0	3600
90.	0	22	125	1	0	0	0	0	1	3614
91.	0	24	133	1	0	0	0	0	0	3614
92.	0	21	134	3	0	0	0	0	2	3629
93.	0	19	235	1	1	0	1	0	0	3629
94.	0	25	95	1	1	3	0	1	0	3637
95.	0	16	135	1	1	0	0	0	0	3643
96.	0	29	135	1	0	0	0	0	1	3651
97.	0	29	154	1	0	0	0	0	1	3651
98.	0	19	147	1	1	0	0	0	0	3651
99.	0	19	147	1	1	0	0	0	0	3651
100.	0	30	137	1	0	0	0	0	1	3699
101.	0	24	110	1	0	0	0	0	1	3728
102.	0	19	184	1	1	0	1	0	0	3756
103.	0	24	110	3	0	1	0	0	0	3770
104.	0	23	110	1	0	0	0	0	1	3770
105.	0	20	120	1	0	0	0	0	0	3770
106.	0	25	241	2	0	0	1	0	0	3790
107.	0	30	112	1	0	0	0	0	1	3799
108.	0	22	169	1	0	0	0	0	0	3827
109.	0	18	120	1	1	0	0	0	2	3856
110.	0	16	170	2	0	0	0	0	4	3860
111.	0	32	186	1	0	0	0	0	2	3860
112.	0	18	120	3	0	0	0	0	1	3884
113.	0	29	130	1	1	0	0	0	2	3884
114.	0	33	117	1	0	0	0	1	1	3912
115.	0	20	170	1	1	0	0	0	0	3940
116.	0	28	134	3	0	0	0	0	1	3941
117.	0	14	135	1	0	0	0	0	0	3941
118.	0	28	130	3	0	0	0	0	0	3969
119.	0	25	120	1	0	0	0	0	2	3983
120.	0	16	95	3	0	0	0	0	1	3997

121.	0	20	158	1	0	0	0	0	1	3997
122.	0	26	160	3	0	0	0	0	0	4054
123.	0	21	115	1	0	0	0	0	1	4054
124.	0	22	129	1	0	0	0	0	0	4111
125.	0	25	130	1	0	0	0	0	2	4153
126.	0	31	120	1	0	0	0	0	2	4167
127.	0	35	170	1	0	1	0	0	1	4174
128.	0	19	120	1	1	0	0	0	0	4238
129.	0	24	116	1	0	0	0	0	1	4593
130.	0	45	123	1	0	0	0	0	1	4990
131.	1	28	120	3	1	1	0	1	0	709
132.	1	29	130	1	0	0	0	1	2	1021
133.	1	34	187	2	1	0	1	0	0	1135
134.	1	25	105	3	0	1	1	0	0	1330
135.	1	25	85	3	0	0	0	1	0	1474
136.	1	27	150	3	0	0	0	0	0	1588
137.	1	23	97	3	0	0	0	1	1	1588
138.	1	24	128	2	0	1	0	0	1	1701
139.	1	24	132	3	0	0	1	0	0	1729
140.	1	21	165	1	1	0	1	0	1	1790
141.	1	32	105	1	1	0	0	0	0	1818
142.	1	19	91	1	1	2	0	1	0	1885
143.	1	25	115	3	0	0	0	0	0	1893
144.	1	16	130	3	0	0	0	0	1	1899
145.	1	25	92	1	1	0	0	0	0	1928
146.	1	20	150	1	1	0	0	0	2	1928
147.	1	21	200	2	0	0	0	1	2	1928
148.	1	24	155	1	1	1	0	0	0	1936
149.	1	21	103	3	0	0	0	0	0	1970
150.	1	20	125	3	0	0	0	1	0	2055
151.	1	25	89	3	0	2	0	0	1	2055
152.	1	19	102	1	0	0	0	0	2	2082
153.	1	19	112	1	1	0	0	1	0	2084
154.	1	26	117	1	1	1	0	0	0	2084
155.	1	24	138	1	0	0	0	0	0	2100
156.	1	17	130	3	1	1	0	1	0	2125
157.	1	20	120	2	1	0	0	0	3	2126
158.	1	22	130	1	1	1	0	1	1	2187
159.	1	27	130	2	0	0	0	1	0	2187
160.	1	20	80	3	1	0	0	1	0	2211

161.	1	17	110	1	1	0	0	0	0	2225
162.	1	25	105	3	0	1	0	0	1	2240
163.	1	20	109	3	0	0	0	0	0	2240
164.	1	18	148	3	0	0	0	0	0	2282
165.	1	18	110	2	1	1	0	0	0	2296
166.	1	20	121	1	1	1	0	1	0	2296
167.	1	21	100	3	0	1	0	0	4	2301
168.	1	26	96	3	0	0	0	0	0	2325
169.	1	31	102	1	1	1	0	0	1	2353
170.	1	15	110	1	0	0	0	0	0	2353
171.	1	23	187	2	1	0	0	0	1	2367
172.	1	20	122	2	1	0	0	0	0	2381
173.	1	24	105	2	1	0	0	0	0	2381
174.	1	15	115	3	0	0	0	1	0	2381
175.	1	23	120	3	0	0	0	0	0	2395
176.	1	30	142	1	1	1	0	0	0	2410
177.	1	22	130	1	1	0	0	0	1	2410
178.	1	17	120	1	1	0	0	0	3	2414
179.	1	23	110	1	1	1	0	0	0	2424
180.	1	17	120	2	0	0	0	0	2	2438
181.	1	26	154	3	0	1	1	0	1	2442
182.	1	20	105	3	0	0	0	0	3	2450
183.	1	26	190	1	1	0	0	0	0	2466
184.	1	14	101	3	1	1	0	0	0	2466
185.	1	28	95	1	1	0	0	0	2	2466
186.	1	14	100	3	0	0	0	0	2	2495
187.	1	23	94	3	1	0	0	0	0	2495
188.	1	17	142	2	0	0	1	0	0	2495
189.	1	21	130	1	1	0	1	0	3	2495

부록 2. UIS 자료

1. 자료 이름 : UIS 자료(UMARU IMPACT STUDY DATA)
2. 크기 : n=575 observations, 9 variables
3. 출처 : UIS 자료의 변수 코드

변수 이름	변수 의미	변수값
ID	식별 번호	1−575
AGE	등록시의 연령	단위(년)
BECK	Beck 우울증	0.000−54.000
IVHX	약물 IV의 사용 전력	1=안함 2=전에 복용함 3=최근에 복용함
NDRUGTX	과거 약물치료 횟수	0−40
RACE	인종	0=백인 1=기타
TREAT	치료기간	0=짧다 1=길다
SITE	거주치료(치료병원)	0=A 1=B
DFREE	치료기간이 경과하기 전에 다시 약물을 남용하는지의 여부	1=남용하지 않음 0=남용함

4. UIS 자료

id	age	beck	ivhk	ndrugtx	race	treat	site	dfree
1	39	9	3	1	0	1	0	0
2	33	34	2	8	0	1	0	0
3	33	10	3	3	0	1	0	0
4	32	20	3	1	0	0	0	0
5	24	5	1	5	1	1	0	1
6	30	32.55	3	1	0	1	0	0
7	39	19	3	34	0	1	0	1
8	27	10	3	2	0	1	0	0
9	40	29	3	3	0	1	0	0
10	36	25	3	7	0	1	0	0
11	38	18.9	3	8	0	1	0	0
12	29	16	1	1	0	1	0	0
13	32	36	3	2	1	1	0	1
14	41	19	3	8	0	1	0	0
15	31	18	3	1	0	1	0	0
16	27	12	3	3	0	1	0	0
17	28	34	3	6	0	1	0	0
18	28	23	2	1	0	1	0	0
19	36	26	1	15	1	1	0	1
20	32	18.9	3	5	0	1	0	1
21	33	15	1	1	0	0	0	1
22	28	25.2	3	8	0	0	0	0
23	29	6.632	2	0	0	0	0	0
24	35	2.1	3	9	0	0	0	0
25	45	26	3	6	0	0	0	0
26	35	9.789	3	5	0	0	0	0
27	24	20	1	3	0	0	0	0
28	36	16	3	7	0	0	0	0
29	39	22	3	9	0	0	0	1
30	36	9.947	2	10	0	0	0	0
31	37	9.45	3	1	0	0	0	0
32	30	39	3	1	0	0	0	0
33	44	41	3	5	0	0	0	0
34	28	31	1	6	1	0	0	1
35	25	20	1	3	1	0	0	0
36	30	8	3	7	0	1	0	0
37	24	9	1	1	0	0	0	0
38	27	20	1	1	0	0	0	0
39	30	8	1	2	1	0	0	1
40	34	8	3	0	0	1	0	0
41	33	23	2	2	0	1	0	0
42	34	18	3	6	0	1	0	0
43	36	13	3	1	0	1	0	0

id	age	beck	ivhk	ndrugtx	race	treat	site	dfree
44	27	23	3	0	0	1	0	0
45	35	9	3	1	1	1	0	0
46	24	14	3	0	0	1	0	0
47	28	23	1	2	1	1	0	0
48	46	10	3	8	0	1	0	1
49	26	11	3	1	0	1	0	1
50	42	16	3	25	0	1	0	0
51	30	0	1	0	0	1	0	0
52	30	12	1	3	1	1	0	0
53	27	21	3	2	0	0	0	0
54	38	0	3	6	0	0	0	0
55	48	8	3	10	0	0	0	0
56	36	25	3	10	0	0	0	0
57	28	6.3	1	7	0	0	0	0
58	31	20	2	5	0	0	0	0
59	28	4	3	5	0	0	0	0
60	28	20	1	1	0	0	0	0
61	26	17	1	2	1	0	0	0
62	34	3	3	6	0	0	0	0
63	26	29	3	5	0	0	0	0
64	31	26	3	5	0	0	0	0
65	41	12	3	0	1	0	0	1
66	30	24	3	0	0	0	0	0
67	39	15.75	3	5	0	0	0	0
68	33	9	3	12	0	0	0	0
69	33	18	2	6	0	0	0	0
70	29	20	1	0	1	0	0	0
71	36	17	3	5	0	0	0	0
72	26	3	3	3	0	0	0	0
73	37	27	3	13	0	0	0	0
74	29	31.5	3	8	0	0	0	0
75	30	19	1	0	1	0	0	1
76	35	15	2	2	0	0	0	0
77	33	22	1	1	0	0	0	0
78	36	16	3	1	0	0	0	1
79	28	17	3	2	0	0	0	0
80	31	32.55	3	12	1	0	0	0
81	23	24	3	2	0	0	0	1
82	33	22	2	1	0	0	0	1
83	37	18	3	4	0	0	0	0

id	age	beck	ivhk	ndrugtx	race	treat	site	dfree
84	25	17.85	1	1	0	1	0	0
85	56	5	2	9	1	1	0	1
86	23	39	3	1	0	1	0	0
87	26	21	1	1	0	1	0	0
88	26	11	3	1	0	1	0	0
89	23	14	1	1	0	1	0	0
90	28	31	2	2	1	1	0	0
91	30	14	3	15	0	1	0	0
92	25	6	3	5	0	1	0	1
93	33	16	3	5	0	1	0	0
94	22	6	1	3	1	1	0	1
95	25	20	2	8	1	1	0	0
96	38	9	1	1	1	0	0	0
97	35	11	1	3	0	1	0	1
98	35	15	1	1	0	0	0	1
99	25	13	3	1	0	0	0	0
100	33	31	1	3	1	0	0	0
101	30	5	1	2	1	0	0	0
102	45	10	3	1	0	0	0	0
103	42	23	3	20	0	0	0	0
104	29	16	1	1	1	0	0	1
105	24	37.8	1	0	0	0	0	0
106	33	10	3	4	0	0	0	0
107	32	9	1	0	0	0	0	0
108	26	15	1	0	0	0	0	1
109	28	2	3	3	0	0	0	0
110	37	34	3	1	0	0	0	0
111	23	11	1	6	0	0	0	0
112	40	31	3	3	1	0	0	0
113	36	6.75	3	0	0	0	0	0
114	23	26	2	2	0	0	0	0
115	35	5	1	1	1	0	0	0
116	25	19	3	1	0	1	0	1
117	35	21	3	6	0	1	0	0
118	46	1	2	0	0	1	0	0
119	32	6	1	3	0	1	0	0
120	35	23	1	16	1	1	0	1
121	34	38	3	1	0	1	0	0
122	43	24	1	3	0	1	0	1
123	39	3	3	15	0	1	0	0

id	age	beck	ivhk	ndrugtx	race	treat	site	dfree
124	27	16.8	3	2	1	1	0	0
125	38	35	3	1	0	1	0	0
126	37	11	3	7	0	1	0	0
127	44	2	3	4	1	1	0	1
128	25	16	1	1	1	1	0	0
129	34	15	1	1	0	1	0	0
130	34	11	3	2	1	1	0	1
131	38	11	3	1	1	1	0	1
132	24	22	3	2	1	1	0	0
133	42	18	3	3	0	1	0	1
134	34	29	3	1	1	0	0	1
135	45	27	3	8	0	0	0	1
136	40	16	3	4	0	0	0	0
137	27	9	1	3	1	0	0	1
138	24	0	1	3	0	0	0	0
139	27	15	3	3	0	0	0	0
140	34	24	1	4	0	0	0	0
141	36	3	3	6	0	0	0	0
142	31	9	1	1	0	0	0	0
143	40	5	3	2	0	0	0	0
144	40	13	3	4	1	0	0	1
145	37	29	3	5	0	0	0	0
146	25	11	3	6	0	0	0	0
147	41	22	3	3	1	1	0	0
148	22	9	1	1	0	1	0	1
149	31	18	3	8	1	1	0	0
150	29	40	1	1	1	1	0	1
151	27	25	1	2	0	1	0	1
152	22	26	2	3	0	1	0	0
153	37	11	2	5	1	1	0	1
154	36	6	1	2	1	1	0	1
155	24	20	1	1	0	1	0	1
156	28	9	1	0	1	1	0	0
157	24	6	1	1	0	1	0	0
158	28	0	1	2	0	1	0	0
159	24	5	1	20	1	1	0	0
160	24	15	1	0	0	1	0	1
161	29	14.7	1	1	0	1	0	0
162	37	3	3	5	1	1	0	0
163	26	31	1	2	0	1	0	0

id	age	beck	ivhk	ndrugtx	race	treat	site	dfree
164	29	14	2	1	0	1	0	0
165	29	28	3	4	0	1	0	0
166	33	18	1	1	0	1	0	1
167	29	12	2	2	0	1	0	1
168	32	5	1	2	1	1	0	1
169	33	11	1	8	1	1	0	1
170	26	21	2	2	0	1	0	1
171	24	23	3	4	1	1	0	0
172	46	32	3	2	0	1	0	1
173	23	26	1	2	0	1	0	0
174	40	19.95	3	8	0	1	0	0
175	48	17	1	4	0	1	0	1
176	33	16	1	0	0	1	0	0
177	21	26.25	1	7	0	1	0	0
178	38	29	1	2	0	1	0	1
179	28	23	2	4	0	1	0	0
180	39	9	3	6	0	1	0	0
181	37	26	2	1	1	0	0	0
182	32	22	1	4	1	0	0	0
183	39	23	2	2	1	0	0	0
184	28	0	3	0	0	0	0	0
185	26	30	1	0	1	0	0	1
186	31	21	3	0	0	0	0	0
187	34	19	3	8	0	0	0	0
188	26	28	2	2	1	0	0	0
189	29	8	1	3	0	0	0	0
190	25	11	1	8	0	0	0	0
191	34	15	2	3	1	0	0	0
192	32	8	1	2	0	0	0	0
193	38	14	2	0	0	0	0	0
194	32	7	3	8	0	0	0	0
195	31	13	3	7	0	0	0	0
196	40	10	1	3	0	0	0	1
197	28	17	1	5	1	0	0	0
198	40	18	3	3	0	0	0	0
199	32	5	3	3	0	0	0	0
200	29	20	3	5	0	0	0	0
201	25	31	1	4	0	0	0	0
202	32	15	3	2	0	0	0	0
203	37	4	2	2	0	0	0	0

id	age	beck	ivhk	ndrugtx	race	treat	site	dfree
204	38	15	3	8	0	0	0	0
205	31	14	2	9	0	0	0	0
206	30	27	3	3	1	0	0	0
207	34	30	1	4	1	0	0	1
208	33	23	3	4	0	1	0	1
209	36	13	2	10	1	1	0	0
210	32	26	1	0	0	1	0	1
211	29	10	3	2	1	1	0	1
212	32	4	1	4	1	1	0	0
213	34	0	1	7	0	1	0	1
214	26	35	3	31	0	1	0	0
215	25	32	3	5	1	1	0	0
216	30	2	1	2	1	1	0	0
217	33	15	2	6	0	1	0	0
218	40	23	2	6	0	1	0	0
219	26	13	1	12	0	1	0	0
220	26	29	3	5	1	1	0	0
221	35	22.105	3	4	0	1	0	0
222	26	15	2	11	0	1	0	0
223	33	7	1	3	1	1	0	1
224	27	7	3	4	0	1	0	0
225	29	33	3	3	0	1	0	1
226	29	23	3	9	0	1	0	0
227	39	21	3	7	0	1	0	0
228	43	19	2	2	1	1	0	0
229	35	8	3	3	0	1	0	1
230	26	24	1	2	1	1	0	0
231	27	28.737	1	3	0	1	0	0
232	28	20	1	2	1	1	0	0
233	30	14	1	4	0	1	0	0
234	31	17	2	1	1	1	0	1
235	26	19	3	16	0	1	0	0
236	36	5	2	4	0	1	0	0
237	25	8	3	3	0	1	0	0
238	26	22	1	0	1	1	0	1
239	30	11	3	5	0	0	0	0
240	28	13	1	5	0	0	0	0
241	34	11.053	1	0	1	0	0	0
242	31	24	1	2	0	0	0	1
243	30	19	3	1	0	0	0	1

id	age	beck	ivhk	ndrugtx	race	treat	site	dfree
244	35	27	2	5	1	0	0	1
245	30	4	2	3	1	0	0	0
246	37	38	3	7	0	0	0	0
247	29	11	1	12	1	0	0	0
248	23	21	1	8	0	0	0	0
249	23	1	1	4	0	0	0	0
250	44	4	1	0	0	0	0	0
251	43	7	2	8	1	0	0	1
252	38	20	3	3	0	0	0	0
253	33	17	1	3	1	0	0	0
254	36	6.3	3	9	0	0	0	0
255	26	12	3	2	0	0	0	1
256	30	16	1	0	0	0	0	0
257	34	31.5	1	0	0	0	0	0
258	32	30	3	6	0	0	0	0
259	30	1	1	1	0	0	0	1
260	37	32	3	10	1	0	0	0
261	35	29	3	7	0	0	0	0
262	30	6	1	0	0	0	0	0
263	34	17	1	6	1	0	0	0
264	40	13	2	6	0	0	0	0
265	28	15	2	3	1	0	0	0
266	32	11	1	6	0	0	0	0
267	45	17	3	2	1	0	0	0
268	24	23	1	0	0	1	0	0
269	43	23	3	5	1	1	0	0
270	38	15	3	0	1	1	0	0
271	33	19	3	1	0	1	0	1
272	26	21	2	2	1	1	0	0
273	40	8	3	3	0	1	0	0
274	27	34	2	0	0	1	0	0
275	39	21	3	12	0	1	0	0
276	29	27	2	3	1	1	0	0
277	28	32	2	4	0	1	0	0
278	37	29	3	20	0	0	0	0
279	37	22	3	20	0	0	0	0
280	40	12	2	9	0	0	0	0
281	25	36	3	5	0	0	0	0
282	40	15	1	2	0	0	0	1
283	40	3	3	4	1	0	0	0

id	age	beck	ivhk	ndrugtx	race	treat	site	dfree
284	34	24	3	8	0	0	0	1
285	41	18	3	7	0	0	0	0
286	23	2	1	1	0	1	0	0
287	36	14	1	3	0	1	0	0
288	28	19	1	2	1	1	0	1
289	23	7	1	3	0	1	0	0
290	27	8	1	3	0	1	0	1
291	32	27	2	0	0	1	0	0
292	38	25	3	15	0	1	0	0
293	38	28	1	6	1	1	0	0
294	45	39	3	8	0	1	0	0
295	26	18	2	1	0	1	0	0
296	29	8	3	35	0	1	0	0
297	33	31	1	3	0	1	0	0
298	25	6	1	0	1	1	0	0
299	36	19	1	2	0	1	0	0
300	37	19	3	4	0	1	0	0
301	29	16	1	0	1	1	0	1
302	29	15	1	3	1	1	0	0
303	35	54	2	1	0	1	0	1
304	33	19	1	1	0	1	0	0
305	31	12	3	2	0	1	0	1
306	37	24	2	5	1	1	0	0
307	32	37	3	4	0	1	0	0
308	33	9	2	13	0	1	0	0
309	36	18	1	14	1	1	0	0
310	26	4	1	5	0	1	0	0
311	35	15	1	0	1	1	0	0
312	25	19	3	6	1	0	0	0
313	33	26	3	30	0	0	0	0
314	36	28	3	8	0	0	0	0
315	38	14	3	6	0	0	0	0
316	36	15	2	3	1	0	0	1
317	36	18	3	10	0	0	0	0
318	35	29	3	6	0	0	0	1
319	35	10	1	3	1	0	0	1
320	39	16	3	4	0	0	0	0
321	37	0	3	6	0	0	0	0
322	30	31	3	5	0	0	0	1
323	26	33	3	7	1	0	0	0

id	age	beck	ivhk	ndrugtx	race	treat	site	dfree
324	39	21	1	5	0	0	0	0
325	32	18	1	4	0	0	0	1
326	26	37.8	1	4	1	0	0	0
327	33	20	3	6	0	0	0	0
328	36	11	2	5	0	0	0	0
329	42	26	3	3	0	1	0	0
330	37	43	3	22	0	1	0	0
331	37	12	2	1	1	1	0	0
332	32	22	1	4	1	1	0	1
333	23	36	1	3	1	1	0	1
334	21	16	1	10	0	1	0	0
335	23	41	1	1	0	1	0	1
336	34	16	2	1	0	1	0	0
337	33	8	2	3	0	1	0	1
338	33	10	1	4	1	1	0	0
339	26	18	3	0	0	1	0	0
340	28	27	1	2	1	1	0	0
341	27	28	3	3	0	0	0	0
342	22	23	3	2	0	0	0	0
343	31	32	3	6	1	0	0	0
344	29	23.1	1	4	0	0	0	0
345	44	11	3	12	0	0	0	0
346	26	7	1	0	1	0	0	1
347	44	24	3	16	0	0	0	0
348	34	12	3	1	0	0	0	0
349	36	25	3	6	0	0	0	0
350	43	4	3	20	0	0	0	1
351	37	5	1	1	0	0	0	0
352	44	13	2	17	0	1	0	0
353	31	17	3	30	1	1	0	0
354	24	24	1	3	0	1	0	0
355	37	32	3	4	0	1	0	0
356	41	19	3	12	1	1	0	1
357	32	9	1	3	1	1	0	0
358	23	6	1	2	0	1	0	0
359	33	10	3	3	0	1	0	0
360	43	11	1	9	0	1	0	1
361	33	16	3	8	0	1	0	0
362	41	25	2	3	0	1	0	1
363	41	17	3	2	0	1	0	0

id	age	beck	ivhk	ndrugtx	race	treat	site	dfree
364	37	24	3	3	0	1	0	1
365	26	27	1	3	0	0	0	0
366	33	24	3	6	0	0	0	1
367	30	26	1	2	0	0	0	0
368	33	17	1	6	1	0	0	0
369	33	26	3	3	0	0	0	0
370	37	13	1	6	0	0	0	0
371	44	11	3	20	0	0	0	0
372	20	8	1	1	0	0	0	0
373	33	12	3	4	0	0	0	0
374	36	31	3	3	0	0	0	1
375	34	8.4	3	3	0	0	0	0
376	35	10	3	17	0	1	0	0
377	38	16	3	26	0	1	0	0
378	24	13	1	3	0	1	0	0
379	24	18	1	4	0	1	0	0
380	32	13	1	4	0	1	0	0
381	35	11	2	3	0	1	0	1
382	33	21	3	5	0	1	0	0
383	29	37	2	4	1	1	0	0
384	42	32	3	30	0	1	0	0
385	23	33	1	1	0	1	0	0
386	28	11	3	16	0	1	0	0
387	43	29	3	4	0	1	0	0
388	33	23	1	0	0	0	0	0
389	37	15	3	20	0	0	0	0
390	49	22	3	7	0	0	0	0
391	36	25	1	1	1	0	0	0
392	27	30	3	13	0	0	0	0
393	35	23	3	1	0	0	0	0
394	25	10	2	3	0	0	0	0
395	33	8	3	3	0	0	0	1
396	34	16	3	7	0	0	0	0
397	38	9	3	10	1	0	0	0
398	36	12.158	3	0	1	0	0	0
399	27	5	3	1	0	0	0	1
400	40	19	3	0	1	0	0	1
401	32	23	3	3	0	0	1	0
402	38	28	3	1	1	0	1	0
403	38	16	3	6	0	0	1	0

id	age	beck	ivhk	ndrugtx	race	treat	site	dfree
404	23	25	1	0	0	0	1	1
405	26	22	2	2	0	0	1	1
406	36	28	3	7	0	0	1	0
407	30	28	1	5	0	0	1	0
408	31	18	2	3	0	1	1	1
409	23	15	1	1	0	1	1	0
410	43	9	3	0	1	1	1	0
411	24	26	1	1	0	1	1	1
412	42	19	1	1	0	1	1	1
413	35	26	2	1	0	1	1	1
414	21	10	1	0	0	1	1	0
415	45	1	2	0	1	1	1	0
416	43	30	3	6	0	1	1	1
417	24	7	1	0	1	1	1	0
418	37	11	3	1	0	1	1	0
419	40	10	2	0	0	1	1	1
420	27	11	2	2	0	0	1	0
421	29	11	3	1	0	0	1	0
422	34	12	3	6	0	0	1	0
423	29	29	3	20	0	0	1	0
424	35	27	3	5	0	0	1	0
425	39	20	3	4	0	1	1	1
426	41	9	2	0	0	1	1	0
427	37	18	1	6	1	1	1	0
428	30	10	2	7	0	1	1	0
429	31	1	1	0	0	1	1	0
430	40	5	2	8	0	0	1	0
431	32	20	1	0	0	0	1	0
432	32	7	2	3	1	0	1	0
433	27	7	1	0	0	0	1	1
434	23	26	1	0	0	0	1	0
435	23	4	1	2	0	0	1	0
436	43	11	3	12	0	0	1	0
437	24	20	1	0	0	0	1	0
438	36	11	1	2	1	0	1	0
439	29	31	3	1	0	0	1	0
440	39	13	2	1	0	1	1	0
441	23	6	1	0	0	1	1	1
442	27	17	3	4	0	1	1	0
443	26	5	2	5	0	1	1	1

id	age	beck	ivhk	ndrugtx	race	treat	site	dfree
444	26	27	1	1	1	1	1	0
445	25	9	1	0	0	1	1	0
446	34	10	1	0	0	1	1	1
447	45	5	3	2	0	1	1	1
448	23	17	1	1	0	0	1	1
449	26	7	1	0	0	0	1	1
450	24	27	2	2	0	0	1	0
451	30	23	3	2	1	0	1	0
452	22	26	1	0	0	0	1	1
453	25	10	1	1	0	0	1	0
454	30	8.4	2	40	0	1	1	0
455	33	23	1	0	1	1	1	0
456	34	15	2	8	0	1	1	1
457	29	24	1	2	0	1	1	0
458	39	33	2	6	0	1	1	0
459	26	21	1	4	0	1	1	1
460	32	23	3	6	0	0	1	0
461	42	23.1	3	2	0	0	1	0
462	39	25	2	8	0	0	1	0
463	36	2	1	0	1	0	1	1
464	22	20	1	1	0	0	1	0
465	27	23	1	1	0	0	1	0
466	28	9	1	0	0	1	1	1
467	36	28	2	1	0	1	1	1
468	31	13	1	3	0	1	1	0
469	27	22	2	4	0	1	1	0
470	23	17	1	1	0	0	1	0
471	24	20	2	20	0	0	1	1
472	38	5	2	1	0	1	1	0
473	25	8	1	1	0	0	1	1
474	26	20	1	0	0	0	1	0
475	22	34	1	2	0	1	1	0
476	33	13	1	2	0	1	1	1
477	30	23	3	7	0	0	1	0
478	45	8	3	3	0	0	1	0
479	24	15	2	0	0	1	1	0
480	27	22	1	0	0	1	1	0
481	36	19	2	10	0	0	1	0
482	38	23	2	2	1	1	1	0
483	31	17	3	2	0		1	0

id	age	beck	ivhk	ndrugtx	race	treat	site	dfree
484	40	22	2	7	0	1	1	0
485	22	12	1	0	1	1	1	0
486	31	13	1	0	1	1	1	0
487	39	7	3	3	1	0	1	0
488	33	14	1	1	0	0	1	0
489	27	10	3	2	0	1	1	0
490	37	7	1	2	1	1	1	0
491	35	16	2	25	0	0	1	0
492	25	11	1	5	0	0	1	0
493	27	11	1	1	1	1	1	1
494	34	15	1	0	0	0	1	1
495	30	15	1	3	0	0	1	0
496	35	17	3	7	0	0	1	0
497	34	23	1	0	0	0	1	0
498	25	23	2	5	0	0	1	0
499	34	18	1	1	0	0	1	0
500	24	23	3	3	0	0	1	0
501	24	20	1	2	0	0	1	0
502	40	36	1	3	0	0	1	1
503	33	9	1	1	1	0	1	1
504	38	14	2	1	1	1	1	0
505	32	1	1	0	0	1	1	1
506	33	3	1	1	0	0	1	1
507	28	40	1	2	1	0	1	0
508	31	13	3	2	0	0	1	1
509	31	39	3	4	0	1	1	0
510	33	24	1	0	0	1	1	1
511	24	26	1	11	0	0	1	0
512	26	18	1	3	0	0	1	1
513	31	19	3	7	0	1	1	0
514	40	14.7	3	4	0	1	1	0
515	34	2	1	3	0	1	1	1
516	30	11	2	7	0	0	1	0
517	36	0	2	3	0	0	1	0
518	38	17	3	6	0	1	1	1
519	31	20	3	6	1	1	1	0
520	27	22	2	2	0	0	1	1
521	32	21	3	15	0	1	1	0
522	35	23	1	5	1	0	1	1
523	44	29	3	13	0	0	1	0

id	age	beck	ivhk	ndrugtx	race	treat	site	dfree
524	31	5	3	10	0	1	1	0
525	28	23	2	20	0	0	1	0
526	40	8	2	1	0	0	1	0
527	25	12	1	10	1	1	1	0
528	32	10	3	6	0	1	1	0
529	29	15.75	1	2	0	0	1	0
530	40	2	2	5	0	1	1	0
531	27	9	2	0	0	1	1	0
532	26	2	1	1	0	1	1	1
533	34	15	1	4	1	1	1	1
534	49	4	2	2	0	0	1	1
535	21	25	3	1	0	1	1	0
536	39	23	3	2	0	1	1	0
537	33	15	2	4	0	1	1	0
538	32	3	1	1	0	1	1	1
539	35	9	2	6	0	0	1	1
540	31	20	1	0	1	1	1	0
541	28	5	1	3	0	0	1	1
542	27	29	2	5	0	1	1	0
543	29	21	1	1	1	1	1	0
544	30	1	1	20	0	0	1	0
545	27	18	1	3	1	0	1	0
546	40	15	2	1	0	1	1	0
547	37	20	1	2	1	1	1	0
548	33	10	1	0	0	0	1	0
549	28	20	1	2	0	0	1	0
550	40	15	2	8	0	1	1	0
551	48	20	1	0	1	0	1	0
552	38	25	1	1	0	0	1	0
553	35	13	1	0	0	0	1	0
554	37	13	2	0	0	0	1	0
555	25	15	1	0	1	1	1	1
556	26	8	1	2	0	1	1	0
557	30	9	3	3	0	0	1	0
558	28	16	2	2	0	0	1	1
559	23	11	3	4	0	0	1	0
560	36	31	1	1	0	1	1	1
561	36	13	2	4	0	1	1	1
562	24	5	1	0	1	0	1	0
563	33	9	2	5	0	0	1	0

id	age	beck	ivhk	ndrugtx	race	treat	site	dfree
564	38	15	2	6	0	0	1	0
565	41	20	3	21	0	1	1	0
566	31	21	1	0	1	1	1	0
567	31	23	2	11	0	1	1	0
568	37	5	1	0	1	1	1	0
569	37	17	2	4	1	0	1	0
570	33	13	1	0	0	0	1	0
571	53	9	2	6	0	0	1	0
572	37	20	3	4	0	0	1	0
573	28	10	2	3	0	1	1	0
574	35	17	3	2	0	0	1	1
575	46	31.5	3	15	1	1	1	1

부록 3. 대통령선거 자료

1. 자료 이름 : VOTER 자료(VOTER DATA)
2. 크기 : n=1847 observations, 7 variables
3. 출처 : 미국 General Social Survey 에서 수집됨(1992년).
4. VOTER 자료의 변수 코드

Name	Description	Codes/Values
ID	식별 번호	1−1847
대선92	92년 대선후보	1=Bush 2=Perot 3=Clinton
나이	나이	22−89
나이대	나이대	1=35세 미만 2=35−44세 3=45−64세 4=65세 이상
피교육	피 교육연수	3−20
학력	최종학력	0=고등학교 미만 1=고등학교 2=초대학교 3=대학교 4=대학원
성별	성별	1=남자 2=여자

5. VOTER DATA

id	pc	age	gp	years	sch	sex
1	3	79	4	12	1	1
2	3	32	1	17	3	1
3	3	50	3	6	0	2
4	3	56	3	8	0	2
5	3	51	3	17	3	2
6	3	48	3	12	1	1
7	3	29	1	13	1	2
8	3	40	2	13	1	2
9	3	46	3	13	1	2
10	3	37	2	19	4	2
11	3	43	2	16	4	2
12	3	45	3	16	3	2
13	3	53	3	16	3	2
14	3	34	1	15	1	1
15	3	32	1	19	4	1
16	3	53	3	12	1	1
17	1	27	1	17	3	1
18	3	42	2	16	3	2
19	3	27	1	16	3	2
20	3	40	2	20	4	2
21	3	74	4	3	0	1
22	2	41	2	15	2	1
23	1	26	1	16	3	1
24	3	49	3	14	2	2
25	1	49	3	17	4	2
26	3	37	2	16	3	2
27	3	55	3	18	4	2
28	3	26	1	16	3	2
29	3	25	1	12	1	1
30	1	47	3	20	4	2
31	3	53	3	16	3	1
32	1	42	2	13	1	1
33	3	73	4	6	0	2
34	3	80	4	12	1	2
35	3	42	2	15	3	2
36	3	44	2	10	0	2
37	3	43	2	18	4	2
38	3	28	1	15	1	1
39	3	42	2	12	1	1
40	3	26	1	13	1	2
41	3	29	1	16	3	2
42	3	29	1	12	1	2
43	2	32	1	12	1	2
44	1	34	1	16	3	2
45	3	59	3	16	1	1
46	1	38	2	16	3	2
47	1	37	2	16	3	1
48	3	34	1	20	4	1
49	1	23	1	16	3	2
50	3	38	2	16	3	2
51	1	80	4	15	1	1
52	1	43	2	13	1	1
53	3	86	4	11	1	2
54	3	25	1	16	3	1
55	3	29	1	13	1	2
56	3	38	2	15	1	1
57	3	24	1	13	1	2
58	3	62	3	20	4	1
59	3	38	2	14	2	2
60	3	89	4	16	3	2
61	3	71	4	14	1	2
62	3	60	3	14	0	1
63	3	49	3	14	1	2
64	3	24	1	13	1	2
65	3	37	2	12	1	2
66	2	32	1	14	2	1
67	3	23	1	13	1	1
68	1	45	3	10	1	2
69	2	36	2	12	1	1
70	3	41	2	12	1	2
71	1	49	3	20	4	1
72	1	33	1	13	1	1
73	3	46	3	14	1	2
74	3	31	1	14	2	2
75	3	47	3	14	1	2
76	3	55	3	10	0	2
77	2	30	1	13	1	2
78	3	33	1	16	4	2

id	pc	age	gp	years	sch	sex	id	pc	age	gp	years	sch	sex
79	3	29	1	12	1	1	119	3	39	2	17	3	2
80	3	33	1	14	1	1	120	1	62	3	12	1	1
81	3	37	2	14	2	2	121	2	43	2	13	1	2
82	3	50	3	18	4	2	122	3	31	1	13	1	2
83	3	78	4	12	1	1	123	1	53	3	18	4	2
84	3	40	2	13	1	2	124	3	37	2	16	3	2
85	3	66	4	20	4	1	125	3	43	2	16	3	2
86	3	45	3	11	0	2	126	3	39	2	15	1	2
87	3	46	3	18	4	2	127	3	48	3	16	3	2
88	1	79	4	11	0	1	128	2	59	3	13	1	1
89	2	44	2	16	3	1	129	3	79	4	20	4	1
90	3	53	3	19	4	2	130	3	45	3	18	4	2
91	1	43	2	12	1	1	131	3	45	3	16	3	2
92	3	40	2	14	1	1	132	3	41	2	14	0	1
93	3	68	4	15	1	2	133	3	40	2	16	3	1
94	3	32	1	14	1	2	134	1	51	3	18	3	1
95	1	37	2	20	4	1	135	3	53	3	16	3	1
96	3	35	2	16	3	1	136	3	40	2	17	3	1
97	1	31	1	16	3	2	137	3	41	2	14	1	2
98	3	47	3	20	4	2	138	3	59	3	18	4	2
99	3	68	4	16	3	1	139	3	43	2	17	3	2
100	1	47	3	16	3	1	140	3	30	1	14	2	1
101	3	53	3	12	1	2	141	3	41	2	19	4	1
102	3	39	2	19	3	2	142	3	51	3	17	0	1
103	3	63	3	12	1	2	143	2	40	2	15	1	2
104	1	43	2	16	3	1	144	3	75	4	7	0	2
105	1	75	4	16	3	1	145	3	56	3	14	0	2
106	3	74	4	12	1	1	146	3	36	2	12	1	2
107	3	25	1	15	1	2	147	3	64	3	10	0	2
108	3	62	3	14	2	2	148	2	31	1	13	1	1
109	3	47	3	16	3	1	149	2	32	1	14	2	2
110	3	48	3	14	1	2	150	1	36	2	13	1	2
111	3	38	2	12	1	1	151	1	42	2	14	2	2
112	1	31	1	13	1	1	152	2	49	3	16	3	2
113	2	65	4	12	1	2	153	1	37	2	14	1	1
114	1	68	4	14	1	2	154	3	61	3	16	3	2
115	2	62	3	18	4	1	155	1	75	4	13	1	2
116	3	51	3	12	1	2	156	3	40	2	20	4	1
117	1	60	3	16	3	1	157	1	52	3	14	2	1
118	1	37	2	12	1	1	158	3	54	3	16	3	2

id	pc	age	gp	years	sch	sex
159	3	81	4	12	1	2
160	1	60	3	12	1	2
161	2	41	2	18	3	2
162	2	49	3	12	1	2
163	2	30	1	14	1	1
164	3	61	3	16	3	1
165	3	76	4	9	0	2
166	3	52	3	12	1	2
167	1	51	3	16	3	2
168	1	28	1	11	0	2
169	2	35	2	12	1	1
170	3	43	2	14	1	1
171	2	35	2	13	1	1
172	3	52	3	16	3	1
173	3	37	2	14	1	1
174	1	33	1	13	1	2
175	3	47	3	17	3	2
176	3	82	4	8	0	2
177	3	63	3	6	0	1
178	1	72	4	8	0	2
179	1	30	1	14	1	1
180	3	36	2	13	1	2
181	1	70	4	14	2	2
182	3	75	4	8	0	2
183	3	83	4	12	1	1
184	3	53	3	10	0	2
185	3	22	1	13	1	2
186	3	33	1	12	1	2
187	1	24	1	16	3	2
188	3	28	1	11	0	2
189	2	48	3	16	3	1
190	1	88	4	13	1	2
191	2	36	2	13	2	1
192	3	55	3	20	4	2
193	3	29	1	16	3	2
194	1	62	3	12	1	1
195	3	84	4	12	1	2
196	1	80	4	10	0	2
197	1	46	3	12	1	1
198	1	72	4	12	1	2

id	pc	age	gp	years	sch	sex
199	1	25	1	16	3	2
200	1	41	2	12	1	2
201	3	32	1	14	1	1
202	3	35	2	12	1	1
203	3	43	2	16	2	1
204	2	32	1	15	2	1
205	3	38	2	17	3	1
206	3	26	1	12	1	2
207	3	32	1	12	1	2
208	3	68	4	9	0	2
209	3	73	4	10	0	2
210	3	31	1	14	1	1
211	3	57	3	16	4	1
212	3	34	1	12	1	2
213	3	24	1	14	1	2
214	3	55	3	7	0	2
215	3	28	1	15	1	2
216	1	69	4	10	0	2
217	1	24	1	11	0	2
218	1	44	2	12	1	2
219	2	45	3	12	1	1
220	3	56	3	15	2	2
221	3	50	3	16	1	1
222	2	54	3	12	1	2
223	1	32	1	16	3	1
224	3	25	1	17	4	2
225	3	26	1	12	1	2
226	3	49	3	16	3	1
227	3	32	1	19	4	1
228	3	33	1	18	4	2
229	3	31	1	16	3	2
230	3	32	1	16	3	2
231	1	56	3	13	1	1
232	1	27	1	16	3	2
233	1	72	4	12	1	1
234	2	39	2	12	1	2
235	2	35	2	17	3	1
236	3	70	4	12	1	1
237	1	32	1	17	3	2
238	3	23	1	14	1	1

id	pc	age	gp	years	sch	sex
239	2	83	4	12	1	2
240	3	34	1	13	1	1
241	3	87	4	12	1	1
242	3	50	3	12	1	1
243	1	61	3	12	1	1
244	3	68	4	12	1	1
245	1	50	3	16	3	1
246	3	39	2	16	3	2
247	3	41	2	14	1	1
248	3	43	2	14	1	2
249	3	65	4	10	0	2
250	3	36	2	14	2	2
251	3	54	3	12	1	2
252	3	46	3	9	1	1
253	3	68	4	11	0	2
254	3	35	2	16	3	2
255	3	66	4	9	1	2
256	3	29	1	16	3	1
257	3	31	1	13	2	2
258	3	49	3	12	0	2
259	1	43	2	16	3	2
260	1	54	3	16	2	1
261	3	34	1	14	1	2
262	3	53	3	18	4	1
263	3	70	4	15	1	1
264	2	22	1	15	2	1
265	1	45	3	17	3	2
266	2	43	2	16	3	1
267	3	67	4	16	3	1
268	1	48	3	16	3	1
269	1	88	4	12	1	1
270	3	36	2	13	1	1
271	2	36	2	12	1	2
272	3	47	3	12	1	2
273	2	39	2	15	2	1
274	1	31	1	12	1	2
275	3	55	3	20	3	1
276	3	33	1	14	1	1
277	3	33	1	11	0	2
278	1	56	3	12	1	2
279	3	42	2	14	1	2
280	2	50	3	18	3	2
281	3	43	2	17	3	1
282	3	30	1	17	3	1
283	1	39	2	11	1	1
284	1	88	4	11	0	1
285	1	56	3	13	1	2
286	3	37	2	17	1	1
287	2	63	3	11	0	2
288	3	34	1	12	1	1
289	1	59	3	15	1	1
290	1	52	3	17	4	1
291	3	38	2	18	4	2
292	3	43	2	14	1	2
293	2	43	2	14	1	2
294	3	83	4	13	1	2
295	3	35	2	12	1	2
296	3	46	3	16	3	1
297	1	54	3	14	1	1
298	2	67	4	12	1	1
299	3	60	3	12	1	1
300	2	40	2	16	3	1
301	3	78	4	10	1	1
302	3	71	4	12	1	2
303	1	63	3	13	1	1
304	2	28	1	13	1	2
305	3	63	3	10	1	2
306	3	48	3	14	1	1
307	3	31	1	16	3	2
308	3	27	1	14	3	2
309	3	31	1	20	3	2
310	1	84	4	10	0	1
311	1	86	4	14	1	1
312	3	69	4	12	1	2
313	3	74	4	6	0	2
314	3	65	4	8	0	2
315	3	77	4	17	3	2
316	3	53	3	10	0	2
317	3	27	1	12	1	2
318	3	62	3	12	1	2

id	pc	age	gp	years	sch	sex
319	3	48	3	12	1	2
320	3	62	3	9	0	2
321	2	32	1	13	1	1
322	3	47	3	16	3	2
323	3	40	2	12	1	2
324	1	42	2	12	1	1
325	3	42	2	12	1	1
326	2	28	1	17	3	2
327	3	33	1	12	1	2
328	3	40	2	16	3	2
329	1	73	4	12	1	1
330	2	81	4	12	1	2
331	1	70	4	16	3	1
332	1	61	3	12	1	2
333	3	53	3	12	1	2
334	3	48	3	16	1	2
335	3	57	3	12	1	2
336	3	49	3	16	3	1
337	1	39	2	14	2	2
338	3	41	2	12	1	1
339	3	42	2	8	0	1
340	2	59	3	7	0	2
341	3	38	2	16	3	2
342	3	56	3	19	4	1
343	1	49	3	17	4	2
344	3	38	2	20	4	2
345	3	57	3	14	1	2
346	1	35	2	16	3	2
347	2	48	3	14	1	1
348	3	56	3	18	4	2
349	2	36	2	14	1	2
350	1	75	4	12	1	2
351	3	77	4	11	0	2
352	3	77	4	14	1	2
353	3	46	3	15	1	2
354	3	38	2	11	0	2
355	3	28	1	14	2	1
356	3	40	2	12	1	1
357	1	63	3	14	1	2
358	1	69	4	12	1	2

id	pc	age	gp	years	sch	sex
359	3	53	3	13	1	2
360	1	44	2	16	3	2
361	1	46	3	16	3	1
362	2	39	2	13	1	1
363	3	43	2	16	3	2
364	3	63	3	20	4	1
365	1	47	3	20	4	1
366	1	65	4	20	4	1
367	3	42	2	18	4	1
368	1	68	4	14	1	1
369	1	29	1	16	3	1
370	3	42	2	20	4	2
371	3	51	3	16	3	2
372	3	53	3	12	1	2
373	3	68	4	14	2	2
374	3	56	3	14	1	2
375	3	36	2	12	1	2
376	1	40	2	15	1	2
377	1	32	1	18	4	1
378	1	31	1	18	4	2
379	3	30	1	19	3	2
380	1	51	3	14	2	1
381	1	42	2	13	1	2
382	2	34	1	16	2	1
383	1	23	1	16	3	1
384	1	40	2	14	1	1
385	1	40	2	16	3	2
386	1	30	1	16	3	1
387	2	49	3	16	1	2
388	3	48	3	13	1	2
389	2	37	2	18	4	1
390	3	49	3	18	3	2
391	3	58	3	16	3	2
392	3	34	1	16	3	2
393	2	44	2	20	4	2
394	3	24	1	17	3	1
395	3	40	2	18	4	1
396	3	50	3	20	4	2
397	1	37	2	16	3	2
398	3	25	1	17	3	1

id	pc	age	gp	years	sch	sex	id	pc	age	gp	years	sch	sex
399	3	68	4	20	4	1	439	3	79	4	13	0	1
400	3	39	2	18	3	2	440	3	24	1	16	3	2
401	3	43	2	16	3	2	441	2	31	1	16	2	2
402	1	40	2	14	1	2	442	1	47	3	14	2	2
403	3	32	1	16	3	2	443	3	48	3	17	4	1
404	3	28	1	18	4	1	444	1	54	3	13	1	2
405	3	81	4	18	3	2	445	2	54	3	17	3	1
406	1	71	4	12	1	2	446	3	53	3	18	4	2
407	3	83	4	8	0	2	447	1	49	3	17	3	1
408	1	82	4	7	0	2	448	3	70	4	11	0	2
409	2	30	1	11	0	2	449	1	62	3	8	0	1
410	3	31	1	18	3	1	450	3	51	3	16	3	2
411	3	24	1	17	3	1	451	3	84	4	16	3	2
412	3	44	2	18	4	2	452	3	65	4	12	1	2
413	3	48	3	16	3	1	453	3	45	3	18	4	2
414	1	58	3	16	3	1	454	3	40	2	14	2	2
415	1	28	1	16	3	2	455	1	35	2	16	3	2
416	3	65	4	18	3	1	456	3	62	3	15	1	2
417	1	33	1	13	1	2	457	1	61	3	12	1	1
418	2	39	2	12	1	1	458	3	30	1	14	2	2
419	1	41	2	16	3	1	459	2	29	1	13	1	1
420	3	49	3	16	3	2	460	1	79	4	18	4	1
421	1	76	4	20	4	1	461	3	51	3	12	1	1
422	2	69	4	20	4	1	462	2	25	1	17	3	2
423	2	35	2	12	1	2	463	2	34	1	13	1	1
424	3	48	3	12	1	2	464	1	66	4	11	1	2
425	1	30	1	5	0	2	465	3	36	2	15	1	2
426	3	58	3	15	1	2	466	1	53	3	14	1	1
427	3	39	2	13	1	1	467	3	35	2	16	2	2
428	3	32	1	14	1	1	468	3	39	2	16	3	2
429	1	43	2	16	3	1	469	3	37	2	14	1	1
430	2	34	1	13	1	2	470	2	41	2	12	1	1
431	3	47	3	19	4	2	471	1	42	2	16	3	2
432	1	59	3	16	3	1	472	1	57	3	18	4	1
433	3	42	2	16	3	2	473	1	41	2	16	3	1
434	1	82	4	12	1	2	474	1	57	3	16	3	2
435	1	89	4	10	0	2	475	1	46	3	12	1	2
436	3	87	4	14	1	2	476	1	53	3	15	1	1
437	3	68	4	10	0	2	477	1	53	3	15	1	1
438	3	53	3	19	3	2	478	1	47	3	16	3	2

id	pc	age	gp	years	sch	sex
479	1	65	4	16	3	1
480	1	48	3	16	3	1
481	1	41	2	16	3	2
482	1	50	3	16	3	1
483	1	62	3	17	3	1
484	1	24	1	16	3	1
485	3	52	3	10	0	2
486	2	40	2	16	3	1
487	3	65	4	13	1	2
488	2	42	2	12	1	1
489	1	55	3	16	3	1
490	2	62	3	14	2	1
491	3	56	3	16	4	2
492	1	36	2	16	3	1
493	1	50	3	16	3	1
494	2	33	1	16	4	1
495	1	40	2	12	1	1
496	3	43	2	12	1	1
497	1	42	2	10	1	1
498	1	38	2	11	1	1
499	1	55	3	16	3	1
500	1	58	3	13	1	2
501	3	49	3	7	0	2
502	1	51	3	14	1	1
503	1	32	1	14	2	2
504	1	59	3	14	2	1
505	1	46	3	13	1	2
506	1	25	1	15	1	2
507	2	64	3	16	3	1
508	1	68	4	14	2	2
509	2	36	2	14	1	1
510	3	64	3	10	0	1
511	1	32	1	12	1	2
512	3	43	2	18	3	2
513	2	41	2	16	3	1
514	2	25	1	13	1	2
515	1	32	1	12	1	2
516	3	22	1	13	1	1
517	2	33	1	11	0	1
518	1	42	2	14	1	2

id	pc	age	gp	years	sch	sex
519	3	74	4	8	0	2
520	1	33	1	16	3	1
521	2	36	2	16	3	1
522	2	54	3	14	2	1
523	3	82	4	15	3	2
524	2	70	4	12	1	1
525	3	35	2	15	1	2
526	3	48	3	9	0	1
527	3	51	3	12	1	2
528	3	43	2	14	2	2
529	3	27	1	15	1	2
530	3	22	1	13	1	2
531	1	36	2	12	1	1
532	3	23	1	13	1	1
533	2	30	1	12	1	1
534	3	50	3	13	1	2
535	3	54	3	12	1	2
536	3	41	2	13	1	2
537	3	56	3	12	1	2
538	3	50	3	12	1	2
539	1	48	3	18	4	2
540	1	58	3	16	3	1
541	3	60	3	12	1	2
542	3	23	1	14	1	2
543	2	39	2	16	3	2
544	2	61	3	16	3	1
545	3	51	3	12	1	2
546	3	29	1	14	1	1
547	3	30	1	16	3	1
548	3	72	4	10	0	1
549	3	44	2	12	1	2
550	2	35	2	14	2	2
551	3	80	4	12	1	2
552	3	84	4	12	1	2
553	3	45	3	20	4	2
554	1	27	1	16	3	2
555	1	33	1	16	3	2
556	2	47	3	12	1	1
557	3	31	1	16	3	1
558	1	38	2	15	1	1

id	pc	age	gp	years	sch	sex	id	pc	age	gp	years	sch	sex
559	2	56	3	13	1	1	599	2	27	1	14	1	2
560	1	49	3	16	3	2	600	1	48	3	18	4	1
561	3	26	1	16	3	1	601	3	78	4	12	1	1
562	2	44	2	12	1	1	602	2	34	1	16	3	1
563	3	60	3	20	4	1	603	1	31	1	12	1	1
564	1	48	3	17	3	2	604	1	32	1	16	3	2
565	1	50	3	20	4	1	605	3	46	3	18	4	1
566	1	51	3	17	3	1	606	1	28	1	18	4	1
567	2	37	2	18	3	1	607	3	38	2	16	3	2
568	1	44	2	15	1	2	608	3	51	3	15	1	1
569	3	48	3	12	1	1	609	1	76	4	12	1	1
570	3	23	1	14	2	2	610	3	47	3	12	1	1
571	3	26	1	15	3	2	611	3	45	3	16	4	2
572	3	43	2	13	1	2	612	3	37	2	16	2	1
573	2	24	1	16	3	2	613	1	73	4	13	1	2
574	2	22	1	15	1	1	614	3	37	2	12	1	2
575	1	24	1	16	3	2	615	3	65	4	4	0	2
576	3	27	1	12	1	1	616	1	36	2	12	1	1
577	1	49	3	16	3	1	617	3	54	3	9	0	2
578	3	25	1	17	2	2	618	3	39	2	20	3	2
579	1	31	1	13	1	1	619	2	34	1	19	3	2
580	1	30	1	12	1	1	620	3	68	4	12	1	1
581	3	37	2	18	3	1	621	3	49	3	13	2	2
582	2	31	1	20	4	2	622	2	42	2	16	3	2
583	3	53	3	20	4	2	623	1	37	2	16	3	2
584	2	25	1	15	1	1	624	1	65	4	17	3	2
585	2	26	1	13	1	1	625	3	52	3	14	1	2
586	2	34	1	12	1	1	626	1	37	2	18	4	2
587	3	51	3	14	2	2	627	1	54	3	16	3	1
588	3	54	3	20	4	1	628	3	38	2	14	1	2
589	2	34	1	15	1	1	629	3	28	1	17	3	1
590	2	74	4	20	4	1	630	3	29	1	16	3	2
591	1	50	3	18	4	1	631	3	23	1	16	1	2
592	3	36	2	18	4	2	632	3	28	1	12	1	1
593	1	38	2	20	4	1	633	3	39	2	12	1	1
594	3	36	2	20	4	1	634	3	48	3	17	3	2
595	1	49	3	18	4	2	635	2	34	1	16	3	2
596	1	60	3	14	1	1	636	2	29	1	17	3	2
597	3	35	2	16	3	1	637	1	42	2	12	1	1
598	3	22	1	12	1	2	638	3	47	3	17	3	2

id	pc	age	gp	years	sch	sex
639	1	65	4	12	1	1
640	2	45	3	16	3	2
641	2	41	2	18	3	2
642	3	60	3	14	2	1
643	3	31	1	12	1	2
644	3	49	3	13	1	2
645	1	49	3	14	2	1
646	3	27	1	12	1	2
647	3	40	2	16	4	2
648	3	44	2	14	2	2
649	1	83	4	12	1	2
650	1	44	2	16	3	2
651	3	27	1	16	3	1
652	1	56	3	13	1	2
653	3	41	2	12	1	1
654	2	30	1	13	1	1
655	1	55	3	17	4	1
656	2	37	2	13	1	2
657	3	50	3	16	3	1
658	3	43	2	16	3	2
659	3	30	1	20	4	2
660	1	72	4	15	1	2
661	1	72	4	13	1	2
662	1	76	4	6	0	1
663	1	75	4	12	1	2
664	2	22	1	12	1	1
665	3	89	4	9	0	2
666	3	70	4	12	1	1
667	1	44	2	14	1	2
668	1	41	2	10	0	1
669	3	49	3	12	1	2
670	3	39	2	16	4	1
671	3	31	1	14	1	2
672	1	74	4	12	1	2
673	3	47	3	18	4	1
674	1	36	2	15	2	1
675	2	34	1	11	1	2
676	3	24	1	17	3	2
677	3	27	1	17	2	1
678	1	67	4	12	1	1
679	1	26	1	16	3	2
680	2	48	3	12	4	2
681	3	23	1	16	1	2
682	3	37	2	16	3	2
683	1	63	3	12	1	1
684	2	47	3	12	1	2
685	1	49	3	16	3	1
686	1	65	4	12	1	1
687	1	26	1	17	3	2
688	1	52	3	13	1	2
689	1	52	3	12	1	1
690	2	37	2	12	1	2
691	3	41	2	18	4	1
692	3	44	2	16	3	2
693	3	23	1	17	3	2
694	3	52	3	12	1	1
695	2	28	1	17	3	1
696	2	28	1	12	1	1
697	3	61	3	9	0	1
698	2	29	1	15	1	1
699	3	47	3	12	1	2
700	1	43	2	14	2	1
701	3	46	3	14	2	2
702	3	72	4	12	1	2
703	1	70	4	13	1	2
704	1	40	2	18	4	2
705	1	45	3	12	1	1
706	1	50	3	18	4	2
707	3	54	3	20	4	2
708	2	42	2	18	3	1
709	2	41	2	12	1	1
710	3	52	3	12	1	2
711	1	41	2	14	2	2
712	3	78	4	12	1	2
713	3	71	4	12	1	2
714	3	45	3	12	1	2
715	3	36	2	12	1	2
716	3	63	3	17	4	1
717	3	43	2	15	1	2
718	3	44	2	12	1	2

id	pc	age	gp	years	sch	sex
719	3	79	4	16	4	1
720	1	89	4	15	3	2
721	1	65	4	12	1	1
722	3	24	1	16	3	1
723	1	33	1	9	1	2
724	3	80	4	8	0	1
725	3	67	4	19	3	2
726	3	33	1	12	1	2
727	2	36	2	15	1	1
728	1	69	4	10	0	2
729	2	39	2	12	1	2
730	2	33	1	14	2	2
731	1	44	2	14	2	2
732	1	43	2	15	2	1
733	1	36	2	13	1	1
734	1	68	4	12	1	1
735	3	58	3	14	1	1
736	3	43	2	13	1	1
737	3	77	4	12	1	2
738	1	59	3	12	1	1
739	3	46	3	16	3	1
740	3	38	2	12	1	2
741	3	56	3	16	3	2
742	1	44	2	14	2	1
743	3	78	4	14	2	2
744	1	88	4	14	1	2
745	3	55	3	14	2	2
746	3	59	3	12	1	2
747	3	49	3	11	1	1
748	3	44	2	13	2	2
749	2	34	1	12	1	1
750	3	45	3	15	2	2
751	1	48	3	12	1	2
752	3	57	3	12	1	2
753	1	57	3	12	1	2
754	3	47	3	16	4	2
755	2	39	2	16	3	2
756	1	38	2	18	4	2
757	1	49	3	16	3	1
758	1	48	3	16	3	2

id	pc	age	gp	years	sch	sex
759	3	29	1	11	1	2
760	1	46	3	12	1	2
761	1	59	3	12	1	2
762	3	66	4	8	0	1
763	3	25	1	18	4	2
764	2	34	1	12	1	2
765	3	24	1	12	1	1
766	3	42	2	12	1	1
767	3	62	3	12	1	2
768	3	65	4	12	1	2
769	2	36	2	12	1	2
770	2	50	3	11	0	1
771	2	48	3	12	1	1
772	3	64	3	15	3	2
773	3	23	1	12	1	1
774	1	25	1	17	3	2
775	3	49	3	12	1	1
776	3	58	3	12	1	2
777	2	43	2	17	4	1
778	3	49	3	14	1	2
779	1	50	3	14	1	1
780	3	68	4	8	0	1
781	3	29	1	14	1	2
782	3	37	2	16	3	2
783	1	49	3	13	1	2
784	1	47	3	12	1	2
785	2	37	2	12	1	1
786	1	30	1	13	1	1
787	3	38	2	13	1	2
788	1	62	3	16	3	1
789	1	69	4	16	3	2
790	1	64	3	12	1	2
791	1	32	1	13	1	2
792	3	79	4	12	0	2
793	3	69	4	11	0	2
794	3	59	3	12	1	1
795	3	66	4	12	1	2
796	3	35	2	19	3	1
797	3	41	2	12	1	1
798	3	56	3	12	1	2

id	pc	age	gp	years	sch	sex	id	pc	age	gp	years	sch	sex
799	2	38	2	16	3	2	839	3	32	1	16	3	2
800	3	65	4	15	1	2	840	3	49	3	12	1	2
801	2	27	1	17	3	2	841	1	34	1	13	1	2
802	1	68	4	15	3	2	842	1	24	1	12	1	2
803	1	38	2	12	1	2	843	1	54	3	16	3	1
804	1	87	4	9	0	2	844	1	66	4	12	1	2
805	3	39	2	12	1	1	845	3	46	3	14	1	1
806	1	34	1	12	1	1	846	1	45	3	13	1	1
807	1	45	3	18	4	2	847	3	45	3	16	3	1
808	1	50	3	13	1	2	848	1	58	3	12	1	2
809	3	48	3	18	4	2	849	2	47	3	18	4	1
810	1	42	2	17	4	2	850	1	46	3	10	0	1
811	3	54	3	12	1	1	851	2	52	3	16	3	1
812	3	59	3	16	3	2	852	3	41	2	15	1	1
813	3	68	4	14	1	1	853	3	70	4	12	1	1
814	2	45	3	12	1	2	854	2	31	1	12	1	2
815	1	43	2	15	2	2	855	2	28	1	16	3	2
816	1	46	3	14	1	2	856	2	35	2	15	1	2
817	1	51	3	18	2	1	857	3	68	4	12	1	1
818	3	46	3	20	4	1	858	3	88	4	20	4	1
819	2	48	3	12	1	1	859	3	50	3	17	4	2
820	3	28	1	16	3	2	860	3	62	3	19	4	1
821	1	30	1	12	1	1	861	3	64	3	17	4	2
822	1	69	4	11	0	2	862	1	59	3	16	3	1
823	3	53	3	20	4	1	863	1	70	4	16	3	2
824	1	26	1	17	3	1	864	1	53	3	18	4	2
825	1	40	2	16	3	1	865	1	56	3	16	3	2
826	3	60	3	17	3	2	866	3	46	3	20	4	2
827	3	38	2	16	3	2	867	3	41	2	18	4	1
828	3	75	4	11	0	1	868	3	38	2	19	3	1
829	3	38	2	16	3	2	869	3	32	1	15	1	2
830	1	58	3	12	1	1	870	3	72	4	10	0	1
831	1	77	4	12	1	1	871	3	34	1	13	1	2
832	3	38	2	13	1	2	872	2	29	1	12	1	1
833	2	42	2	15	1	1	873	3	30	1	16	3	2
834	1	34	1	12	1	2	874	2	62	3	12	1	2
835	3	68	4	8	0	1	875	1	34	1	13	1	1
836	3	51	3	13	1	1	876	3	44	2	19	4	1
837	1	36	2	13	1	2	877	3	52	3	12	1	1
838	1	26	1	14	2	1	878	2	42	2	15	2	2

id	pc	age	gp	years	sch	sex
879	3	36	2	12	1	2
880	3	72	4	5	0	1
881	1	42	2	16	3	2
882	1	26	1	18	3	1
883	3	23	1	18	1	2
884	1	41	2	15	2	2
885	3	24	1	15	1	2
886	3	28	1	13	1	1
887	1	34	1	15	1	2
888	2	33	1	16	3	1
889	3	48	3	19	4	2
890	1	45	3	14	2	1
891	1	43	2	14	1	1
892	3	46	3	12	1	1
893	2	63	3	12	1	1
894	1	71	4	13	1	1
895	1	33	1	13	1	1
896	1	40	2	12	1	1
897	2	31	1	15	2	2
898	3	78	4	20	4	1
899	1	37	2	17	1	1
900	1	42	2	15	1	2
901	1	62	3	18	3	2
902	3	41	2	20	4	2
903	1	61	3	12	1	1
904	3	72	4	8	0	2
905	1	32	1	11	1	2
906	1	86	4	12	1	2
907	1	66	4	20	4	2
908	1	58	3	20	4	1
909	3	69	4	14	1	2
910	1	58	3	12	1	1
911	1	63	3	16	3	1
912	2	33	1	17	3	1
913	3	70	4	12	1	2
914	3	53	3	16	3	1
915	1	26	1	14	2	1
916	3	25	1	16	3	2
917	1	57	3	16	1	1
918	1	57	3	6	0	1

id	pc	age	gp	years	sch	sex
919	3	49	3	16	3	2
920	1	61	3	14	1	1
921	3	40	2	12	1	2
922	3	57	3	14	1	1
923	2	26	1	12	1	1
924	3	42	2	16	2	2
925	3	57	3	10	0	1
926	3	50	3	12	1	2
927	3	62	3	12	1	1
928	3	33	1	12	1	2
929	3	24	1	15	1	1
930	3	23	1	12	1	2
931	1	30	1	16	3	1
932	1	85	4	12	1	2
933	2	36	2	14	1	2
934	1	45	3	20	4	1
935	1	37	2	15	1	1
936	1	35	2	16	1	2
937	3	46	3	12	1	1
938	3	45	3	12	1	2
939	3	64	3	12	1	2
940	2	67	4	13	1	1
941	2	33	1	14	2	2
942	1	39	2	13	1	1
943	3	46	3	16	3	1
944	2	44	2	13	1	2
945	2	26	1	16	3	2
946	2	43	2	17	3	2
947	2	38	2	13	1	2
948	3	40	2	18	4	2
949	1	28	1	14	1	1
950	1	24	1	17	1	1
951	1	63	3	20	4	2
952	3	70	4	16	3	2
953	3	38	2	17	3	2
954	2	72	4	12	1	2
955	2	45	3	14	1	2
956	1	31	1	13	1	2
957	2	27	1	16	2	1
958	2	48	3	14	2	1

id	pc	age	gp	years	sch	sex
959	3	66	4	12	1	1
960	3	56	3	12	1	1
961	3	43	2	12	1	2
962	3	25	1	16	3	2
963	3	36	2	18	4	2
964	3	36	2	11	1	2
965	3	30	1	17	2	1
966	3	56	3	12	1	2
967	1	42	2	11	1	2
968	1	26	1	14	1	2
969	1	61	3	16	3	2
970	2	37	2	12	1	1
971	1	67	4	13	1	2
972	3	72	4	14	1	2
973	1	85	4	13	1	2
974	2	36	2	16	3	2
975	1	55	3	18	4	1
976	1	26	1	14	1	2
977	1	25	1	15	1	1
978	1	70	4	12	1	2
979	2	37	2	17	4	2
980	1	50	3	16	3	1
981	3	69	4	12	1	1
982	3	63	3	12	1	2
983	3	70	4	9	0	2
984	1	26	1	16	3	2
985	2	44	2	98	0	2
986	2	61	3	12	1	1
987	3	71	4	8	0	1
988	1	49	3	20	4	1
989	1	70	4	11	0	1
990	3	70	4	16	3	1
991	3	89	4	13	1	1
992	1	57	3	14	1	2
993	3	52	3	16	3	2
994	3	73	4	10	1	2
995	3	52	3	10	0	1
996	3	33	1	15	1	2
997	1	30	1	14	1	1
998	1	31	1	14	1	2
999	1	70	4	9	0	1
1000	3	70	4	12	1	2
1001	3	49	3	13	1	1
1002	1	30	1	14	2	2
1003	1	40	2	13	3	2
1004	1	49	3	14	2	1
1005	1	22	1	16	1	2
1006	1	26	1	14	1	2
1007	1	42	2	15	1	2
1008	3	68	4	7	0	2
1009	1	34	1	16	3	2
1010	3	74	4	12	0	2
1011	1	59	3	12	1	2
1012	1	48	3	14	1	1
1013	3	89	4	13	1	2
1014	2	53	3	13	1	1
1015	3	47	3	9	0	1
1016	1	42	2	16	3	1
1017	2	56	3	18	4	1
1018	2	53	3	20	4	1
1019	1	74	4	17	3	1
1020	3	70	4	18	3	2
1021	1	62	3	14	1	1
1022	1	45	3	12	1	2
1023	3	74	4	17	3	2
1024	1	76	4	20	1	1
1025	1	38	2	13	1	2
1026	1	45	3	16	3	2
1027	1	64	3	16	3	2
1028	1	28	1	14	1	1
1029	1	42	2	17	3	1
1030	3	37	2	12	1	1
1031	3	58	3	11	0	1
1032	3	38	2	14	1	2
1033	3	42	2	16	3	1
1034	1	31	1	12	1	2
1035	1	69	4	20	4	1
1036	1	50	3	14	1	2
1037	1	22	1	14	1	1
1038	3	48	3	16	3	1

id	pc	age	gp	years	sch	sex	id	pc	age	gp	years	sch	sex
1039	1	66	4	14	1	1	1079	3	49	3	16	3	2
1040	1	60	3	16	3	2	1080	1	47	3	12	1	2
1041	1	73	4	14	1	2	1081	3	24	1	18	3	2
1042	1	69	4	14	1	2	1082	1	28	1	14	1	2
1043	1	41	2	20	4	1	1083	3	41	2	14	1	1
1044	2	45	3	12	1	2	1084	3	74	4	10	0	2
1045	1	25	1	12	1	2	1085	3	76	4	8	0	2
1046	3	55	3	14	1	2	1086	3	51	3	13	1	1
1047	1	46	3	15	2	2	1087	3	39	2	13	1	2
1048	1	36	2	12	0	2	1088	3	30	1	13	1	2
1049	3	44	2	14	2	1	1089	3	59	3	11	1	1
1050	3	36	2	13	1	2	1090	3	50	3	16	4	2
1051	3	31	1	17	4	1	1091	3	42	2	12	1	2
1052	3	53	3	12	1	1	1092	3	86	4	13	1	1
1053	3	50	3	12	1	2	1093	3	80	4	9	0	2
1054	3	26	1	19	4	2	1094	3	53	3	10	0	2
1055	1	26	1	16	3	1	1095	2	40	2	17	3	1
1056	3	29	1	16	3	1	1096	1	83	4	11	0	2
1057	3	26	1	18	4	2	1097	3	40	2	12	1	2
1058	3	89	4	16	3	2	1098	3	78	4	14	1	2
1059	2	38	2	12	1	1	1099	3	74	4	12	1	2
1060	3	38	2	18	4	1	1100	3	22	1	13	1	2
1061	1	28	1	14	2	2	1101	1	77	4	13	2	2
1062	3	85	4	9	0	2	1102	1	39	2	12	1	1
1063	1	32	1	15	1	1	1103	3	49	3	14	2	1
1064	1	72	4	12	1	2	1104	3	37	2	14	1	2
1065	1	51	3	14	1	1	1105	2	45	3	15	2	2
1066	3	75	4	16	1	1	1106	1	46	3	14	1	2
1067	2	31	1	14	1	2	1107	1	27	1	14	2	1
1068	3	48	3	13	1	2	1108	1	29	1	13	1	2
1069	3	25	1	13	1	1	1109	1	77	4	14	1	1
1070	3	62	3	10	0	2	1110	1	66	4	12	1	1
1071	3	59	3	9	0	2	1111	3	38	2	12	1	1
1072	3	80	4	18	4	1	1112	3	72	4	5	0	2
1073	3	60	3	18	4	2	1113	2	48	3	12	1	1
1074	1	41	2	13	0	1	1114	1	30	1	13	1	1
1075	3	44	2	11	0	2	1115	1	60	3	12	1	2
1076	3	30	1	16	3	2	1116	3	36	2	14	2	1
1077	3	60	3	15	1	1	1117	3	64	3	12	1	2
1078	3	51	3	11	1	1	1118	3	37	2	12	1	1

id	pc	age	gp	years	sch	sex
1119	3	70	4	9	0	2
1120	1	32	1	16	3	2
1121	1	57	3	12	1	1
1122	3	37	2	17	3	1
1123	3	61	3	14	1	2
1124	1	87	4	13	1	2
1125	3	34	1	12	1	2
1126	3	31	1	14	1	2
1127	1	34	1	12	1	1
1128	1	37	2	12	1	1
1129	2	34	1	12	1	1
1130	1	63	3	12	1	1
1131	1	23	1	13	1	1
1132	2	50	3	13	1	2
1133	3	38	2	10	0	1
1134	3	23	1	14	2	2
1135	3	25	1	98	1	2
1136	1	40	2	13	1	1
1137	3	27	1	12	1	1
1138	1	81	4	12	1	2
1139	1	34	1	16	3	2
1140	3	30	1	16	3	2
1141	3	43	2	12	1	2
1142	1	38	2	18	4	2
1143	1	53	3	15	1	1
1144	1	51	3	15	1	1
1145	3	35	2	16	3	2
1146	1	29	1	18	4	2
1147	3	32	1	12	1	2
1148	2	25	1	12	1	1
1149	3	40	2	14	2	1
1150	3	34	1	18	4	2
1151	3	28	1	16	3	1
1152	1	31	1	15	1	1
1153	3	51	3	12	1	1
1154	1	81	4	12	1	2
1155	3	62	3	7	0	1
1156	1	38	2	12	1	1
1157	2	31	1	13	1	2
1158	3	52	3	14	1	2
1159	3	40	2	13	1	2
1160	3	64	3	12	1	2
1161	1	47	3	16	3	2
1162	3	77	4	8	0	2
1163	3	28	1	12	1	1
1164	1	40	2	13	1	1
1165	2	30	1	12	1	2
1166	1	60	3	18	4	1
1167	3	28	1	12	1	1
1168	2	47	3	15	1	1
1169	3	51	3	12	1	2
1170	3	62	3	12	1	1
1171	1	48	3	12	1	2
1172	3	74	4	12	1	1
1173	3	28	1	16	3	2
1174	3	47	3	18	4	1
1175	3	66	4	18	3	2
1176	3	55	3	12	1	1
1177	2	64	3	12	1	2
1178	3	69	4	14	1	2
1179	3	80	4	12	1	2
1180	1	43	2	16	3	1
1181	1	25	1	15	1	2
1182	2	50	3	14	1	1
1183	1	62	3	18	4	1
1184	3	48	3	8	0	1
1185	3	37	2	18	4	2
1186	3	30	1	14	2	2
1187	1	67	4	12	1	1
1188	1	51	3	15	1	1
1189	2	52	3	11	1	2
1190	2	45	3	16	3	2
1191	3	52	3	15	2	1
1192	1	47	3	15	1	2
1193	1	39	2	16	2	2
1194	1	51	3	13	1	2
1195	3	65	4	12	1	1
1196	1	35	2	12	1	2
1197	1	56	3	10	1	1
1198	1	36	2	18	4	2

id	pc	age	gp	years	sch	sex	id	pc	age	gp	years	sch	sex
1199	1	44	2	15	1	1	1239	2	34	1	14	1	2
1200	2	53	3	11	0	1	1240	1	49	3	16	3	2
1201	2	23	1	9	1	2	1241	1	33	1	14	1	1
1202	1	48	3	12	1	1	1242	2	35	2	12	1	1
1203	2	33	1	12	1	2	1243	2	46	3	12	1	2
1204	1	27	1	16	3	2	1244	2	31	1	16	3	1
1205	3	62	3	12	1	2	1245	1	35	2	13	1	2
1206	3	45	3	12	1	2	1246	3	39	2	16	3	1
1207	3	50	3	12	1	2	1247	2	52	3	13	1	1
1208	1	37	2	14	1	1	1248	3	76	4	14	1	2
1209	1	52	3	12	1	2	1249	3	49	3	19	3	1
1210	1	22	1	15	1	2	1250	1	31	1	14	1	1
1211	3	74	4	12	1	2	1251	1	26	1	11	0	2
1212	3	82	4	16	1	2	1252	3	22	1	16	1	2
1213	3	34	1	11	1	2	1253	3	24	1	15	1	2
1214	2	33	1	16	3	1	1254	1	28	1	18	4	1
1215	3	56	3	20	4	1	1255	3	65	4	8	0	1
1216	3	57	3	12	1	2	1256	3	29	1	13	1	1
1217	1	39	2	17	4	1	1257	2	23	1	16	3	2
1218	3	36	2	12	1	2	1258	1	25	1	14	1	2
1219	3	29	1	12	1	2	1259	1	26	1	14	1	2
1220	3	37	2	14	1	2	1260	3	23	1	15	1	2
1221	2	32	1	14	1	2	1261	3	41	2	19	1	1
1222	3	75	4	8	0	2	1262	1	23	1	12	0	1
1223	1	79	4	10	0	2	1263	3	40	2	13	1	1
1224	1	33	1	14	2	2	1264	3	67	4	12	1	2
1225	3	82	4	12	1	1	1265	3	42	2	15	2	2
1226	3	62	3	7	0	1	1266	3	23	1	12	1	2
1227	3	46	3	17	3	1	1267	3	52	3	12	1	2
1228	1	86	4	11	0	2	1268	3	41	2	15	2	2
1229	2	57	3	16	1	1	1269	1	60	3	12	1	2
1230	3	72	4	11	0	1	1270	1	38	2	9	0	2
1231	3	46	3	19	3	1	1271	1	27	1	13	1	2
1232	3	33	1	16	3	2	1272	1	51	3	14	2	2
1233	1	40	2	16	2	2	1273	1	70	4	12	1	2
1234	2	32	1	14	2	1	1274	1	61	3	19	4	2
1235	3	26	1	19	3	2	1275	1	54	3	14	1	1
1236	3	43	2	18	4	1	1276	1	38	2	16	3	2
1237	1	68	4	12	1	2	1277	2	34	1	18	4	1
1238	2	48	3	16	3	1	1278	3	37	2	17	3	1

id	pc	age	gp	years	sch	sex
1279	3	54	3	12	1	1
1280	2	46	3	20	4	2
1281	3	46	3	18	4	2
1282	2	23	1	15	1	1
1283	3	50	3	15	1	1
1284	1	35	2	12	1	1
1285	2	27	1	16	3	2
1286	3	41	2	13	1	1
1287	3	45	3	14	1	2
1288	3	26	1	10	1	2
1289	3	69	4	8	0	1
1290	1	22	1	16	3	1
1291	1	73	4	12	1	2
1292	3	47	3	17	3	2
1293	3	54	3	12	1	2
1294	1	55	3	12	1	2
1295	3	28	1	16	3	2
1296	1	56	3	17	4	2
1297	3	27	1	17	3	2
1298	3	89	4	13	1	2
1299	3	47	3	20	4	1
1300	3	27	1	16	3	2
1301	2	25	1	17	3	2
1302	3	44	2	16	3	1
1303	3	53	3	12	1	2
1304	1	80	4	12	1	2
1305	2	51	3	12	1	1
1306	1	78	4	11	0	2
1307	2	24	1	13	1	1
1308	2	69	4	12	1	2
1309	2	35	2	10	1	2
1310	1	23	1	15	1	1
1311	2	32	1	16	3	1
1312	2	29	1	16	1	1
1313	1	48	3	14	1	1
1314	3	61	3	20	4	2
1315	2	32	1	17	3	2
1316	1	35	2	16	3	1
1317	1	60	3	12	1	2
1318	1	58	3	20	4	2
1319	3	62	3	20	4	2
1320	2	36	2	15	2	1
1321	1	77	4	11	0	2
1322	2	49	3	13	1	1
1323	1	28	1	15	1	1
1324	3	23	1	12	1	1
1325	1	38	2	13	1	2
1326	3	56	3	12	1	2
1327	2	32	1	13	1	1
1328	3	48	3	12	1	2
1329	3	45	3	12	1	1
1330	2	33	1	15	1	2
1331	3	52	3	16	3	1
1332	3	31	1	14	2	2
1333	3	48	3	18	3	2
1334	1	57	3	14	1	2
1335	1	48	3	17	1	2
1336	3	45	3	18	4	2
1337	3	50	3	16	3	2
1338	2	46	3	8	0	2
1339	1	35	2	18	4	1
1340	3	44	2	20	4	2
1341	3	34	1	14	1	2
1342	3	45	3	16	3	1
1343	2	31	1	19	4	2
1344	1	51	3	18	3	1
1345	2	40	2	16	3	2
1346	3	50	3	18	4	2
1347	2	38	2	12	1	1
1348	1	33	1	19	4	1
1349	1	35	2	16	3	2
1350	1	38	2	18	4	1
1351	3	47	3	20	3	2
1352	3	53	3	14	2	2
1353	2	68	4	13	1	1
1354	1	28	1	13	1	2
1355	3	34	1	17	2	2
1356	2	61	3	12	1	1
1357	1	49	3	16	3	2
1358	3	64	3	15	2	1

id	pc	age	gp	years	sch	sex	id	pc	age	gp	years	sch	sex
1359	1	62	3	20	4	1	1399	3	25	1	12	1	2
1360	3	32	1	14	1	1	1400	3	32	1	15	2	2
1361	3	53	3	20	4	1	1401	1	54	3	13	1	1
1362	3	41	2	16	3	1	1402	3	48	3	17	1	2
1363	2	29	1	12	1	2	1403	3	44	2	12	1	2
1364	2	48	3	13	1	2	1404	1	41	2	14	1	2
1365	1	23	1	12	1	1	1405	3	23	1	16	1	2
1366	2	49	3	18	2	2	1406	1	26	1	14	2	1
1367	1	40	2	12	1	1	1407	1	43	2	18	4	1
1368	2	54	3	14	2	1	1408	1	54	3	14	2	1
1369	3	45	3	18	3	2	1409	3	59	3	20	4	1
1370	2	56	3	14	1	2	1410	1	51	3	16	3	2
1371	1	39	2	16	3	1	1411	2	38	2	18	4	1
1372	1	60	3	15	1	1	1412	2	33	1	15	1	2
1373	1	73	4	12	1	1	1413	3	56	3	18	4	1
1374	2	53	3	13	1	2	1414	1	37	2	12	1	2
1375	1	38	2	12	1	2	1415	3	28	1	17	3	2
1376	1	33	1	12	1	2	1416	3	30	1	20	3	1
1377	1	58	3	15	1	1	1417	3	33	1	12	1	2
1378	1	75	4	14	1	1	1418	1	48	3	17	3	1
1379	1	43	2	12	1	2	1419	3	49	3	15	1	1
1380	1	42	2	16	3	1	1420	2	45	3	10	0	1
1381	3	71	4	13	1	1	1421	1	58	3	12	1	1
1382	2	40	2	12	1	1	1422	3	59	3	12	1	2
1383	2	53	3	12	1	1	1423	2	55	3	15	1	1
1384	1	45	3	13	1	2	1424	3	88	4	9	0	2
1385	1	41	2	13	1	1	1425	3	23	1	16	3	2
1386	2	37	2	11	1	1	1426	2	47	3	15	1	1
1387	1	50	3	18	3	2	1427	1	53	3	16	3	2
1388	3	35	2	19	4	2	1428	2	46	3	16	3	2
1389	1	46	3	12	1	2	1429	3	46	3	14	2	1
1390	3	66	4	10	0	2	1430	3	27	1	16	3	2
1391	3	32	1	15	1	1	1431	1	89	4	10	0	2
1392	3	38	2	20	4	2	1432	1	87	4	12	1	2
1393	2	42	2	14	1	1	1433	3	53	3	12	1	1
1394	3	29	1	15	2	2	1434	3	43	2	14	1	1
1395	3	35	2	14	2	1	1435	2	35	2	14	2	1
1396	3	23	1	14	1	2	1436	1	35	2	12	1	2
1397	3	72	4	9	0	1	1437	1	26	1	13	1	1
1398	1	40	2	13	1	1	1438	1	35	2	15	2	2

id	pc	age	gp	years	sch	sex	id	pc	age	gp	years	sch	sex
1439	2	55	3	13	1	2	1479	3	61	3	14	1	2
1440	3	73	4	12	1	1	1480	1	72	4	12	1	2
1441	1	63	3	12	1	2	1481	3	67	4	12	1	2
1442	1	87	4	15	1	2	1482	1	28	1	13	1	2
1443	1	60	3	12	4	1	1483	1	27	1	12	1	2
1444	1	83	4	14	1	2	1484	2	37	2	13	1	1
1445	2	46	3	13	1	1	1485	1	73	4	12	1	1
1446	2	48	3	16	3	2	1486	1	72	4	14	1	1
1447	1	64	3	11	1	1	1487	3	39	2	14	1	1
1448	3	73	4	18	4	1	1488	1	53	3	12	1	1
1449	3	66	4	12	1	2	1489	3	48	3	14	2	2
1450	1	63	3	13	1	2	1490	3	60	3	14	1	2
1451	1	48	3	18	4	1	1491	3	38	2	12	1	2
1452	3	84	4	8	0	2	1492	1	67	4	12	1	1
1453	1	65	4	12	1	1	1493	2	50	3	17	4	1
1454	3	83	4	11	0	2	1494	3	77	4	8	0	1
1455	1	37	2	17	3	1	1495	1	33	1	12	1	2
1456	1	25	1	12	1	2	1496	1	77	4	12	1	2
1457	1	44	2	12	1	2	1497	3	71	4	12	1	2
1458	3	46	3	20	4	2	1498	3	55	3	16	3	2
1459	3	69	4	10	0	1	1499	2	25	1	13	1	2
1460	1	66	4	16	3	2	1500	2	54	3	13	1	1
1461	1	66	4	20	4	1	1501	1	75	4	12	1	2
1462	1	37	2	12	1	2	1502	3	37	2	8	0	1
1463	1	41	2	12	1	2	1503	3	67	4	12	1	2
1464	3	72	4	12	1	2	1504	3	53	3	12	1	1
1465	3	50	3	11	0	1	1505	1	23	1	16	3	1
1466	1	43	2	14	2	1	1506	3	34	1	18	4	1
1467	1	65	4	12	1	2	1507	1	38	2	16	3	1
1468	1	29	1	12	1	1	1508	2	37	2	16	3	2
1469	3	77	4	16	4	2	1509	3	38	2	20	4	2
1470	2	33	1	12	1	2	1510	1	56	3	19	4	2
1471	3	78	4	11	0	1	1511	2	33	1	17	3	1
1472	3	58	3	15	1	2	1512	3	57	3	14	2	2
1473	3	24	1	12	1	1	1513	3	32	1	19	4	1
1474	1	49	3	14	1	1	1514	1	45	3	12	1	2
1475	2	33	1	12	1	2	1515	3	38	2	12	1	2
1476	3	49	3	13	1	1	1516	3	27	1	16	3	2
1477	1	86	4	10	0	2	1517	2	25	1	17	2	1
1478	1	49	3	14	2	2	1518	3	45	3	14	1	2

id	pc	age	gp	years	sch	sex	id	pc	age	gp	years	sch	sex
1519	1	34	1	14	1	2	1559	3	69	4	6	0	2
1520	2	24	1	14	1	2	1560	2	55	3	12	1	1
1521	3	33	1	14	1	1	1561	1	42	2	14	2	1
1522	3	28	1	14	1	2	1562	3	84	4	12	1	2
1523	3	38	2	13	1	2	1563	2	66	4	13	1	1
1524	2	25	1	12	1	2	1564	1	43	2	20	4	1
1525	1	77	4	18	4	2	1565	3	25	1	16	3	2
1526	3	70	4	12	1	2	1566	2	25	1	16	3	2
1527	1	41	2	13	1	2	1567	2	25	1	16	3	2
1528	3	73	4	12	1	2	1568	1	61	3	15	1	1
1529	3	50	3	12	1	1	1569	1	31	1	17	3	1
1530	3	76	4	12	1	2	1570	1	35	2	17	3	1
1531	3	31	1	16	2	2	1571	1	28	1	16	3	2
1532	3	72	4	10	0	2	1572	1	33	1	20	4	1
1533	3	69	4	11	0	1	1573	1	41	2	16	3	2
1534	1	46	3	16	3	2	1574	1	30	1	17	3	1
1535	1	60	3	16	3	2	1575	2	41	2	12	1	1
1536	1	35	2	12	1	1	1576	1	42	2	14	2	2
1537	1	67	4	15	1	2	1577	1	33	1	13	1	1
1538	1	82	4	12	1	1	1578	1	24	1	12	1	2
1539	3	54	3	12	1	2	1579	3	52	3	15	1	2
1540	1	67	4	14	1	2	1580	3	47	3	16	3	1
1541	1	66	4	12	1	1	1581	3	43	2	12	1	2
1542	2	43	2	15	1	1	1582	3	46	3	14	2	1
1543	3	74	4	12	1	1	1583	1	76	4	10	0	2
1544	2	50	3	12	1	1	1584	3	79	4	12	1	1
1545	1	45	3	12	1	1	1585	3	35	2	14	2	2
1546	3	78	4	18	3	2	1586	1	24	1	12	1	1
1547	2	79	4	14	1	1	1587	3	68	4	12	1	2
1548	1	28	1	16	3	1	1588	1	36	2	14	2	2
1549	3	43	2	12	1	2	1589	1	89	4	14	1	2
1550	3	70	4	12	1	1	1590	3	76	4	9	0	1
1551	1	59	3	13	2	2	1591	2	63	3	13	1	1
1552	1	37	2	18	3	1	1592	1	37	2	17	3	1
1553	3	59	3	15	1	2	1593	1	36	2	12	1	2
1554	1	85	4	8	0	2	1594	2	46	3	15	2	1
1555	2	44	2	13	1	1	1595	2	40	2	11	0	1
1556	1	63	3	12	1	2	1596	3	67	4	12	1	2
1557	3	72	4	13	1	2	1597	3	76	4	12	1	1
1558	3	89	4	8	0	1	1598	1	31	1	12	1	1

id	pc	age	gp	years	sch	sex
1599	3	47	3	12	1	2
1600	1	66	4	10	0	2
1601	1	55	3	12	1	2
1602	1	44	2	12	1	2
1603	3	57	3	12	1	1
1604	3	54	3	12	1	2
1605	3	49	3	12	1	2
1606	3	53	3	16	3	2
1607	3	28	1	13	1	1
1608	3	57	3	9	0	1
1609	3	44	2	11	0	2
1610	3	86	4	3	0	2
1611	3	72	4	5	0	2
1612	1	80	4	8	0	1
1613	3	73	4	10	0	2
1614	3	53	3	14	1	2
1615	3	47	3	11	0	1
1616	1	48	3	18	4	1
1617	1	49	3	12	1	2
1618	1	37	2	12	1	2
1619	3	60	3	10	1	2
1620	2	64	3	12	1	1
1621	3	72	4	12	1	2
1622	3	68	4	11	1	1
1623	1	87	4	8	0	2
1624	3	55	3	12	1	1
1625	1	56	3	12	1	1
1626	1	75	4	11	0	1
1627	1	52	3	12	1	1
1628	3	33	1	12	1	2
1629	3	82	4	11	1	2
1630	1	29	1	12	1	1
1631	1	59	3	17	4	2
1632	3	54	3	16	1	2
1633	3	71	4	12	1	2
1634	2	40	2	14	1	2
1635	1	45	3	10	0	1
1636	3	39	2	12	1	1
1637	1	28	1	10	0	1
1638	3	43	2	12	1	2
1639	1	30	1	9	1	2
1640	1	43	2	12	1	2
1641	1	42	2	8	0	1
1642	1	33	1	18	3	2
1643	3	36	2	10	1	2
1644	3	67	4	8	0	1
1645	3	67	4	12	1	2
1646	3	56	3	3	0	2
1647	1	74	4	5	0	2
1648	1	35	2	7	0	1
1649	1	68	4	12	1	2
1650	1	72	4	8	0	1
1651	2	43	2	16	3	2
1652	3	35	2	12	1	1
1653	1	74	4	11	1	2
1654	1	37	2	14	2	2
1655	3	76	4	8	0	2
1656	1	54	3	12	1	2
1657	1	25	1	10	1	2
1658	1	33	1	12	1	1
1659	1	54	3	16	1	1
1660	1	48	3	13	1	2
1661	3	35	2	12	1	2
1662	3	49	3	12	1	2
1663	3	43	2	12	1	2
1664	3	53	3	13	1	2
1665	1	35	2	14	2	1
1666	1	71	4	12	1	2
1667	1	39	2	19	3	2
1668	3	37	2	13	1	2
1669	1	73	4	14	0	1
1670	1	33	1	13	1	1
1671	2	56	3	16	3	1
1672	1	72	4	13	1	2
1673	1	61	3	16	2	1
1674	1	62	3	12	1	2
1675	3	40	2	17	3	2
1676	1	50	3	12	1	2
1677	1	55	3	12	1	1
1678	1	49	3	12	1	2

id	pc	age	gp	years	sch	sex
1679	3	82	4	12	1	2
1680	3	50	3	16	3	1
1681	1	53	3	7	0	1
1682	3	57	3	14	1	2
1683	2	36	2	15	1	2
1684	3	43	2	12	1	2
1685	3	47	3	12	1	2
1686	3	38	2	18	3	2
1687	3	61	3	12	1	2
1688	3	34	1	12	1	2
1689	3	40	2	12	1	2
1690	1	44	2	14	1	2
1691	2	59	3	16	3	1
1692	3	49	3	12	1	1
1693	2	31	1	12	1	2
1694	1	33	1	8	0	1
1695	1	25	1	12	1	2
1696	1	34	1	9	1	1
1697	2	29	1	11	0	1
1698	1	65	4	8	0	1
1699	3	70	4	8	0	2
1700	1	26	1	16	3	2
1701	1	39	2	12	1	2
1702	2	76	4	10	0	2
1703	3	84	4	7	0	1
1704	3	74	4	15	1	2
1705	1	52	3	20	4	1
1706	1	51	3	18	4	2
1707	1	43	2	13	1	2
1708	3	64	3	8	0	2
1709	1	41	2	12	1	1
1710	1	53	3	12	1	1
1711	3	46	3	16	3	2
1712	1	37	2	12	1	1
1713	3	84	4	10	0	1
1714	3	69	4	14	1	1
1715	1	24	1	8	0	1
1716	1	56	3	15	1	1
1717	3	66	4	12	1	1
1718	3	68	4	17	4	1
1719	3	54	3	12	1	1

id	pc	age	gp	years	sch	sex
1720	1	48	3	14	2	2
1721	2	40	2	18	4	1
1722	1	61	3	12	1	2
1723	1	39	2	16	3	2
1724	1	35	2	12	1	1
1725	2	34	1	16	3	2
1726	3	59	3	12	1	2
1727	3	63	3	12	1	1
1728	2	52	3	11	1	1
1729	1	51	3	10	0	1
1730	3	26	1	16	2	2
1731	3	33	1	12	1	2
1732	1	36	2	16	2	2
1733	3	65	4	8	0	1
1734	1	70	4	10	0	1
1735	1	25	1	10	0	2
1736	1	39	2	17	3	1
1737	3	69	4	12	1	2
1738	1	74	4	12	1	2
1739	3	40	2	12	1	2
1740	2	60	3	12	1	2
1741	3	78	4	11	1	1
1742	2	30	1	13	1	2
1743	3	54	3	15	1	2
1744	3	67	4	12	1	2
1745	1	26	1	12	1	2
1746	2	40	2	18	3	2
1747	3	30	1	14	1	1
1748	2	34	1	12	1	2
1749	3	48	3	12	1	2
1750	3	75	4	16	3	2
1751	1	70	4	16	3	2
1752	2	46	3	13	1	2
1753	1	25	1	12	1	2
1754	3	58	3	12	1	2
1755	1	25	1	15	1	2
1756	1	34	1	17	3	2
1757	3	23	1	13	1	2
1758	2	64	3	16	1	1
1759	1	51	3	16	3	1
1760	3	77	4	10	0	2

id	pc	age	gp	years	sch	sex
1761	3	36	2	16	3	1
1762	1	54	3	12	1	2
1763	3	54	3	11	0	2
1764	3	56	3	12	1	1
1765	3	50	3	12	0	2
1766	3	77	4	7	0	1
1767	3	58	3	12	1	1
1768	3	53	3	13	1	2
1769	1	22	1	16	1	1
1770	3	30	1	16	3	2
1771	1	22	1	12	1	2
1772	2	25	1	14	1	2
1773	2	25	1	15	1	1
1774	3	36	2	14	2	1
1775	3	52	3	16	3	2
1776	2	29	1	12	1	1
1777	3	27	1	11	1	1
1778	2	43	2	16	3	2
1779	1	43	2	16	3	2
1780	3	44	2	16	2	2
1781	3	49	3	12	1	1
1782	3	38	2	16	3	2
1783	1	59	3	14	1	2
1784	1	70	4	13	1	2
1785	1	30	1	17	3	2
1786	3	48	3	15	1	2
1787	1	37	2	16	3	2
1788	3	48	3	15	1	1
1789	3	42	2	17	4	2
1790	3	69	4	15	3	1
1791	2	78	4	16	3	1
1792	3	45	3	20	4	1
1793	1	28	1	17	1	2
1794	1	40	2	14	1	1
1795	1	48	3	16	3	1
1796	2	65	4	12	1	1
1797	3	44	2	12	1	2
1798	2	41	2	14	1	1
1799	1	42	2	12	1	1
1800	3	39	2	12	0	2
1801	3	38	2	12	1	2
1802	3	36	2	12	1	2
1803	1	31	1	12	1	1
1804	1	38	2	12	1	1

id	pc	age	gp	years	sch	sex
1805	3	77	4	12	1	2
1806	3	77	4	12	1	2
1807	1	45	3	19	3	2
1808	1	78	4	8	0	1
1809	1	28	1	12	1	2
1810	1	74	4	12	1	2
1811	3	89	4	8	0	1
1812	1	39	2	14	1	2
1813	3	67	4	9	0	1
1814	3	37	2	15	1	1
1815	1	51	3	14	1	2
1816	1	50	3	16	3	2
1817	3	66	4	12	1	1
1818	3	75	4	11	0	1
1819	1	75	4	12	1	2
1820	3	76	4	12	1	2
1821	3	48	3	17	2	2
1822	1	70	4	12	0	2
1823	3	46	3	15	2	2
1824	3	38	2	19	4	1
1825	2	56	3	13	1	2
1826	3	54	3	20	4	1
1827	3	47	3	18	4	2
1828	3	36	2	13	1	2
1829	3	74	4	10	0	1
1830	3	49	3	12	1	2
1831	3	38	2	12	1	2
1832	1	30	1	14	2	1
1833	3	29	1	16	1	1
1834	1	31	1	14	1	2
1835	1	25	1	16	3	1
1836	3	52	3	12	1	2
1837	2	30	1	13	1	1
1838	2	24	1	12	1	1
1839	3	40	2	16	3	2
1840	1	62	3	12	1	2
1841	3	43	2	14	1	2
1842	1	62	3	12	1	1
1843	3	35	2	16	3	1
1844	1	42	2	12	1	2
1845	1	40	2	12	1	1
1846	3	36	2	9	1	1
1847	1	33	1	12	1	2

참고문헌

Agresti, A. (1990). Categorical Data Analysis, Wiley, Inc., New York.

Begg, C. B. and Gray, R. (1984). Calculation of polychotomous logistic regression parameters using individualized regression. Biometrika, 71, 11−18.

Belsley, D. A., Kuh, E. and Welsch, R. E. (1980). Regression Diagnostics: Identifying Influential Data and Sources of Collinearity. Wiley, inc., New York.

Bishop, Y. M. M., Feinberg, S. E. and Holland, P. (1975). Discrete Multivariate Analysis: Theory and Practice. MIT Press, Boston.

Blake, C., Keogh, E. and Merz, C. J. (1998). UCI Repository of machine learning databases [http://www.ics.uci.edu/~mlearn/MLR Repository.html]. Irvine, CA: University of California, Department of Information and Computer Science.

Brown, B. W. (1980), Prediction analyses for binary data, In: Biostatistics Casebook, R. G. Miller, B. Efron, B. W. Brown and L. E. Moses, eds. New York: John Wiley and Sons.

Cook, R. D. and Weisberg, S. (1982). Residuals and Influence in Regression. Chapman & Hall, New York.

Cox, D. R. and Snell, E. J. (1989). Analysis of Binary Data, Second Edition. Chapman & Hall, London.

Doll, R. and Hill, A. B. (1952). A study of the aetiology of carcinoma of the lung. British. Med. J., 2, 1271−1286.

Hanley, J. A. and McNeil, B. J. (1982). The meaning and use of the area under a receiver operating characteristic (ROC) curve. Radiology, 143, 29−36.

Hauck, W. W. and Donner, A. (1977). Wald's test as applied to hypotheses in logit analysis. Journal of the American Statistical Association, 72, 851−853.

Hosmer, D. W. and Lemeshow, S. (2000). Applied Logistic Regression. New York: John Wiley and Sons.

Hosmer, D. W. and Lemeshow, S. (1980). A goodness−of−fit test for the multiple logistic regression model. Communications in Statistics, A10, 1043−1069.

Kleinbaum, D. G. (1994). Logistic Regression: A Self−Learning Text. Springer−Verlag, New York.

Lesaffre, E. (1986). Logistic discriminant analysis with applications in electrocardiography. Unpublished D. Sc. Thesis, University of Leuven, Belgium.

Lesaffe, E. and Albert, A. (1989). Multiple−group logistic regression diagnostics. Applied Statistics, 38, 425−440.

McCullagh, P. and Nelder, J. A. (1989). Generalized linear models, 2nd edition. New York: Chapman & Hall, London.

McFadden, D. (1974). Conditional logit analysis of qualitative choice behavior. In Zarembka, P. (Ed.), Frontiers in Econometrics. New York: Academic Press.

Nagelkerke, N. J. D. (1991). A note on general definition of the coefficient of determination. Biometrika, 78, 691−692.

Pregibon, D. (1981). Logistic Regression diagnostics. Annals of Statistics, 9, 705−724.

Rao, C. R. (1973). Linear Statistical Inference and Its Application. Second Edition. Wiley, Inc., New York.

Simonoff, J. S. (1998). Logistic regression, categorical predictors and goodness−of−fit: It depends on who you ask. The American Statistician, 52, 10−14.

SPSS Advanced Models 10.0 (1999). SPSS Inc., Chicago, Illinois.

SPSS Base 10.0 User's Guide (1999). SPSS Inc., Chicago, Illinois.

SPSS Regression Models 10.0 (1999). SPSS Inc., Chicago, Illinois.

White, H. (1982). Maximum Likelihood estimation of misspecified models. Econometrika, 50, 1−50.

White, H. (1989). Estimation, inference and Specification Analysis. Cambridge University Press, New York.

Zapka, J. C., Stoddard, A. M., Maul, L., and Costanza, M. E. (1991). Interval adherence to breast cancer screening by mammography in women over 50. Medical Care, 29, 697−707.

Zhang, J. and Yu, K. F. (1998). What's the relative risk? Journal of the American Medical Association, 280, 1690−1691.

박성현(1998), 회귀분석, 민영사

성웅현(2001), 응용 로지스틱 회귀분석, 탐진

정광모, 최용석(2003), 로지스틱 회귀와 응용, 자유아카데미

연습문제 해답

[제1장 이분형 로지스틱 회귀모형]

1. Let $l(\underline{\beta}) = \ln L(\underline{\beta}) = \sum_{i=1}^{n}[y_i \ln\{\pi(x_i)\} + (1-y_i)\ln\{1-\pi(x_i)\}]$

$$= \sum_{i=1}^{n}\left[y_i\left\{\beta' x_i - \ln(1+e^{\beta' x_i})\right\} + (1-y_i)\left\{-\ln(1+e^{\beta' x_i})\right\}\right]$$

$$= \sum_{i=1}^{n}\left\{y_i\beta' x_i - \ln(1+e^{\beta' x_i})\right\} \text{ where } \beta' = (\beta_0, \beta_1),\ x_i' = (1,\ x_i)$$

Then

$$\frac{\partial}{\partial\beta} l(\underline{\beta}) = \sum_{i=1}^{n}\left\{y_i \cdot \underline{x_i} - \frac{e^{b' x_i}}{1+e^{b' x_i}} \cdot \underline{x_i}\right\} = 0$$

$\Leftrightarrow$

$$\sum_{i=1}^{n}\left[y_i \cdot \begin{pmatrix}1\\x_i\end{pmatrix} - \frac{e^{b' x_i}}{1+e^{b' x_i}} \cdot \begin{pmatrix}1\\x_i\end{pmatrix}\right] = 0$$

$$\therefore \begin{cases}\sum_{i=1}^{n}\{y_i - \hat{\pi}(x_i)\} = 0 \\ \sum_{i=1}^{n} x_i\{y_i - \hat{\pi}(x_i)\} = 0\end{cases}$$

2. (1) $\text{CHD} = \pi(Age) + \epsilon = \dfrac{\exp(\beta_0 + \beta_1 \times Age)}{1+\exp(\beta_0 + \beta_1 \times Age)}$

(2) $g(\pi(Age)) = \ln\left[\dfrac{\pi(Age)}{1-\pi(Age)}\right] = \beta_0 + \beta_1 \times Age$

(4) 가능도함수

$$L(\beta_0, \beta_1) = \prod_{i=1}^{n}\pi(x_i)^{y_i}[1-\pi(x_i)]^{1-y_i}$$

로그 가능도함수

$$l(\beta_0, \beta_1) = \sum_{i=1}^{n}[y_i \ln\{\pi(x_i)\} + (1-y_i)\ln\{1-\pi(x_i)\}]$$

(5) 절편의 추정량 $b_0 = -5.309$, 기울기의 추정량 $b_1 = 0.111$

(6) $\hat{\pi}(Age) = \dfrac{\exp(-5.309 + 0.111 \times Age)}{1 + \exp(-5.309 + 0.111 \times Age)}$

(7) 가설 H_0: $\beta_1 = 0$를 검정하기 위한 가능도비 검정

(i) 검정통계량 LRchi2(1) = 29.31

(ii) p-값 = 0.0000 이므로, H_0를 기각함.

가설 H_0: $\beta_1 = 0$를 검정하기 위한 월드검정

(i) 검정통계량 z = 4.61

(ii) p-값 = 0.000 이므로, H_0를 기각함.

(8) 편차 D $= -2 \times (53.6765) = 107.353$

(9) 기울기의 95% 신뢰구간 (0.064, 0.158)

절편항의 95% 신뢰구간 (-7.531, -3.087)

(10) 분산-공분산 행렬의 추정값

$$\begin{pmatrix} \hat{V}(b_1) & \widehat{cov}(b_1, b_0) \\ Sym & \hat{V}(b_0) \end{pmatrix} = \begin{pmatrix} 0.000579 & -0.026677 \\ & 1.28517 \end{pmatrix}$$

3. (1) [Stata 명령]

```
. gen aged = age >= 55
. tab chd aged
```

(2) 승산비의 추정값

$$\widehat{OR} = \frac{ad}{bc} = \frac{21 \times 51}{22 \times 6} = 8.11$$

(3) 승산비의 95% 신뢰구간 (2.88, 22.86)

(4) 기울기의 추정값 $b_1 = 2.094$

[2장 이분형 로지스틱 다중회귀모형]

1. P가 1인 경우를 가정하여 증명한다.

$$\begin{aligned} \ln L(\beta) \int &= \sum_{i=1}^{n} [y_i \ln\{\pi(x_i)\} + (1-y_i)\ln\{1-\pi(x_i)\}] \\ &= \sum_{i=1}^{n} \left[y_i\left\{\beta' x_i - \ln(1+e^{\beta' x_i})\right\} + (1-y_i)\left\{-\ln(1+e^{\beta' x_i})\right\}\right] \\ &= \sum_{i=1}^{n} \left\{y_i \beta' x_i - \ln(1+e^{\beta' x_i})\right\} \ where\ \beta' = (\beta_0, \beta_1),\ x_i' = (1,\ x_i) \end{aligned}$$

Then

(1) $\dfrac{\partial}{\partial \beta} L(\underline{\beta}) = \sum_{i=1}^{n} \left\{ y_i \cdot \underline{x_i} - \dfrac{e^{\beta' x_i}}{1+e^{\beta' x_i}} \cdot \underline{x_i} \right\}$

$$(2)\ -\frac{\partial^2}{\partial\beta\partial\beta'}\ln L(\underline{\beta}) = -\frac{\partial}{\partial\beta'}\sum_{i=1}^{n}\left\{y_i\cdot\underline{x_i}-\frac{e^{\beta' x_i}}{1+e^{\beta' x_i}}\cdot\underline{x_i}\right\}$$

$$= \frac{\partial}{\partial\beta'}\left\{\sum_{i=1}^{n}\frac{e^{\beta' x_i}}{1+e^{\beta' x_i}}\cdot\underline{x_i}\right\} = \frac{\partial}{\partial\beta'}\left\{\sum -\underline{x_i}\cdot\frac{1}{1+e^{\beta' x_i}}\right\}$$

$$= \sum\left\{\underline{x_i}\frac{e^{\beta' x_i}}{(1+e^{\beta' x_i})^2}\cdot\underline{x_i}'\right\} = \sum\left\{\underline{x_i}\frac{e^{\beta' x_i}}{1+e^{\beta' x_i}}\frac{1}{1+e^{\beta' x_i}}\cdot\underline{x_i}'\right\}$$

$$= \sum_{i=1}^{n}\left\{\underline{x_i}\pi(x_i)\cdot(1-\pi(x_i))\cdot\underline{x_i}'\right\}$$

$$\therefore\ \frac{\partial^2}{\partial\beta_j^{\,2}}\ln L(\underline{\beta}) = \sum_{i=1}^{n}\left\{x_{ij}^{\,2}\pi(x_i)\cdot(1-\pi(x_i))\right\}$$

2. p가 1인 경우를 가정하여 증명한다.

$$(1)\ -\frac{\partial^2}{\partial\beta\partial\beta'}\ln L(\underline{\beta}) = \sum_{i=1}^{n}\left\{\underline{x}_i\pi(x_i)\cdot(1-\pi(x_i))\cdot\underline{x}_i'\right\}$$

$$(2)\ Let\ X=\begin{bmatrix}1 & x_1\\ 1 & x_2\\ \vdots & \vdots\\ 1 & x_n\end{bmatrix}=\begin{bmatrix}\underline{x}_1'\\ \underline{x}_2'\\ \vdots\\ \underline{x}_i'\end{bmatrix}$$

Then

$$X'VX = \left[\underline{x}_1 : \cdots : \underline{x}_n\right]\begin{pmatrix}\pi_1(1-\pi_1) & & \\ & \ddots & \\ & & \pi_n(1-\pi_n)\end{pmatrix}\begin{bmatrix}\underline{x}_1'\\ \underline{x}_2'\\ \vdots\\ \underline{x}_n'\end{bmatrix}$$

$$= \left[\underline{x}_1 : \cdots : \underline{x}_n\right]\begin{bmatrix}\pi_1(1-\pi_1)\underline{x}_1'\\ \pi_2(1-\pi_2)\underline{x}_2'\\ \vdots\\ \pi_n(1-\pi_n)\underline{x}_n'\end{bmatrix}$$

$$= \underline{x}_1\pi_1(1-\pi_1)\underline{x}_1' + \cdots + \underline{x}_n\pi_n(1-\pi_n)\underline{x}_n'$$

By (1) & (2), 정보행렬의 추정값은 다음과 같다.

$I(\beta) = X'VX$

3. $V(g(x)) = V(x'b) = x'V(b)x$

$$= x'(X'VX)^{-1}x$$

이므로, 로짓의 분산 추정값은 다음과 같다.

$\hat{V}(g(x)) = x'(X'\hat{V}X)^{-1}x$

4. (1) 다음과 같이 세 가변수 RACE_2, RACE_3, RACE_4를 생성한다.

RACE	RACE_2	RACE_3	RACE_4
White(1)	0	0	0
Black(2)	1	0	0
Hispanic(3)	0	1	0
기타(4)	0	0	1

(2) [Stata 명령]

logit chd i.race

를 실행하면, 교재 [표 2-3]이 출력된다.

5. 식(2.9)에 의하여 로그승산비를 추정하면 다음과 같다.

$\ln[\widehat{OR}(LWD=1, LWD=0, Age=a)]$

$=\hat{g}(LWD=1, Age=a)-\hat{g}(LWD=0, AGE=a)$

$=\widehat{\beta_1}(1-0)+\widehat{\beta_{12}}\cdot a(1-0)$

$=-1.944+0.132a$

6. 연령 Age = 30일 때, 로그승산비 추정값은

$\ln[\widehat{OR}(LWD=1, LWD=0, Age=30)]$

$=-1.944089+0.1321967\times 30$

$=2.021812$

이고, 로그승산비 추정값의 분산은

$\hat{V}\{\ln[\widehat{OR}(LWD=1, LWD=0, Age=30)]\}$

$=\hat{V}(b_1)+a^2\hat{V}(b_{12})+2a\widehat{cov}(b_1, b_{12})$

$=2.975+(30)^2\times 0.0057+2\times 30\times(-0.128)$

$=0.425$

이므로, 이 값들을 식(2.10)에 대입하여 구한다.

7. 공변량 race는 세 수준의 범주형이므로, 두 가변수 race2, race3를 생성한다.

```
. gen race3=race>=3
. recode race (1 3 =0) (2=1), gen(race2)
```

(1) 전진단계선택법을 시행한다.

```
. sw logit low age lwt race2  race3 smoke ptl ht ui ftv, pr(.10) pe(.05) forward
                    begin with empty model
  p = 0.0115 <  0.0500  adding   ptl
  p = 0.0388 <  0.0500  adding   ht
  p = 0.0105 <  0.0500  adding   lwt
```

```
Logit estimates                               Number of obs    =       189
                                              LR chi2(3)       =     18.71
                                              Prob > chi2      =    0.0003
Log likelihood   = -107.9819                  Pseudo R2        =    0.0797
```

low	Coef.	Std. Err.	z	P>|z|	[95% Conf.	Interval]
ptl	.7256	.327935	2.21	0.027	.0828593	1.368341
ht	1.856037	.704894	2.63	0.008	.4744705	3.237604
lwt	−.0170673	.0066658	−2.56	0.010	−.030132	−.0040026
_cons	1.092908	.8414932	1.30	0.194	−.5563885	2.742204

(2) 후진단계제거법을 시행한다.

```
. sw logit low age lwt race2  race3 smoke ptl ht ui ftv, pr(.10) pe(.05)
                begin with full model
  p = 0.7048 >= 0.1000  removing ftv
  p = 0.4577 >= 0.1000  removing age
  p = 0.1403 >= 0.1000  removing ptl
```

```
Logistic regression                           Number of obs    =       189
                                              LR chi2(6)       =     30.46
                                              Prob > chi2      =    0.0000
Log likelihood   = -102.10831                 Pseudo R2        =    0.1298
```

low	Coef.	Std. Err.	z	P>|z|	[95% Conf.	Interval]
ui	.904974	.4475541	2.02	0.043	.027784	1.782164
lwt	−.0167325	.0068034	−2.46	0.014	−.0300669	−.003398
race 2	1.324562	.5214669	2.54	0.011	.3025055	2.346618
race 3	.9261969	.4303893	2.15	0.031	.0826495	1.769744
smoke	1.035831	.3925611	2.64	0.008	.2664256	1.805237
ht	1.871416	.6909051	2.71	0.007	.5172672	3.225565
_cons	.0562761	.9378604	0.06	0.952	−1.781897	1.894449

[3장 이분형 로지스틱 모형의 추론]

1. (1) 승산비 = 1.98, 95% 신뢰구간 = (1.18, 3.33)

(2) 승산비 = 0.47, 95% 신뢰구간 = (0.19, 1.18)

2. (1) $\hat{\pi}(Smoke,\ Weight) = \dfrac{\exp(1.987 + 1.193SMOKE - 0.025\,Weight)}{1 + \exp(1.987 + 1.193SMOKE - 0.025\,Weight)}$

유사 $R^2 = 0.0748$

(2) pcc의 추정값 = 76.09%

민감도 = 9.09%

특이도 = 97.14%

(3) 곡선 아래의 면적 = 0.6896

3. (1), (2), (3), (4), (5)

자료의 처음 5개에 대한 종속변수 RestingPulse가 1일 확률 p, 피어슨 잔차 r 과 편차 잔차 de, 모자행렬의 대각선원소(레버리지) hat, weight 별 계수변화 DFBETA는 다음과 같다.

	pulse	smoke	weight	p	r	de	hat	DFBETA
1.	0	0	140	.1800521	.6909673	.6356029	.0494884	−.00015
2.	0	0	145	.1623144	.4755972	.4476981	.0673849	−.00026
3.	0	1	160	.305027	.5988752	.5743569	.0783297	−.00052
4.	0	1	190	.1716255	−.6437133	−.8678476	.1190933	−.00112
5.	0	0	155	.1310925	−.0510579	−.0514008	.1555955	−.00041

(6) 피어슨 카이제곱 통계량 = 40.85

편차 카이제곱 통계량 = 51.201

(7) H-L 통계량 = 7.13, p-값 = 0.5224 이므로, 가정한 모형이 잘 적합되었다고 할 수 있다.

[4장 다항 로지스틱 회귀모형]

2. (1) 다음 명령문을 시행하면, [표 4-20]의 값을 구할 수 있다.

```
. drop if me==2
. recode  sympt  (1/2=1) (3/4=2), gen(symptd)
. recode   detc  (1/2=0) (3=1), gen(detcd)
. logit  me symptd pb hist bse detcd
```

(2) H-L 적합도 통계량을 피어슨 카이제곱 통계량을 산출하는 명령이다.

```
. lfit, group(10)
```

```
. lfit
```

(3) 각종 진단통계량을 산출하는 명령이다.

```
. predict p
. predict hat, hat
. predict dbeta, dbeta
. predict dx2, dx2
. predict ddeviance, ddeviance
```

3. (1) 다음 명령문을 시행하면, [표 4-20]의 값을 구할 수 있다.

```
. drop if me==1
. recode  sympt  (1/2=1) (3/4=2), gen(symptd)
. recode   detc  (1/2=0) (3=1), gen(detcd)
. logit  me symptd pb hist bse detcd
```

(2) H-L 적합도 통계량과 피어슨 카이제곱 통계량을 산출하는 명령이다.

```
. lfit, group(10)
. lfit
```

(3) 각종 진단통계량을 산출하는 명령이다.

```
. predict p
. predict hat, hat
. predict dbeta, dbeta
. predict dx2, dx2
. predict ddeviance, ddeviance
```

4. (1) 과목선호도 Subject가 과학인 범주를 기준범주(0)로 하면, 적합한 식은 다음과 같다.

$$\hat{\pi_0}(\underline{x}) = \hat{P}(subject = 0)$$
$$= \frac{1}{1+\exp(-1.686+0.563method+0.125age)+\exp(-11.079+2.770method+1.014age)}$$

$$\hat{\pi_1}(\underline{x}) = \hat{P}(subject = 1)$$
$$= \frac{\exp(-1.686+0.563method+0.125age)}{1+\exp(-1.686+0.563method+0.125age)+\exp(-11.079-2.770method+1.014age)}$$

$$\hat{\pi_2}(\underline{x}) = \hat{P}(subject = 2)$$
$$= \frac{\exp(-11.079+2.770method+1.014age)}{1+\exp(-1.686+0.563method+0.125age)+\exp(-11.079-2.770method+1.014age)}$$

(2) 가설 H_0: $\beta_{11} = \beta_{12} = 0$ & $\beta_{12} = \beta_{22} = 0$를 검정하기 위한 가능도비 검정

(i) 검정통계량 LRchi2(4) = 12.82

(ii) p-값 = 0.0122 이므로, H_0를 기각함.

(3) 모수 추정값의 분산-공분산 행렬의 추정값은 다음과 같다.

. vce

Covariance matrix of coefficients of mlogit model

		1 method	1 age	1 _cons	2 method	2 age	2 _cons
1	method	.87907668					
	age	−.0129237	.16086453				
	_cons	−.43995844	-1.8047732	20.833173			
2	method	.44308263	.01711498	−.46097197	1.8826243		
	age	−.01843914	.0781884	−.86314096	−.23400407	.34163318	
	_cons	−.04640681	−.87589802	9.9214744	2.2753148	−3.9458897	46.021389

자료의 처음 5개에 대한 종속변수 subject 가 0, 1, 2일 확률의 예측값 p1, p2, p3 는 다음과 같다.

age	method	subjet	p1	p2	p3
10	1	1	.4637119	.5249731	.011315
10	1	0	.4637119	.5249731	.011315
10	1	0	.4637119	.5249731	.011315
10	0	1	.491634	.3169369	.191429
10	1	1	.4637119	.5249731	.011315

(4)

. mlogit subject method i.age, base(0)

Multinomial logistic regression	Number of obs	=	30
	LR chi2(8)	=	16.17
	Prob > chi2	=	0.0400
Log likelihood = -24.772972	Pseudo R2	=	0.2461

subject		Coef.	Std. Err.	z	P>|z|	[95% Conf.	Interval]
0		(base outcome)					
1	method	.3674366	.9702504	0.38	0.705	−1.534219	2.269093
	age						
	11	−.6429685	1.20062	−0.54	0.592	−2.99614	1.710203
	12	−.6470367	1.199564	−0.54	0.590	−2.998139	1.704065
	13	.772675	1.390728	0.56	0.578	−1.953101	3.498451
	_cons	.0268963	1.028142	0.03	0.979	−1.988224	2.042017

subject		Coef.	Std. Err.	z	P>|z|	[95% Conf. Interval]	
2	method	−2.857815	1.459969	−1.96	0.050	−5.719301	.0036712
	age						
	11	17.10592	3498.49	0.00	0.996	−6839.808	6874.02
	12	16.7218	3498.49	0.00	0.996	−6840.192	6873.636
	13	19.15077	3498.49	0.01	0.996	−6837.763	6876.065
	_cons	−16.4174	3498.49	−0.00	0.996	−6873.331	6840.496

[5장 순서 로지스틱 회귀모형]

1. 다음의 명령을 참고하라.

(1) . recode bwt (0/2500=1) (2500/3000=2)(3000/3500=3) (3500/6000=4), gen(bwt4n)

(2) . recode ptl (0=0) (1/3=1) , gen(ptd)

. ologit bwt4n age lwt i.race smoke ht ui ptd

(3) . ologit bwt4n age lwt i.race smoke ht ui ptd

. estimates store A

. ologit bwt4n age lwt i.race smoke ui ptd

. estimates store B

. lrtest A B

가설 $H_0: \beta_5 = 0$를 검정하기 위한 가능도비 검정

(i) 검정통계량 LR chi2(1) = 3.98

(ii) p−값 = 0.0460 이므로, $H_0: \beta_5 = 0$를 기각함.

(4) 비례승산모형과 다항 로지스틱 모형의 로그 가능도함수는 각각

-235.65042, -224.77882

이므로, 가능도비 검정통계량 G는

G= (−235.65042− (−224.77882))(−2)= 21.7432

가 된다. 따라서 P-값은

$P(\chi^2(2) \geq 21.7432) < 0.05$

이므로, 두 모형이 서로 동일하다고 할 수 없다.

(5) 자료의 처음 5개에 대한 종속변수 bwt4n 가 1, 2, 3, 4일 확률의 예측값 p1, p2, p3, p4 는 다음과 같다.

	bwt4n	age	lwt	race	smoke	ht	ui	ptd	p1	p2	p3	p4
1.	2	19	182	2	0	0	1	0	.3845409	.2475146	.2295197	.1384248
2.	2	33	155	3	0	0	0	0	.1617135	.184852	.3111701	.3422644
3.	2	20	105	1	1	0	0	0	.2943992	.2398596	.271806	.1939352
4.	2	21	108	1	1	0	1	0	.4998849	.2333119	.1755387	.0912644
5.	2	18	107	1	1	0	1	0	.5035781	.2324986	.1738766	.0900466

2. 다음의 명령을 참고하라.

(1) . recode bwt (0/2500=3) (2500/3000=2) (3000/3500=1) (3500/6000=0), gen(bwt4)

(2) . gen age10=age/10

. gen lwt10=lwt/10

(3) . recode ptl (0=0) (1/3=1), gen(ptd)

. ologit bwt4 age10 lwt10 i.race smoke ht ui ptd, or

(4) RACE_2의 승산비의 추정값과 95% 신뢰구간

4.35, (1.856915, 10.205)

RACE_3의 승산비의 추정값과 95% 신뢰구간

2.39, (1.238164, 4.594291)

3. (1) $\hat{P}(survival=1/\underline{x}) = \dfrac{\exp(-6.640+0.201region-0.121toxic)}{1+\exp(-6.640+0.201region-0.121toxic)}$

$$\hat{P}(survival=2/\underline{x}) = \frac{\exp(-3.120+0.201region-0.121toxic)}{1+\exp(-3.120+0.201region-0.121toxic)} - \frac{\exp(-6.640+0.201region-0.121toxic)}{1+\exp(-6.640+0.201region-0.121toxic)}$$

$$\hat{P}(survival=3/\underline{x}) = 1-\hat{p}(survival=1/\underline{x})-\hat{p}(survival=2/\underline{x})$$

(2) 가설 $H_0: \beta_1=\beta_2=0$를 검정하기 위한 가능도비 검정

(i) 검정통계량 LRchi2(2) = 14.71

(ii) p-값 = 0.0006 이므로, H_0를 기각함.

(3) 공변량 region의 승산비 추정값 = 1.223

공변량 toxic의 승산비 추정값 = 0.886

(4) 비례승산모형과 다항 로지스틱 모형의 로그 가능도함수는 각각

-59.289954, -56.794254

이므로, 가능도비 검정통계량 G는

G= (-59.289954 - (-56.794254))(-2)=4.9914

가 된다. 따라서 P-값은

$P(\chi^2(2) \geq 4.9914) > 0.05$

이므로, 두 모형이 서로 다르다고 할 수 없다. 즉, 두 공변량 region, toxic에 대하여 두 모

형을 가정한 추론은 서로 동일함을 알 수 있다.

(5) 자료의 처음 5개에 대한 종속변수 survival 가 1, 2, 3일 확률의 예측값 p1, p2, p3 는 다음과 같다.

```
Logit estimates                          Number of obs   =        189
                                         LR chi2(3)      =      18.71
                                         Prob > chi2     =     0.0003
Log likelihood  = -107.9819              Pseudo R2       =     0.0797
```

	toxic	region	survival	p1	p2	p3
1.	62	2	1	.6169205	.3650438	.0180357
2.	46	1	1	.2205139	.6848271	.094659
3.	48.5	2	2	.2385026	.6752073	.0862901
4.	32	1	3	.0492322	.5872162	.3635516
5.	63.5	2	2	.6589079	.3260113	.0150808

[6장 대응된 사례-대조 연구]

1. 다음의 명령을 참고하라.

(1) . gen lwt10=lwt/10

. clogit low lwt10, group(pair_n) or

(2) . clogit low ui, group(pair_n) or

. l pair_n low ui

자료를 보고, 같은 방향의 쌍의 수와 다른 방향의 쌍의 수를 계산한다.

2. 다음의 명령을 참고하라.

(1) . clogit low lwt smoke ptd ht ui, group(pair_n)

. estimates store A

. gen lwtage=lwt* age

. clogit low lwt smoke ptd ht ui lwtage, group(pair_n)

. estimates store C

. lrtest A C

(2) . clogit low lwt smoke ptd ht ui, group(pair_n)

. estimates store A

. gen lwtsmo=lwt*smoke

```
. clogit low lwt smoke ptd ht ui  lwtsmo, group(pair_n)
. estimates store C
. lrtest A C
```

(3)
```
. clogit low lwt smoke ptd ht ui, group(pair_n)
. estimates store A
. gen  ptdsmo=ptd*smoke
. clogit low lwt smoke ptd ht ui   ptdsmo, group(pair_n)
. estimates store D
. lrtest A D
```

(4)
```
. clogit low lwt smoke ptd ht ui, group(pair_n)
. estimates store A
. gen ptdui=ptd* ui
. clogit low lwt smoke ptd ht ui    ptdui, group(pair_n)
. estimates store E
. lrtest A E
```

찾아보기

ㅁ

ㅂ

ㅅ

ㅇ

ㅈ

ㅊ

ㅌ

ㅍ

ㅎ

기타

김순귀 (金淳貴)

서울대학교 자연과학대학 수학과를 졸업하였으며,
서울대학교 계산통계학과에서 이학 박사 학위를 받았다.
현재 강릉원주대학교 정보통계학과 교수이다.
skkim@kangnung.ac.kr

로지스틱 회귀모형의 이해

2014년 7월 15일 초판 발행
2022년 1월 5일 초판 2쇄 발행

저 자 / 김순귀
발행자 / 오판근
발행처 / 교우사

주 소 / 서울특별시 동대문구 약령시로 8 교우빌딩 2층
전 화 / 925-2861~2, 편집부 / 925-2825
팩 스 / 925-2860
E-mail / kyowoo@kyowoo.co.kr
http://www.kyowoo.co.kr

등록 / 1994. 3. 24 제6-0256호

ISBN 979-11-251-0008-9 (93310)

값 20,000원